机工IT

/ 全彩印刷 /

Web3
超入门

通证一哥◎著

机械工业出版社
CHINA MACHINE PRESS

Web 3 时代已经正式拉开序幕，不管你我是否愿意，都将不可避免地进入 Web 3 的新世界。Web 3 不只是 Web 1.0 和 Web 2.0 的延伸，更是从底层协议上对传统互联网的全面革新。

正如 20 年前的互联网一样，Web 3 虽然目前只是星星之火，但已经呈现出燎原之势。因此，现在学习 Web 3 知识，可谓恰逢其势，正当其时。

本书共有五大篇，第 1 篇趋势篇（第 1、2 章）从多个维度详细阐述了 Web 3 时代到来的必然性；第 2 篇概念篇（第 3、4 章）追溯了 Web 3 的起源，重新定义了 Web 3 概念；第 3 篇内核篇（第 5~7 章）深度讲解了支撑 Web 3 的三大内核 NFT、DeFi、DAO；第 4 篇技术篇（第 8~11 章）剖析了 Web 3 实现的技术逻辑以及常用的开发工具；第 5 篇应用篇（第 12~15 章）全面分析了 Web 3 的应用优势和落地场景。

本书深入浅出，力求采用通俗易懂的语言从用户角度还原 Web 3 的真实面貌。书中引用了大量案例和丰富的插图，层层递进，可读性强，非常适合广大 Web 3 从业者、创业者和爱好者阅读。

图书在版编目（CIP）数据

Web 3 超入门 / 通证一哥著 . —北京：机械工业出版社，2023.4
ISBN 978-7-111-72825-2

Ⅰ.①W… Ⅱ.①通… Ⅲ.①互联网络–基本知识 Ⅳ.①TP393.4

中国国家版本馆 CIP 数据核字（2023）第 049269 号

机械工业出版社（北京市百万庄大街 22 号 邮政编码 100037）
策划编辑：张淑谦 责任编辑：张淑谦 赵小花
责任校对：龚思文 解 芳 责任印制：常天培
北京中科印刷有限公司印刷
2023 年 6 月第 1 版第 1 次印刷
169mm×239mm · 17.5 印张 · 1 插页 · 381 千字
标准书号：ISBN 978-7-111-72825-2
定价：88.00 元

电话服务 网络服务
客服电话：010-88361066 机 工 官 网：www.cmpbook.com
　　　　　010-88379833 机 工 官 博：weibo.com/cmp1952
　　　　　010-68326294 金 书 网：www.golden-book.com
封底无防伪标均为盗版 机工教育服务网：www.cmpedu.com

Web 3 概念火了，但是它不是"虚火"，而是"真火"。不同于元宇宙概念的虚无缥缈和遥不可及，Web 3 具有切实的可落地性，而且正在落地中。

美国硅谷的年轻开发者们正在重新燃起"硅谷之火"，他们把 Web 3 看作互联网的重生，激情澎湃地投入其中。全球顶尖的资本纷纷从传统互联网领域撤出，涌入 Web 3 这个全新赛道。互联网大厂的从业者们正在悄然迁徙，把梦想和未来转向更有前景的 Web 3 领域。

在 2018 年的时候，我曾经提出"传统互联网临近末日，区块链将接管世界"的论断。彼时，这只是一个用来空谈的口号，区块链如何颠覆互联网、如何接管世界，无人知晓。但是，现在不同了，Web 3 的轮廓已经非常清晰，各个赛道都已经出现了不错的应用，再加之资本的推动和用户关注的增加，Web 3 离人们的生活越来越近。

对于 Web 3 和 Web 3.0 的概念，很多人有所混淆，包括网络上的资料，甚至一些公开出版物。其实，Web 3 和 Web 3.0 并不是一回事。Web 3.0 由"万维网之父"蒂姆·伯纳斯-李（Tim Berners-Lee）在 2006 年提出，其核心是"语义网"。Web 3.0 的目标是通过为互联网内容添加大量的语义修饰符，来让互联网的数据都可以被机器读懂，最终使互联网变得越来越智能。而 Web 3 的概念由以太坊联合创始人加文·伍德（Gavin Wood）在 2014 年提出，它描述的是基于区块链的下一代互联网形态。因此，从根本上讲，Web 3.0 是对 Web 2.0 的延伸，而 Web 3 是对 Web 的全面颠覆。

TCP/IP 让全球计算机可以互联，形成了互联网。万维网则让人们可以在互联网上简单快捷地浏览网页内容。而且最重要的是，这些协议和网络都是完全开源和免费的。在 Web 1.0 时代，人们可以在网络上自由获取信息，享受知识爆炸带来的乐趣。到了 Web 2.0 时代，一些平台和应用带来了更加高效和优质的服务，实现了用户之间的交互。在用户交互的同时，平台保留了用户数据，并通过这些数据提供增值服务，获取利润。人们在享受便利的同时，忘记了一个重要的事实，那就是自己的数据成了互联网巨头们牟利的工具。互联网诞生的初衷本是开放和自由的，而当今的 Web 2.0 巨头们严重违背了互联网的初衷。

随着 Web 2.0 应用的发展逐渐进入饱和，用户的数据所有权意识也逐渐开始觉醒。人们开始对 Web 2.0 的应用，尤其是对那些互联网巨头们产生了厌倦。Web 2.0 从 Web 1.0 延伸而来，是在中心化的互联网网络架构上演变、发展而来的。中心化的 C/S、B/S 网络架构从互联网诞生就已经存在，并运行至今。对于这些根深蒂固的事物，必须从底层予以革新。

Web 3 将运行在对等网络上，这种网络与传统的 C/S、B/S 网络架构具有根本性的不同。在对等网络中，客户端是服务器，服务器同时也是客户端，所有的节点完全相同。区块链是运行在对等网络上的价值协议层，而 Web 3 运行在区块链上。在 Web 3 应用中，网络不仅传递信息，而且能够传递价值。

受制于区块链的性能问题，Web 3 目前无法支持高并发的应用，比如大型多人游戏等。但是，随着以太坊向 PoS 机制的转变和分片的实施、其他公链解决方案的出现、L2 方案的落地等底层设施的不断进步，制约 Web 3 发展的效率问题正在得到改善。

Web 3 并不是完全取代 Web 2.0，它率先解决的是 Web 2.0 中主要的用户痛点，比如隐私、安全、资产所有权等问题。在这些问题上，用户宁可牺牲效率也要换取公平、透明和数据所有权。因此，这些领域是 Web 3 占领 Web 2.0 的突破口。目前来看，Web 3 能够改造的领域有限，但在未来，随着底层设施的完善，Web 3 将不断蚕食 Web 2.0 的市场。巨头的倒下往往不是一蹴而就的，而是在不知不觉中被用户所抛弃。

Web 3 领域中已经涌现出了相当多的革命性应用，它们获得了大量的用户支持，极具生命力。它们当中有内容创作平台，有 Web 3 音乐平台，还有 Web 3 游戏、Web 3 社交、Web 3 艺术等平台。各种平台百花齐放、百家争鸣，完全不亚于当年的互联网热潮。

尽管热潮涌动，但是，一切才刚刚开始。总体而言，Web 3 仍然处于极早期的阶段，其中充满大量等待挖掘的机会。因此，如果现在跑步进场，时犹未晚！

很高兴你能够看到本书，你一定要把它读完！在这个属于奋斗者的新时代，不要"躺平"，而是要找寻新的出路。某些主流的成功人群受既得利益和固化思维所限，往往会忽略 Web 3 这个弱小的新生事物所带来的革命性影响。这一点，正是给我们这些普通人留下了入局的时间窗口。我们应该立刻抓住机遇，提升认知，融入 Web 3 的时代洪流当中来！

　　本书是通证一哥继《元宇宙时代》《NFT：从虚拟头像到元宇宙内核》之后的又一力作，旨在用通俗易懂的语言讲明白 Web 3 的趋势、概念、内核、技术及应用。

　　感谢机械工业出版社编辑老师的辛苦付出，感谢我的家人的支持，感谢每一个为本书出版付出努力的人！

通证一哥

Contents | 目录 _____

第 3 篇　内　核　篇

第 5 章　NFT——Web 3 的确权工具　/　86

第 6 章　DeFi——Web 3 的经济体系　/　110

第 **7** 章 DAO——Web 3 的治理方式 / **122**

第 **4** 篇 技 术 篇

第 **8** 章 Web 3 技术架构 / **136**

第 **9** 章 底层设施 / **146**

第 **10** 章　中间件　/　**166**

第 **11** 章　Web 3 开发工具　/　**184**

第 5 篇　应　用　篇

第 12 章　Web 3 与艺术　/　198

第 13 章　Web 3 与社交　/　222

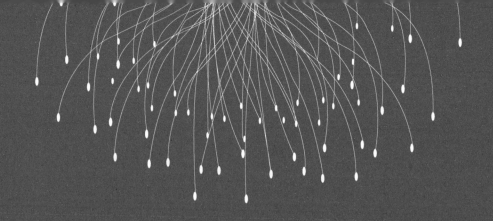

第 1 篇

——

趋　势　篇

Web 3 的出现是互联网发展的必然，更是人类文明进步的必然。借"势"方能成事，我们应当坚信"趋势"的力量，把握"趋势"带来的时代红利。

本篇从多个维度论证了 Web 3 大势到来的必然性，并用客观数据说明了 Web 3 已经到来的真实性。

Web 3 的时代车轮已经开始转动，让我们把握"趋势"，不负时代！

CryptoPunks ▷

Cryptopunk#1778
Holder：TokenBrother 通证一哥

CryptoPunks 是以太坊上首个PFP NFT，由Larva Labs（成立于2005年）在2017年推出。CryptoPunks 包括10000个24×24 像素头像，每个均具有不同的相貌特征，通过算法对不同的面部属性进行随机组合而成。CryptoPunks 曾出现在许多国际出版物上，并在佳士得和苏富比的著名国际拍卖会上占据了头条。

华语 cryptopunks 社区成立于2021年，是国内最早、资产持有量最高的私人 NFT 社区。目前社区成员200余名，是Web3 知名人士最集中的中文社区，成员包括项目创始人、投资人、上市公司负责人、NFT 巨鲸、知名 KOL 等众多重量级人士。

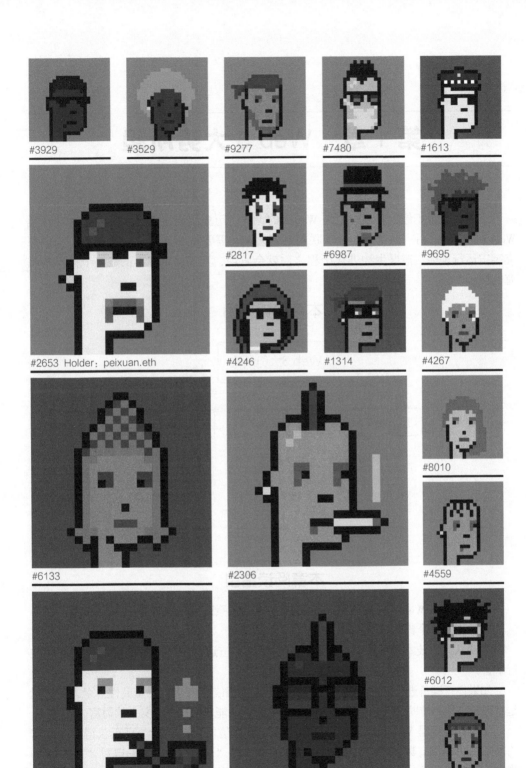

#3929　#3529　#9277　#7480　#1613
#2817　#6987　#9695
#2653 Holder：peixuan.eth　#4246　#1314　#4267
#6133　#2306　#8010　#4559
#4679 Holder：SuZhe.eth　#7826 Holder：francesco（DAC4）　#6012　#1369

第 1 章　Web 3 大势所趋

不管你是否相信，未来一定是 Web 3 的世界。历史潮流滚滚向前，时代发展呼唤 Web 3 的出现。用户饱受中心化互联网之苦久矣，需要 Web 3 的出现。同时，我们探究宇宙运行规律、追寻生物进化历程之后就会发现，其实，Web 3 正是这个世界本该有的样子。

本章阅读导图

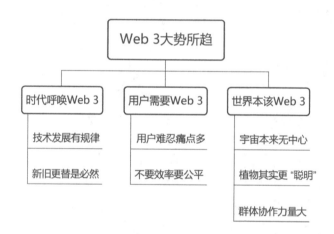

本章阅读指引

很多人都说 Web 3 是大势所趋，那么这背后的原因是什么？Web 3 时代为什么必然到来？支撑这个论断的依据是什么？

本章从信息技术发展规律、用户需求转换、宇宙运行规律三大维度对上述问题进行解答。

如果你正准备进入 Web 3 领域，那么你一定要相信"借势"的重要性。个人的力量是有限的，只有借助时代的"势能"方能成大事，才能获取真正意义上的财富。

如果你已经是 Web 3 的从业者，请务必相信"信仰"的力量。真正获得巨额财富的是那些早期拥有数字资产并坚持到现在的人。而"信仰"，则是来自对"趋势"的笃定。因此，坚信"趋势"是一个 Web 3 从业者的基本素养。

本章将深入阐释 Web 3"趋势"的必然性，帮助 Web 3 从业者从灵魂深处坚定

Web 3 的不变信念。

1.1　时代呼唤 Web 3

从信息技术发展规律来看，时代要进步，就一定需要 Web 3 的出现。

中国有句古话："以史为鉴，可以知兴替"。历史不会重演，但总是惊人的相似。要判断未来的信息技术发展趋势，必须先深刻了解其发展历史，并总结其演化规律，在此基础上，方能做出理性判断，从而真正理解 Web 3 到来的必然性。

1.1.1　信息技术发展脉络梳理

加密基金 Placeholder 的合伙人 Joel Monegro 在 "信息技术市场周期" 一文中，回顾了自计算机诞生至今 80 多年的信息技术发展史。Monegro 在文中指出：

"信息技术发展史是一部建立垄断并不断打破垄断的周而复始的历史"。

从 20 世纪 50 年代起，每一个 20 年都会诞生一项伟大的技术，一些为技术普及实施标准化的企业迅速崛起并扩张，成为巨头。然后，在下一个 20 年，伴随着新技术的诞生，旧的巨头被颠覆，新的巨头出现，形成新的垄断。这个过程不断交替，往复发生。信息技术发展历程如图 1-1 所示（Facebook 已于 2021 年更名为 Meta）。

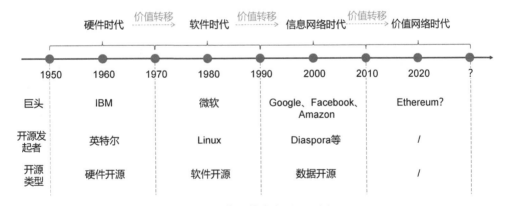

图 1-1　信息技术发展历程图

1939 年，世界上第一台现代计算机 ABC（Atanasoff–Berry Computer）问世，正式开启了以计算机为核心的新信息技术时代。在接下来的 80 年间，IBM、微软、谷歌、亚马逊这些公司悉数登场，在不同的时代扮演着巨头的角色。

1. 硬件时代

20 世纪 50 年代到 60 年代，"蓝巨人" IBM 借助计算机制造标准化主导了整个计算机硬件时代。但是，由于硬件开源运动的发展，在软件时代，IBM 让出了巨头的位置。

（1）IBM 的崛起

在 ABC 计算机推出后数年，市场上相继出现了一大批采用真空管技术制造的计算机，它们被称为"第一代计算机"。这些计算机体积大、占地广、耗电量高，而且运算效率低，编程非常复杂。

晶体管发明后，逐步取代真空管，应用于计算机制造当中。1958 年，IBM 率先推出了全球第一台全部使用晶体管的计算机 RCA501 型。此后，IBM 依靠晶体管的标准化大幅降低了计算机制造成本，开启了迅速扩张之路。

早在 1953 年，IBM 就进入了计算机硬件市场，当时推出的计算机是 IBM650。但是，IBM650 需要按照客户需求进行个性化定制，因此费用昂贵，难以快速向市场普及。后来，IBM 推出了 System/360，这是一个可互换组件的模块化平台。通过这个标准化的平台，IBM 可以快速设计和制造通用型计算机，而且售价更低。

因此，在整个 20 世纪 60 年代，System/360 几乎成为计算机行业标准。借助这一优势，IBM 快速抢占市场，奠定了它在计算机硬件行业无可撼动的"巨无霸"地位。

（2）IBM 的"退场"

1971 年，英特尔（Intel）公司推出了世界上第一款商用微处理器 4004。微处理器将计算机的运算单元和控制单元统一放在一块集成电路上，并与计算机的其他部件独立开来。微处理器 4004 的诞生彻底改变了用户对传统计算机的认知，计算机不再是一个不可分割的整体，而是可组合的模块化设备。一个微处理器，再加上一块数据存储器、一个键盘和一个数码管，就可以组装成一台完整的计算机。

从某种意义上讲，英特尔推出的微处理器推动了计算机硬件的开源革命。用户在拥有 CPU 的基础上，可以根据自己的需求随意搭配不同的存储器和输入、输出设备。与晶体管的标准化类似，英特尔主导了微处理器的标准化，从而降低了计算机的制造成本。

20 世纪 70 年代末，市场上掀起了利用标准配件组装计算机的热潮，大量的新兴计算机制造商诞生，它们为用户提供更便宜、更小、更快速的计算机。1980 年，IBM 被迫推出采用英特尔处理器的 IBM 个人计算机。尽管此举获得了短暂的成功，但是市场上已经出现大量的同类产品和厂商，IBM 在个人计算机硬件领域的优势不复存在。至此，IBM 在全球信息技术领域的巨头地位开始动摇。

2. 软件时代

20 世纪 70 年代到 80 年代，微软借助操作系统标准化主导了整个软件时代。但是，由于软件开源运动的发展，在互联网尤其是移动互联网时代，微软让出了巨头的位置。

（1）微软的崛起

20 世纪 70 年代，随着个人计算机（PC）的大规模普及，市场对操作系统的需求激增。微软抓住时代机遇，与 IBM 建立合作，并推出标准化、可兼容的 Windows 操作系统，一举打开了市场。

当时，包括 IBM 在内的计算机硬件厂商们都在为如何快速抢占计算机硬件市场而绞尽脑汁，而没有充分认识到软件的重要性。毕竟，对于这些依靠硬件起家的公司而言，硬件才是核心业务，它们的思维并没有顺应时代的转变。

Windows 系统作为一个标准化的操作系统，几乎兼容当时所有的计算机。同时，比尔·盖茨不遗余力地向计算机硬件厂商们推荐自己的操作系统，给出了极具诱惑力的授权条件，甚至采用了半卖半送的方式。硬件厂商们急于拓展 PC 硬件销售市场，纷纷放弃自行研发操作系统的计划，选择使用便宜又好用的 Windows 系统。

值得说明的是，和硬件产品相比，软件产品的前期开发成本很高，但它的边际成本很低。也就是说，随着软件销量的增加，其成本持续降低，甚至可以趋近于零。对于微软来讲，当 Windows 系统的使用者呈规模化增长时，单个 Windows 系统的成本呈指数级下降，因此在进行价格谈判时具有更大的灵活性。

另外，Windows 系统被 PC 广泛采用的同时，也被广大的用户所熟悉，培养了用户习惯。用户的使用习惯一旦建立，便不容易更改。在这种情况下，应用程序软件的提供商们为了迎合用户，也纷纷兼容 Windows 系统。于是，在马太效应的作用下，微软的市场占有率急速扩张，成为全球 PC 软件行业巨头。

在这个过程中，尽管深耕计算机硬件 20 余年的 IBM 后期也发力于操作系统，但最终仍然无力回天。在新的软件时代，IBM 只能将新霸主的地位拱手让于微软。

（2）微软的"退场"

1991 年，莱纳斯·托瓦兹（Linus Torvalds）推出开源操作系统 Linux，1994 年，Linux 发布标志性的 1.0 版本。

Windows 系统是一款商业化产品，用户需要付费才可以使用。同时，Windows 是一个闭源软件，由微软团队负责维护。但是 Linux 不同，Linux 完全开源、免费。用户可以在 Linux 内核基础上进行扩展并随意使用它。

尽管在市场占有率、用户习惯和易用性方面远不及 Windows 系统，但是，Linux 的开放、自由精神以及稳定运行的技术特性不断吸引着爱好者们的加入。Linux 自诞生之日起就对微软的商业模式构成了挑战。而且，随着时代的发展，这个挑战变得越来越严峻。

虽然在 PC 市场微软仍然具有不可撼动的地位，但在智能手机市场，Android 的成功宣告了 Linux 的胜利。目前，全球智能手机操作系统主要由 Android 和 iOS 主导市场，而其中 Android 占据了 70% 的份额。

Android 基于 Linux 开发，完全为智能手机环境打造。它是一个开源系统，得到了开放手机联盟（Open Handset Alliance）中很多公司的支持。目前，几乎所有的大型手机生产商（苹果除外）都推出了基于 Android 系统的手机。

很显然，在移动互联网时代，人们不愿意再为软件付费，依赖付费闭源软件获取利润的商业模式正在被时代所摒弃。尽管微软目前仍然是全球数一数二的科技公司，但是它在智能手机和移动互联网高速发展的浪潮中已经落入下风。

3. 信息网络时代

20 世纪 90 年代到 21 世纪之初，Google、Meta、Amazon（为方便叙述，本书简称为 GMA）通过信息服务标准化主导了整个信息网络时代。由于数据开源运动的发展，在价值互联网时代，它们将逐渐失去巨头的位置。

（1）GMA 的崛起

1978 年，TCP/IP 发布。这是一套全球通用的标准协议，可以把全球不同厂商、不同型号、不同位置的计算机连接起来，并传输数据。因特网由此诞生。

1991 年，万维网（World Wide Web）发布，建立了超文本传输协议（HTTP）、超文本标识语言（HTML）和统一资源标识符（URL）等一系列标准。这些标准和 TCP/IP 一起，共同构建了现代互联网的基础。

经历过一轮泡沫后，互联网从 2000 年开始进入真正的价值增长时期。此后 10 年，互联网用户数量发生了爆发式增长，从约 4 亿增长到超过 20 亿，覆盖了全球约 30% 的人口。

在信息大爆炸的过程中，互联网上逐渐形成了三大主要应用场景：搜索、社交、电商。这三个场景分别对应用户的三大需求：搜索信息的需求、与他人社交的需求、网上购物的需求。

为了更好地满足用户需求，Google 提供了标准化的信息搜索服务，包括标准化的搜索框、标准化的网页排序等；Meta（原名 Facebook）提供了标准化的社交服务，包括个人资料、聊天页面等；Amazon 提供了标准化的购物服务，包括店铺界面、交易流程等。

这一系列的标准化服务大幅降低了用户参与互联网的成本，用户趋之若鹜。与此同时，这些互联网平台也积累了大量用户数据，探索出了数字广告、SAAS 服务、增值服务等商业模式，逐步变成了新时代的巨头。

事实上，微软很早就认识到了互联网的潜力。但是，受制于软件思维，微软在互联网领域的尝试未能取得令人满意的效果。正如 IBM 错失软件时代一样，微软也错失了互联网的黄金十年。

（2）GMA 的"退场"

尽管当前 GMA 仍然是当之无愧的巨头，但是，它们的颓势已现。在各个互联网领域不断涌现的数据开源应用在悄然蚕食着巨头们的市场。

在社交领域，Meta、Twitter 这些巨头掌握用户数据，使得用户数据面临隐私安全问题，同时巨头们在用户访问时推送大量的广告，影响了用户体验。针对这些问题，诞生了诸多去中心化的社交网络，比如 Diaspora。

Diaspora 创建于 2010 年，是最早的去中心化社交网络之一，曾被作为 Meta 颠覆者而备受关注。

Diaspora 网络构建在一系列称作 pods 的网络节点上，节点托管在 PC 或者机构主服务器上。这个网络中的每一个节点都可以作为一个 Diaspora 副本的主机，充当个人网络服务器。网络中的每一个用户都可以选择在自己的计算机上管理一个节点或在已有节点创建账号，并在自己的节点上与其他节点通信。

在 Diaspora 中，用户完全拥有自己的信息和数据，不受任何公司或实体控制，也不会受到广告干扰。同时，使用该软件的任何服务都是全球免费的。这种模式尽管没有使用区块链技术，但是已经从根本上对中心化的社交平台及其商业模式形成了挑战。

在电商领域和搜索领域，也存在着类似的情况。一些开源的电商工具搜索平台正在悄然生长。

信息网络经过 20 年的高速发展，已经进入人们生活的每个角落，借助用户数据库牟利的增长方式已经面临发展瓶颈。用户效率提升的需求得到满足之后，越来越关注数据安全和数据所有权的问题，当前的互联网巨头们不得不面对这个现实。

一旦用户拿回数据所有权，Web 2.0 时代的互联网巨头们就丧失了赖以获利的根本，它们将不可避免地走向衰落。

4. 价值网络时代

21 世纪 10 年代至今，比特币背后的底层技术区块链带来了新的价值网络。以太坊提供的标准化智能合约正在开启这个新的 Web 3 时代。未来如何发展尚不可知，但可以预见，基于价值网络，可以产生很多令人兴奋的可能性。

比特币诞生于 2008 年全球金融危机之际，是技术改变金融的一项重大划时代发明。其背后的区块链技术，使得去中心网络能够传递价值，将推动互联网从信息网络时代迈入新的价值网络时代。

比特币是一个点对点的电子现金系统，运行在对等网络上。通过分布式账簿，比特币的每一个节点都可以同步记录每一笔网络中的交易数据，从而实现价值转移。比特币使用区块链技术避免了双花（重复支付）问题的出现，这在技术上是一大创举。

以太坊受比特币启发而构建，于 2014 年由 Vitalik Buterin 推出。以太坊旨在改善比特币的可扩展性，打造一个全球性的分布式超级计算机系统。开发者可以在这个系统上构建任何应用程序，通过智能合约与链上数据交互，这也就是当前流行的 Web 3 概念。

以太坊相当于一个标准化的分布式操作系统，其上拥有一系列通用协议，开发者可以基于这套标准简单、快速地构建分散式应用。由于以太坊提供了一套通用的底层设施，大幅度降低了建立去中心化应用的成本，使得 Web 3 应用的蓬勃发展具有了极大的可行性。

在 Web 3 中，应用程序将不再拥有数据，所有用户数据都存储在链上，归用户所有。互联网巨头垄断数据的情况将不复存在，用户能拿回失去已久的数据所有权。

同时，在 Web 3 中，还可以引入激励机制，建立加密经济体系。用户在激励经济的作用下，具有极大的参与动力，愿意为生态贡献力量并积极参与生态治理。在这个过程中，相当于把 Web 2.0 时代巨头及其背后资本通过数据垄断获取的巨额利润回馈给了用户。

在价值网络时代，Web 2.0 时代的 GMA 这些巨头们将再次迎来和 IBM、微软这些曾经的巨头一样的命运。它们会因为种种原因，比如难以割舍既得利益，又或者是思维模式难以转变，再或者是转型速度太慢，最终在价值网络时代、在 Web 3 的浪潮中，与用户渐行渐远。

1.1.2　信息技术发展规律分析

通过梳理硬件时代、软件时代、信息网络时代、价值网络时代的发展脉络，可以总结出以下规律。

1. "标准化"是抢占市场的利器

每一个时代的开创者都是抢先通过标准化来降低成本，从而快速抢占市场。

硬件时代，IBM 通过推出标准化计算机制造平台降低了生产成本，快速抢占了硬件市场。软件时代，微软通过推出标准化的操作系统降低了边际成本，快速抢占了软件市场。信息网络时代，GMA 通过推出标准化的信息服务同样降低了成本，快速抢占了互联网市场。

价值网络时代，像以太坊这样的标准化基础设施，将在 Web 3 中占据大量的市场份额。

2. "打造闭环"是巨头盈利的手段

巨头占据绝对市场优势后，都会毫不犹豫地整合市场、野蛮扩张，形成封闭的"巨无霸"体系，从而获取巨额利润。

硬件时代，IBM 主导了当时的大型计算机主机市场，它的 S/360、S/370 型计算机独霸企业级市场。同时，IBM 集研发、生产、销售于一体，即使创办新公司也保持100%绝对控股。IBM 这样做的目的只有一个，即获取最大化的利润。

软件时代，微软主导了操作系统市场，它的 Windows 系统占据了绝大部分市场份额。借助这个优势，微软通过整合应用软件分销业务乃至整个 PC 软件行业，来追求更高的利润。

信息网络时代，GMA 分别主导了搜索、社交、电商领域。众所周知，这些巨头们通过投资、收购等各种手段吞并或者绞杀新的小型创业公司，使自己变得越来越强大。甚至在某些情况下，新的互联网创业公司要想生存必须在各个巨头之间选择站队，以求获得资源庇护。这些巨头试图通过一系列手段让自己变成互联网时代的超级巨无霸，从而获取超额利润。

值得注意的是，价值网络时代，以太坊这类组织的巨头地位是通过用户共识实现的，利润会回馈到每一个持有者手中。

3. "开源"是颠覆巨头的法宝

每一次开源运动都对巨头造成了冲击。尽管不是所有的开源倡导者都会成为颠覆者，开源者本身也并不一定会获得成功，但是他们把巨头的闭环系统撕开了一角，为新时代的到来做好了准备。

在硬件时代，英特尔从 CPU 进行单点突破，而不是开发整机与 IBM 正面竞争。事实证明，英特尔的战略是正确的。英特尔把 CPU 做到极致，然后兼容市场上的其他计算机配件，这从本质上讲是一种硬件开源的方式。这种方式也使得英特尔在计算机硬件市场取得了成功。同时，英特尔推动的硬件开源运动也促进了个人计算机的迅速普及，为软件市场的蓬勃发展奠定了基础。

在软件时代，开源操作系统 Linux 受到了自由开发者们的强烈追捧。尽管在 PC 操作系统市场并没有对 Windows 造成严重威胁，但在智能手机时代，基于 Linux 内核开发的 Android 取得了市场龙头地位。同时，Linux 的开源精神也对信息互联网的发展起到了极大的促进作用。

在信息网络时代，不满于巨头对用户数据的垄断，极客们开发出了点对点的开源社交平台、开源电商平台和开源搜索引擎等。它们是对 Web 2.0 时代互联网巨头们的有力挑战，同时为价值网络时代的到来做好了铺垫。

4. 把握住价值转移机遇的公司才能成功

随着时代更替，价值向新的领域转移。新的价值增长点诞生在新兴领域，而不是旧领域。新的创业公司如果能快速捕捉到价值转移，便有希望在新领域超越那些旧时代的巨头。

在硬件时代末期，随着计算机硬件市场的饱和，这个领域的价值增长空间已经变得很小。这个时候，价值开始向新兴领域即软件领域转移。微软快速抓住了这个机遇，成为新时代的巨头。

在软件时代末期，操作系统格局已定，软件市场已经饱和，价值开始向互联网领域转移。这个时候，Google、Meta 等公司迅速抓住了价值转移的机遇，成为互联网时代的新霸主。

同样，在信息互联网濒临黄昏的今天，价值已经开始向新的 Web 3 领域转移。这正是给了 Web 3 创业者们千载难逢的时代机遇。

5. 巨头不可能永远是巨头

一个时代的人，只能做一个时代的事，这句话用来形容信息时代的巨头们非常贴切。

硬件时代的巨头 IBM 在软件时代不再是巨头，软件时代的巨头微软在互联网时代也不再是巨头。尽管 IBM 和微软仍然是全球顶级的公司，但是在新的时代，它们的市场影响力明显减弱。

IBM 当年是巨无霸一般的存在，如果它及时研发操作系统，完全可以再次占领市场；微软当年是软件市场的头号霸主，不论财力、人力还是其他资源都是一流的，如果它进军互联网，完全可以继续成为王者。可是，事实并非如此，这到底是为什么？

首先是利益问题。当年 IBM 在硬件市场所向披靡，赚得盆满钵满，转型到一个未知领域存在风险，而且肯定要舍弃一部分现有利益。这是当时 IBM 的管理者和股东们所不愿看到的。所谓船大调头难，讲的正是这个道理。

其次是认知问题。以 IBM 为例，它的企业管理者对硬件市场具有深度认知，而这一点反而会成为对软件这种新兴行业的认知枷锁。正是因为认知不足，影响了对未来市场的判断，导致 IBM 错过抢占新市场的最佳时机。

最后是思维问题。尽管巨头在反应过来之后切入了新的市场，但其做事方式仍然使用旧的思维，因此不可避免地面临失败。微软在互联网早期其实已经认识到了互联网市场的庞大潜力，并推出了一系列产品，但是最终没有取得令人满意的成绩，互联网市场被 Google、Meta 等新生代企业瓜分。究其根本原因，在于微软仍然用软件思维来做互联网的事情。从微软推出的互联网产品可以看出，其中仍然充斥着软件产品的行事风格，而这一点难以满足互联网时代用户的新需求，因此微软推出的互联网产品在新的互联网时代逐渐处于颓势。

6. 新时代站在旧时代的肩膀上，而不是颠覆它

在软件时代，IBM 并没有倒下。在软件行业蓬勃发展的时候，硬件市场也在持续增长，对于 IBM 而言，它的业绩不仅没有下滑，反而还有增长。只是在软件为主的时代，IBM 的市场影响力减弱了。

在互联网时代，IBM 具有绝对领先地位的企业设备市场及大型机市场也在增长。同样，由于互联网的普及，人们对 PC 的需求也在增长，微软的软件业务也在增长，只是它的市场影响力减弱了。

同样的道理，价值网络不会颠覆信息网络，而是建立在信息互联网之上。在进入 Web 3 时代之后相当长的一段时间里，Web 2.0 的巨头仍然会存在，只是它们的市场影响力不及现在了。

简言之，软件建立在硬件之上，信息网络建立在软件之上，而价值网络建立在信息网络之上。

以上回顾了信息技术的发展史，通过对硬件时代、软件时代、信息网络时代、价值网络时代的客观分析，从理性的角度预判了价值网络时代到来的必然性。价值网络，也就是基于区块链底层构建的 Web 3 网络。

因此，从信息技术发展的规律来看，Web 3 的出现绝非偶然，而是时代发展的必然。我们应该深信：未来 20 年，一定是属于 Web 3 的！

1.2　用户需要 Web 3

任何一项技术或商业的演进都离不开用户的支持，技术诞生的出发点和归宿都是为了满足用户需求和改善用户体验。因此，从根本上讲，用户对 Web 3 的青睐才是 Web 3 来临的真正原因。

1.2.1　Web 2.0 的用户痛点

随着互联网应用的普及和日趋成熟，用户与 Web 2.0 应用之间的矛盾日益突出。由于不拥有数据所有权和管理权，用户在使用 Web 2.0 应用时，面临诸多痛点。

1. 隐私数据泄露问题

由于数据存放在中心化的服务器上，一旦服务器被黑客攻击，就会面临用户数据泄露的风险。在互联网发展史上，用户数据泄露事件数不胜数，对用户隐私，甚至人身和财产安全造成了严重损害。

2018 年，某国外知名社交平台用户信息泄露事件就在全球引起轩然大波。据媒体报道，一家第三方数据分析公司泄露和利用了该平台 5000 万用户的数据，平台创始人曾就此事做出两次道歉。2021 年，一个黑客论坛又曝光了 5.33 亿条用户数据，再次引发全球舆论的强烈关注。

上述社交平台的数据泄露事件不是个例。互联网高速发展的 20 年间，数十家互联网公司都曾发生过用户数据泄露事件，其中不乏知名的互联网巨头，涉及的用户数据数量均超亿级。

数据泄露事件发生后，尽管企业也会遭受损失，但是遭受更大损害的是无辜的用户。

首先，用户会收到源源不断的骚扰电话、垃圾短信和垃圾邮件。根据相关机构的报告显示，全球骚扰电话呼叫量呈现逐年上升趋势。对于骚扰电话带来的烦恼，相信大家都能够感同身受。

其次，用户身份信息可能会被冒充用于办理信用卡或从事其他违法活动。如果说骚扰电话和垃圾信息尚能勉强忍受，那么遭受财产损失，甚至被卷入非法活动就是无法容忍的事情了。

最后，对于明星、知名企业家这些公众人物来讲，个人隐私信息泄露可能会带来比财产损失更加严重的人身安全问题。

近年来，人们越来越体会到信息泄露带来的困扰，人们对 Web 2.0 公司泄露数据的行为已经深恶痛绝。

2. "大数据杀熟"问题

如果企业利用用户的消费行为数据为用户更好地提供服务，那么这是无可厚非的。但是，一些不良商家利用大数据分析对老用户"痛下杀手"，最大限度榨取老用户的价值。这种不道德的行为遭到了广大用户的谴责。

准确来讲，"大数据杀熟"是指同样的商品或服务，老用户看到的价格反而比新用户要高的现象。在这个过程中，商家利用大数据收集消费者的数据，分析其消费偏好、消费习惯、收入水平等信息，然后将同样的商品以不同的价格或不同的优惠额度卖给不同的消费者，从而获取最大化利润。

2020 年，有网友爆料称，他在某外卖 APP 下单时，在同一家店铺、同一个配送位置、同一个下单时间点的条件下，开通会员的账号所需的配送费居然比未开通会员的账号所需的配送费还要高。

这名网友遇到的"杀熟"事件绝非个例。除了外卖行业，在电商、网约车、在线旅游服务等平台上"大数据杀熟"现象也非常普遍。

从历史上看，最早的"大数据杀熟"事件可以追溯到 2000 年，有用户在删除浏览器 Cookies 之后，发现之前在某电商平台上浏览过的一款 DVD 售价从 26.24 美元变成了 22.74 美元。对于这个事件，该电商平台 CEO 还曾亲自出面解释和道歉。

随着互联网的日益成熟，"大数据杀熟"事件愈演愈烈，呈逐年上升趋势，绝大部分用户已经成为"大数据杀熟"的受害者。

就其本质而言，"大数据杀熟"产生的原因还是数据管理权的问题。由于企业掌控着用户数据，而它们以追求利润为最主要目标，所以不可避免地会利用大数据分析来做一些不道德的事情。因此，要彻底解决"大数据杀熟"问题，必须从根本上改变数据所有权。

3. 用户数据互通问题

尽管互联网在很大程度上为人们的生活带来了便利，但是，不同领域的巨头阵营所建立的护城河也将不同维度的用户数据割裂开来。

总体来看，国内外的互联网公司仍然可以划分为三大阵营，即搜索、社交、电商。国外的代表巨头是 Google、Meta、Amazon，国内的代表巨头是百度、腾讯、阿里，它们在各自的领域持续扩张领地，吞并中小型创业公司，已经发展成为超级巨无霸。尽管它们之间曾相互觊觎，试图蚕食对方领地，但总体来看，在核心领域它们仍是各主一方。

这种各自为政、三分天下的局面为用户带来了不便，尽管目前用户尚未明显察觉。用户的搜索数据、社交数据和电商数据无法进行共享，这导致其在使用搜索服务、社交服务和电商服务时需要切换登录，增加了使用成本。举例说明，我们在使用 Google 时，需要登录 Google 账号；在使用 Meta 时，需要登录 Meta 账号；在使用 Twitter 时，需要登录 Twitter 账号；在使用 Amazon 时，需要登录 Amazon 账号。在这些常用的应用之间进行切换或者分别注册是一件非常烦琐的事情。

尽管一些应用已经采用了 Google 一键登录或者 Meta、Twitter 一键登录，但是这种情况基本上出现在同一阵营中或者合作伙伴之间。比如，使用 Amazon 的时候是无法用 Google 账号登录的，同样，使用 Google 的时候也无法用 Amazon 账号登录。国内的淘宝和微信也是如此，我们需要分别注册各自的账号才能登录，每一个账号的注册都需要用户名、密码以及身份验证等一系列烦琐流程。

最重要的是，即使实现账号以及账号背后的个人身份资料互通，也只是实现了用户数据流转的一小步。我们期待的是互联网应用内所有数据的互通。比如，淘宝上的购物数据、订单数据以及所有消费行为数据可以直接同步到京东、拼多多上面，这样除了可以一键登录之外，消费信誉、消费喜好都可以在购物平台间互通；此时购物数据存储在一个独立的、不属于任何一家电商平台的分布式数据库中，淘宝、京东、拼多多等电商平台只是从数据库调用数据，然后利用这些数据为用户提供服务。

在这个过程中，电商平台不拥有数据，它们只是从用户拥有数据所有权的数据库中调用数据。从某种意义上说，电商平台只拥有数据的使用权，而且这个使用权必须经过用户授权。这种模式正是 Web 3 要做的事情。

1.2.2　公平比效率更重要

为什么在过去互联网的高速发展期，没有用户质疑 Web 2.0，现在用户对 Web 2.0 怨声载道呢？

从本质上讲，这是因为他们对效率和公平的需求度发生了变化。中国有句古话叫作"饱暖思淫欲"。当然，此处引用"淫欲"并不是指贪婪放纵的欲望，而是指当最为迫切的需求得到满足之后，人们就开始追求更高层次的需求。

当效率较低时，人们主要关注的是效率提升，而不是公平。而当效率得到大幅度提升时，人们的注意力就会逐渐转移到公平上来。

要深刻理解效率和公平，就必须从互联网用户的需求层次说起。

1. 互联网用户的需求层次

马斯洛（Maslow）在 1943 年提出一种需求层次理论，他把人的需求分为五个层次：生理需求、安全需求、社交需求、尊重需求和自我实现需求，如图 1-2 所示。

五个需求层次的含义分别如下。

- 生理需求：维持人类生存所必需的身体需要。
- 安全需求：保证身心免受伤害。
- 社交需求：包括感情、归属、被接纳、友谊等需要。
- 尊重需求：包括内在的尊重（如自尊心、自主权、成就感等需要）和外在的尊重（如地位、认同、受重视等需要）。

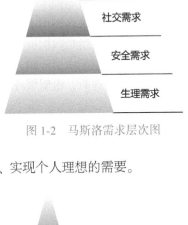

图 1-2　马斯洛需求层次图

- 自我实现需求：包括个人成长、发挥个人潜能、实现个人理想的需要。

马斯洛认为，上述五种需求是按次序逐级上升的。只有低层次的需求得到部分满足以后，高层次的需求才有可能成为行为的重要决定因素。当低一级需求获得基本满足以后，追求高一级的需求就成了驱动行为的动力。

这里借鉴马斯洛的需求层次理论做一个引申，将互联网用户需求进行简单分层，如图 1-3 所示。

互联网用户的需求层次可以分为效率需求和公平需求两种，效率需求是低级需求，公平需求是高级需求，用户在满足效率需求的基础上才去追求公平需求。

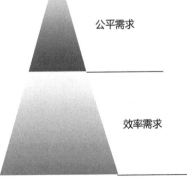

图 1-3　互联网用户需求层次图

2. 什么是效率需求

以典型的共享出行领域为例进行说明。共享经济是典型的互联网改造传统行业的领域，互联网平台对服务需求方和服务提供方进行信息匹配，大幅度提升了出行服务效率。

在共享打车软件出现之前，人们出行时面临着打车难的问题，出租车的叫车电话效率低下，用户希望高效出行的需求难以得到满足。在这种情况下，共享打车软件崛起，把有载客需求的出租车、私家车和有打车需求的乘客相匹配，满足了用户出行的效率需求。

在共享打车软件出现的初期，用户充分感受到共享打车软件带来的便利，人们奔走相告，沉浸在互联网世界效率需求得到满足的幸福中。笔者清晰地记得，在 2012 年，两大共享打车软件展开烧钱大战，疯狂补贴用户，每单最高补贴高达 12～13 元。笔者当时所在城市的出租车起步价仅为 8 元，在起步价公里范围内坐车，不仅不需要花钱，而且能赚钱。可以想象，在这种情况下，谁会在意数据安全、隐私问题呢？谁又会在意中心化的弊端呢？

3. 什么是公平需求

经过共享打车软件市场的竞争和整合，胜出者垄断市场。在共享打车软件几乎一家独大的今天，要想打车出行，除了用这款软件，别无选择。乘客被动地接受软件提供的价格，司机被动地承受软件平台收取的手续费。

除此之外，乘客还可能遭受大数据杀熟，老顾客不仅没有得到优待，反而付费更多。出行数据、隐私数据被平台用来牟取巨额利润，而乘客作为数据提供者，没有得到任何回报。人们终于开始认识到公平的重要性。

人们反对垄断，希望服务业呈现公平竞争的局面，这样用户才能免遭不合理的高额收费；不希望遭受大数据杀熟，希望能受到公平对待；希望拿回自己的数据所有权，和资本共同享受企业增长带来的红利。这就是公平需求。

4. 效率和公平的转换

在互联网的发展期，互联网解决了用户的主要痛点，提升了用户的工作、学习和生活效率。这一阶段，用户的注意力集中在效率的满足上。

在互联网的成熟期，即当前阶段，互联网已触达用户活动的每一个角落，用户的效率需求已经基本满足，于是，人们开始质疑当前互联网规则的公平性，关注自己的数据，重视自己的权益，开始有了对公平的需求。

用户关注的精力总体有限，当重点关注效率时，则对公平关注较少，当不再关注效率时，则对公平的关注开始变多。效率需求与公平需求随着互联网的发展发生转换，如图 1-4 所示。

5. 中心化提升效率，去中心化带来安全

我们必须明白一个简单的基本逻辑，那就是要提升效率，**必须采用中心化的方式**，而要达到公平，**就必须采用去中心化的方式**。因此，不应一味地否认中心化机制，而应理性看待中心化在互联网发展乃至人类社会发展中带来的正面作用。

在中心化的机制下，由单点进行决策，保证了决策效率。一旦决策完成，其他节点即可执行。而在去中心化的机制下，需要一定数量的节点甚至是全部节点进行同步，效率极低。以创业公司举例，中心节点即创始人进行决策，团队遵照执行，这种方式可以快速地进行产品迭代和抢占市场。如果这个决策需要公司全员进行投票，那么势必会延误战机。

但是，单点决策的弊端是决策者权力过大，一旦发生决策失误或者舞弊，将严重损害所有其他节点的利益。举例说明，如果公司的控制者在决策时牟取私利，或者做出有利于自身利益的决策，那就是对其他所有股东和员工的不公平。

由此可见，为什么互联网会从开放和自由变得中心化？答案就是效率问题。

互联网发明之初就秉承着开源和去中心化的思想。互联网最早是开源的协议，任何人都可以公平使用。"互联网之父"蒂姆·伯纳斯-李从设计 Web 的第一天起，就把开放和去中心化这些原则放在第一位。万维网之所以能够蓬勃发展，是因为它的设计

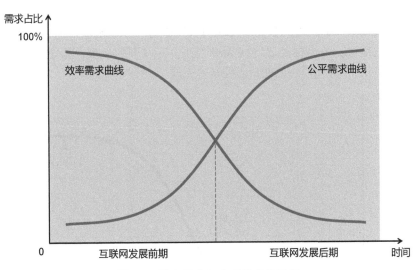

图 1-4　效率需求与公平需求曲线图

是开放的，能够在任何设备当中使用。用户不必受到操作系统、软件、特定硬件或终端的限制就能够使用万维网，它不仅通用于各种网络结构，而且通用于各种文化。

　　但是，互联网高速发展，人们对效率的急切追求给了互联网巨头可乘之机。它们完美地提供了人们所需要的极致服务体验、快速信息交互。这些优势几乎蒙蔽了所有人的双眼，大家对互联网原本的去中心化原则视而不见。

　　根据区块链的"不可能三角"进行推理，效率、公平和安全也是一个"不可能三角"，如图 1-5 所示。

　　由"不可能三角"可以知道，在安全性已知的情况下，效率和公平是相悖的。因此，要想快速提升效率，必须采用中心化的方式，尤其是像互联网企业这样的试图在白热化的竞争中存活下来的组织。从这个角度看，中心化方式对推动互联网效率的大幅度提升做出了重要贡献。

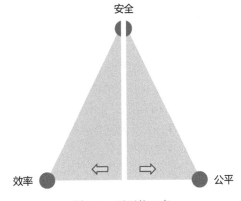

图 1-5　不可能三角

　　显而易见，当今的互联网巨头是数据高度中心化的产物，它们基于集中的数据为人们提供服务，让人们享受到互联网带来的便利，同时也为这些巨头带来巨额利润。

　　随着互联网的蓬勃发展，互联网企业百花齐放，几乎渗透到了人类生活的每一个角落。购物、社交、打车甚至是买菜的时候，人们都在使用互联网。互联网产品无孔不入，尽力抓住用户的每一个痛点。几乎每一个细分赛道都能看到互联网创业者的身影。

　　这种局面带来一个问题，那就是互联网可改造的传统领域越来越小，成长空间越来越窄，也就是说，效率提升已经快到极限了。互联网的发展已经进入 S 曲线（见图 1-6）的顶部，中心化巨头的使命已经基本完成。

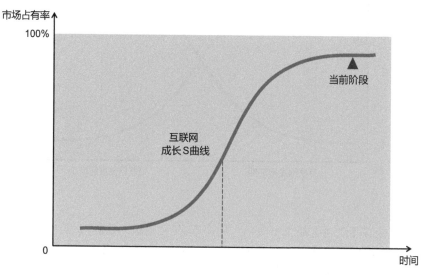

图 1-6　互联网市场占有率 S 曲线

　　现在，人们开始有更高的公平需求，而只有去中心化才能满足这一点。

　　去中心化由全部节点或大多数节点进行决策，保证公平公正。虽然以牺牲效率为代价，但是与中心化相比，具有更好的稳定性和持久性。

　　宏观来看，人类社会的发展也和互联网的发展轨迹相类似。

　　在人类社会发展的早期，生产力水平低下，提升效率是最迫切的需求。为了解决这个问题，在 16 世纪，公司制应运而生。

　　诞生至今，公司制在很大程度上改变了人类社会的协作方式，分散、低效、原始的协作逐步演变成中心化、集中、高效的协作。经过几百年的演进，公司的力量已渗透到人们工作和生活的方方面面。公司已经不仅仅是一种组织，它更是一种制度。公司凝聚了生命个体，变成了强于任何个人的经济实体。它使得无血缘、地缘联系的陌生人之间的合作成为可能。作为迄今为止最有效的经济组织形式，公司的出现被称作"一项人类伟大的成就"。当代，互联网的高速发展和大范围应用，又高度加速了这一成就的形成。

　　人们在中心节点的高效调度下展开协作，大大提高了生产效率。然而，随着社会的发展，高度中心化带来的弊端逐渐显现，贫富差距和中心节点的舞弊成为其不可避免的产物。

　　在生产力相对发达的今天，人们的物质生活总体而言已经得到大幅度提升，主要需求从效率向公平转变。因此，未来，尤其是在元宇宙时代，去中心化将成为广大用户的普遍诉求。

1.3　世界本该 Web 3

很多人说 Web 3 是一场革命，其实不然。**Web 3 不是革命，它只是让人们回到本来的样子而已。Web 3 的精神内核是去中心化，而去中心化恰恰是世间万物运行最底层的规律。**

很多人为了讲清楚去中心化，往往会先陈述中心化的种种弊端，其实，宇宙的运行法则和地球生物的演化规律本来就是去中心化的，中心化反而是一个特殊产物。

1.3.1　宇宙没有中心

宇宙孕育了地球，地球孕育了人类。在浩瀚的宇宙中，人类不过是沧海一粟。人类社会的发展、生物的进化乃至地球的兴衰，无一不在遵循着宇宙运行的一般规律。因此，要探究去中心化的奥义，必须从宇宙开始。

一直以来，人类从未停止过探寻宇宙奥秘的步伐。科学界试图找出宇宙的中心，但是至今一无所获。人们百思不得其解，根据常识，任何事物都应该是有中心的。

如果宇宙存在质量，那么一定会有一个质心。这个点距离任何方向都有相同的质量。如果宇宙是不断旋转的，那么一定会有一个旋转中心。如果"宇宙大爆炸"成立，宇宙是不断膨胀的，那么一定会有一个膨胀中心。如果宇宙是一个电荷分布均匀的球体，那么同样会存在一个电荷中心。

而事实上，上述假设均不成立，至少在现代物理学和天文研究中没有发现宇宙存在中心。宇宙是一个无限且均匀的物体，那么每一个点均相同，因此不存在一个质量中心或电荷中心。宇宙是一个不旋转的整体，因此也就没有旋转中心。宇宙是由各个点向每个方向均匀扩张的，大爆炸所产生的闪光从太空中所有位置均匀发出，每个方向的闪光都是同样的强度，这说明宇宙也没有膨胀中心。

此外，人类对宇宙的可观测范围在不断扩大，宇宙中心论的观点也在不断被推翻。从"地心说"到"日心说"，再到"银河系中心论"，这些观点一次次被后人打破。

在银河系外，还有仙女座星系，银河系和仙女座星系及其卫星星系又组成了本星系群，这个本星系群的中心位于银河系和仙女座星系之间。本星系群又和其他星系群、星系团组成了更加巨大的本超星系团，它的中心位于 5380 万光年外的室女座星系团。在本超星系团之上还有更大的宇宙结构。对于无边无尽且不断由各点膨胀的宇宙而言，永远都无法找到其中心。

针对上述情况，爱因斯坦提出了宇宙学原理，这个原理是宇宙学的基本原理，也叫哥白尼原理。其内容是：宇宙在大尺度上是均匀且各向同性的。也就是说，宇宙空间中每个点都是等价的，没有特殊点，宇宙是去中心化的。

综上可以知道，宇宙是去中心化的，其从诞生至今一直是以去中心化形式运作的。**去中心化才是这个世界稳定运行的最一般规律，也就是这个世界本来的样子。**

1.3.2 植物比动物更"聪明"

人们一般认为植物比动物低级，但事实却恰恰相反，植物远比动物"聪明"。植物没有像人类一样的大脑，但却拥有远超人类的智能。

在《它们没大脑，但它们有智能》一书中，斯特凡诺·曼库索详细论述了植物的智能：它们拥有视觉、味觉、嗅觉、触觉、听觉等超过 15 种感觉，它们的每一个根尖上面都有一个"计算中心"，每一株植物都是一个"活体互联网"。植物之间直接可以沟通交流。植物甚至可以"捕杀"动物。

那么，是什么使得植物拥有如此神奇的"智能"呢，究其根本，正是其去中心化的躯体组成方式。植物拥有模块化的躯体，它们的根、茎、叶都是由简单的小组件构成的组合体，互相依附但又独立存在。植物没有大脑，却用如此简单的方式造就了如此发达的智能，这正是去中心化的意义和魔力所在。

回溯地球生物的发展史，植物和动物曾经拥有共同的祖先：绿色鞭毛生物，这是一种单细胞生物，类似于现在的裸藻和眼虫。

地球上原本是没有生物存在的，在经历了漫长的演化过程后，地球上的无机小分子变成有机小分子，有机小分子又聚合成蛋白质和核酸，形成了原始祖细胞，原始祖细胞又进一步发展形成了绿色鞭毛生物。进化过程如图 1-7 所示。

无机小分子　　　有机小分子　　　原始祖细胞　　　绿色鞭毛生物

图 1-7　生物进化过程

绿色鞭毛生物后来又形成了两个分支："自养型生物"和"异养型生物"，如图 1-8 所示。

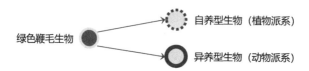

绿色鞭毛生物　　自养型生物（植物派系）

异养型生物（动物派系）

图 1-8　绿色鞭毛生物进化过程

自养型生物指的是自身能够进行光合作用、合成叶绿素，从而吸收能量的生物，这便是植物。异养型生物指的是自身合成不了叶绿素，只能通过吃掉其他有机物来获得能量的生物，这便是动物。

对于异养型生物，也就是动物派系而言，因为需要吃掉其他生物来获取能量，所以它们必须动起来。如果动物不主动行动，就没有办法吃到食物，无法生存。因此，动物的躯体不断发展出一些功能化的器官，如四肢、心脏、大脑等，便于在发现食物的时候快速行动进行捕食。

但是，对于自养型生物类的植物而言，待着不动就可以得到光并合成能量，因此植物没有必要动。而且植物需要从水、土壤里面获得养分，这个条件也不允许植物长时间离开水或者土壤。

那么问题来了，如果植物一动不动，如何避免被动物吃掉呢？植物应该如何保护自己的生命？

为了应对以上问题，植物在进化过程中发展出一种分布式的有机体。植物的每一个细胞都可以独立运转，都可以感光并汲取养分。即使身体的一部分被动物吃掉，植物仍可以生存。植物的生命运转不仅不会受到任何影响，还会重新长出被吃掉的部分。

对植物而言，它们没有把身体上的重要器官集中在某个部位。如果集中在某个部分，一旦被其他生物吃掉，整个生命体就会死亡。因此，植物派系选择了去中心化的生长方式。

再来看动物派系的进一步进化，将动物分作小型动物和大型动物进行分析，如图 1-9 所示。

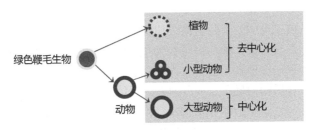

图 1-9　动植物进化方式对比

小型动物如蜜蜂、蚂蚁、鸟、小鱼等，虽然它们单独的个体是中心化的，但是在整体协作时完全是分布式的。对它们来说，个体太过弱小，必须利用群体的力量。

大型动物如老虎、狮子、狼这些体型较大的动物，人类也包括在内。这些动物最终走向中心化的发展方式。对大型动物而言，因为其需要较多的能量，所以必须主动捕杀猎物。而且，由于可捕杀的猎物往往有限，所以在大型动物之间存在较大的竞争。于是，在竞争过程中，大型动物形成了较为明显的强者生存法则以及以强者为中心的中心化协作方式。

人类因为具有聪颖的才智从激烈的竞争中脱颖而出，成为动物之王。如前所述，人类除了有吃饱穿暖这些生理需求之外，还有其他的需求，比如社交、尊重、自我实现等。这些需求体现在社会地位、权力等的竞争上，由于这些竞争，人类比其他动物更加中心化。

在原始社会，各个部落都有酋长。在这个时候，人类基本上接近于大型动物，和狮子、老虎有很大的相似之处。进入奴隶社会后，一部分人开始用武力去压迫另外一部分人。再后来进入封建社会，除了武力压迫，又加上了思想统治。到资本主义社会，剥削过程换了一种新的方式，即货币，如美国的布雷顿森林货币体系。除此之外，互联网高速发展更加剧了人类社会的中心化程度。

过度的中心化带来了动荡和不稳定，两次世界大战让人类社会发展遭受重创。反观植物世界，看起来弱小的植物似乎有无穷的生命力，它们甚至在世界末日到来的时候也不需要登上"诺亚方舟"，在水中、沙漠戈壁上都可以生存和进化，它们才是地球真正的主宰者。

而且，在几十亿年前，植物就已经诞生，它们几乎存在于整个地球生物演化的历史长河。站在这个角度看，渺小而短暂的人类，也许只是地球上的匆匆过客而已。

通过植物案例的研究可以知道，植物之所以强大，本质上源于其去中心化的躯体结构，这一点和宇宙的运行法则一脉相承。因此不得不承认，去中心化的背后确实蕴藏着巨大的魔力。

1.3.3 可怕的群体力量

上一节讲到，小型动物也是采用去中心化的群体协作方式。小型动物们就单一个体而言极其弱小，但却可以依靠一些简单的规则完成让人不可思议的浩大的群体协同动作。

蚂蚁可以在数倍于身体的间距上搭一座蚁桥，蜜蜂可以建造精美绝伦的蜂巢，鱼群可以整齐划一地躲避天敌，椋鸟群可在天空演绎出曼妙的舞蹈，这些令人惊叹的群体行为一直以来令人无法理解。甚至有人怀疑，这些高难度协作的背后是否有神秘力量的驱使。其实，背后的力量不是来自神力，而是来自去中心化这一简单原则。

对小型动物而言，单一个体非常弱小，难以面对激烈的生存竞争，因此，为了适应多变的自然环境，防御强大的天敌，捕捉食物，大自然便赋予了它们去中心化的群体生存方式。

这种群体生存方式没有领导者发布统一号令，每个个体都参照附近的个体按照简单规则进行动作调整，最终可以完成异常整齐的群体动作，这就是群体的力量。

那么，这种基于去中心化机制运行的群体协作方式到底有什么样的神奇之处？小型动物们到底该如何实现这种协作呢？接下来以常见的蚁群、蜂群、鱼群和鸟群进行说明。

1. 蚁群

在人类的眼中，蚂蚁是非常渺小的动物。可是，就是这么弱小的动物，它们的群体协作能力却是匪夷所思的，尤其是它们卓越的造桥能力。

一亿多年前，恐龙独霸全球。那个时候，蚂蚁已经出现在了地球上。时至今日，体型庞大的恐龙早已灭绝，而小得可怜的蚂蚁却存活下来，生生不息。这是一个值得深思的问题。

蚂蚁以去中心化的形式进行自我组织，不需要任何领导监督，便能根据环境变动迅速调整，有条不紊地开展工作，找出解决问题的方法，最终完成任务。蚂蚁的这种智慧被科学界称为"蚁群智慧"。

蚂蚁的造桥能力堪称一绝。蚁群可以在数倍于其身体远的两端快速建起一座空中桥梁。

行军蚁是蚂蚁中比较知名的一个种类，它们特别擅长在遇到障碍时用自己的身体搭桥。在遇到水洼等障碍物时，行军蚁能够将彼此的身体连接在一起，搭建一座桥梁，供蚂蚁大部队通过，以节省爬行距离。

在搭建桥梁时，后边的行军蚁会爬到前边行军蚁的身体上，用脚上的钩子彼此连接身体，直到造出填补空隙的空中桥梁。桥梁造好之后，后方的蚂蚁觅食大军浩浩荡荡穿过这座临时桥梁。随后，构建桥梁的蚂蚁将桥梁迅速"拆除"，继续它们的行程。

行军蚁的整个造桥、拆桥过程速度极快，而且非常连贯，一气呵成。蚂蚁们没有中心化的统一指挥，却能完成如此不可思议的系统工程，令科学界大为震撼。一个国际科研小组甚至认为，这种蚁桥的秘密可能会为开发智能机器人提供思路。

据相关研究，蚂蚁的视野只有 3°，极其有限，那么它们如何知道造多长的桥梁呢？它们之间又是如何高效协作的呢？

为此，科学家们专门进行了一次"倒 V 蚁桥"试验如图 1-10 所示。他们使用倒 V 型障碍物来阻隔蚂蚁的觅食路径。蚂蚁要想前进，必须穿过障碍物。这个倒 V 型障碍物具有足够的深度，如果不架设桥梁，爬完全程显然费时费力。

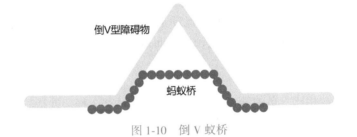

图 1-10　倒 V 蚁桥

试验开始后，蚂蚁果然选择搭桥来缩短路径。但是，令研究人员惊讶的是，蚂蚁并没有选择最短的路线，而是不断进行尝试。刚开始蚂蚁打算把桥造在倒 V 型障碍物的顶端，但是随后逐渐下调桥的位置，直到达到一个合理的位置。它们为什么会这么做呢？

因为桥梁位于倒 V 型障碍物的顶端时，桥的长度可以最短，但是蚂蚁通过倒 V 型障碍物的总路线不是最短，所以蚂蚁们通过调整桥梁位置试图找到一个最优路径。

另外，研究人员发现，桥的长度增加并不是任意的，当桥造到一定长度时，蚂蚁会停止造桥，主动拆掉，这又是为什么呢？

原来，蚂蚁会评估桥的成本效益。如果同一时间造桥的蚂蚁太多，则觅食的蚂蚁就会变少，所以蚂蚁会调节到桥长度的一个合理值，在保证造桥成功的情况下，保证觅食蚂蚁数最大化。

经过研究观察，蚂蚁群中并没有领头者发号施令，它们也不知道自己的行为有什么意义，那么，这些看似不可能的壮举是如何实现的呢？

进一步研究发现，蚂蚁是通过检测其他蚂蚁踩在自己身上产生的力量来造桥。假如经过蚂蚁身上的其他蚂蚁非常多，蚂蚁会感觉到重量，更多的蚂蚁就会加入搭桥的队伍中来，加宽加固桥梁，而一旦通过的蚂蚁减少，重量减轻，蚂蚁就会自动缩减桥梁。使用这个简单的机制，蚂蚁不断修改长度、宽度和它们在桥梁中的位置。

除了造桥，蚁群通过有限蚂蚁之间的简单信息交换，还可以完成各种极其复杂的任务，比如建造配有宏大通道的巢穴，发现食物并长距离搬运。每个蚂蚁随机接收其他路过蚂蚁的信息，按照简单规则进行本能行动，如觅食、安家、迁徙等。

蚂蚁采用简单的一对一个体协作，完成了令人惊叹的群体创举，这就是去中心化的力量。

2. 蜂群

蜂群虽然由蜂王、雄蜂、工蜂三类蜜蜂组成，但是蜂王的职责是产卵，雄蜂的职责是和蜂王交尾，它们并不执行对工蜂的指挥和调度工作。

工蜂作为整个蜂群的绝大部分，是一个蜂群的主力军。它们虽然没有繁殖能力，但却肩负起一个蜂群几乎所有的工作。工蜂们在没有统一指挥的情况下分工协作，完成采蜜、筑巢等工作。

凯文·凯利在《失控》这本书中曾用蜂群来解释互联网的关键概念。他说：在每个蜂窝中，数万只蜜蜂的运动其实是有高度规律性的，既不是某一只蜜蜂说了算，也不是蜂后说了算。实际上，蜜蜂的整体运动是所有个体密切的相互作用产生的结果。也就是说，它们的行动不是一个人在领导，而是蜜蜂群体在去中心化状态下的集体决策。

3. 鱼群

与蜜蜂和蚂蚁相比，鱼的智商很低。鱼的记忆只有 7 秒，就是一个形象的描述。但是，作为一种小型动物，鱼和蜜蜂、蚂蚁一样，它们不是靠有意识的组织、调度来做出整体动作，而是靠简单的本能反应。

每条鱼都是通过视觉接触和侧线相结合来协调左右鱼邻的。鱼身体的两侧都有一条颜色特殊的侧线，侧线连着鱼身体两侧的器官，可以感知周围极细微的水压变化。每条鱼都以周围 1~2 条同伴的侧线为观察对象，调节自己的游向和速度，以维持适当的距离。

例如，如果左右两侧的鱼转弯或加速，侧线就会感觉到，此时鱼会做出相应的反应。这个简单的负反馈机制便促使整个鱼群形成特定的自组织方式。因此，在鱼群中，一条鱼转弯，它左右两侧的鱼也会跟着转弯，然后继续影响更外围鱼的行动，这个过程在眨眼之间即可完成。

此外，每条鱼都与同类保持"排斥区"，在该区域内，鱼会自动与左右两侧的同类保持一定的安全距离以避免碰撞。

鱼群没有领头鱼的统一指挥，而是由每条鱼遵守极其简单的规则，即根据周围同伴的变化而变化，便构成了整齐划一的去中心化的鱼群风暴。

4. 鸟群

在丹麦沿海湿地的上空，经常会出现一种壮观的景象。成千上万只椋鸟在空中集结，它们整齐划一地飞翔，就像表演一场精心排练过的舞蹈。椋鸟群中并没有领头鸟的统一指挥，动作却能如此一致，尤其碰到天敌来袭时，它们会快速转弯躲避，整个动作十分敏捷，而且队形不散。

椋鸟的行为让人惊叹，却也让人不解。古罗马人认为，椋鸟一定是得到了神的指示，它们在飞行中被神引导，所以才能万鸟如一。甚至有科学家认为，椋鸟通过心灵感应来实现集体飞行。

随着科学技术的发展，科学家通过高速摄像机捕捉椋鸟的飞行细节，然后用计算机模拟群鸟的飞行轨迹，终于揭开了其中的奥秘：对每一只椋鸟来说，它只要跟周围 7 只椋鸟协调行动即可。每一只椋鸟都遵守这个规则，就可以实现百万椋鸟整齐划一的大规模行动。这个过程当中没有一只领头椋鸟的统一指挥，也没有神的指示，只需要一个简单的规则就可以实现如此不可思议的协作。这种现象再次印证了去中心化协作方式的巨大威力。

蚁群、蜂群、鱼群、鸟群这些小型动物群通过遵循一些极为简单的规则，就可以完成许多复杂的群体行为。它们只需要根据若干相邻同伴的行为做出反应，而无须听从中心化节点的调度。

这些小型动物们的案例充分说明，**去中心化是一个看似简单，实则蕴藏着无穷智慧的宇宙法则**。

Meebits ▶

Meebit#9696

Holder：TokenBrother 通证一哥

Meebits 在 2021 年 5 月由 Larva Labs 团队推出，是 20000 个独特的 3D 体素角色。

Meebits 根据自定义生成算法创建，并以 ERC-721 标准部署在以太坊上。Meebits 的所有者可以获取对应的 3D 模型资料包，自由渲染 Meebits 并为其设置动画，将其用作元宇宙中的化身。

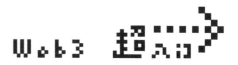

#9422

#17978

#8111

#7771

#10694

#8082

#2045

#12719

#3982

#122

#19704

#4814

#8094

#14445

#8541

#14439

第 2 章　Web 3 **已经到来**

　　随着 Web 3 浪潮的来临，已经有一大批先行者们涌入其中，风投资本也已争相布局。互联网和科技巨头们也不甘人后，纷纷成立 Web 3 部门，涉足其中。最重要的是，普通用户对 Web 3 的关注度也在持续增加。种种迹象表明，Web 3 时代已经拉开序幕！

本章阅读导图

本章阅读指引

　　Web 3 不是一个虚无的概念，它已经真真切切来到我们生活中。那么，为什么说

Web 3 已经到来，有哪些能够证明 Web 3 已经到来的具体量化指标呢？本章从资本投资、传统巨头入局、用户数量增长三大维度对此进行解答。

除了畅想未来，坚定对趋势的信念之外，还应该深刻认识到，Web 3 已经开始落地生根，真正走入人们的生活。这些既成事实将更加强化我们的 Web 3 信仰。

本章通过客观的数据和事实进行论述，让大家看到世界上最具智慧的一些人和最有实力的企业们已经开始行动。

2.1　资本加速布局

风险资本的掌舵者们往往智力超群，对新趋势非常敏感，他们所管理的资金正在快速涌向 Web 3 赛道。曾经在互联网领域赚得盆满钵满的他们已经预感到，甚至明确表示过，Web 2.0 红利已尽，未来一定是 Web 3 的时代，所以才会笃定地进行布局。

投资基金，尤其是专注于互联网领域的投资基金，其中的佼佼者在 20 年前就成功把握住了互联网的趋势，获得了超额的回报。这一次，他们绝对不会错过 Web 3 这个绝佳的时代机遇。

伴随着 Web 2.0 领域进入红海，创业公司的成长空间越来越小，风险投资的回报变得越来越低。反观 Web 3 赛道，相关机构曾预测，仅 2022 年 Web 3 在应用端的市场规模就将超过 500 亿美金。

因此，一些原来专注于 Web 2.0 的互联网投资基金也不得不寻找新的赛道，而 Web 3 正是最佳选择，也是唯一能够媲美曾经的互联网的选择。

1. 融资总额增长

根据 Crunchbase 数据，Web 3 项目融资总额在 2019 年、2020 年均不足 50 亿美元，但在 2021 年飙升至超过 300 亿美元，如图 2-1 所示。

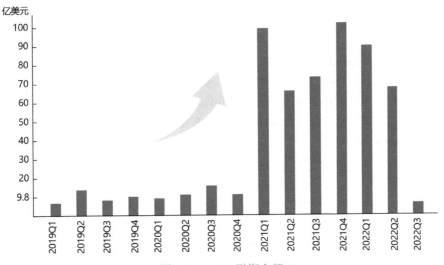

图 2-1　Web 3 融资金额

尽管在 2022 年全球整体经济下行，但是 Web 3 赛道的融资并没有放缓。

此外，在 2021 年，Web 3 初创公司平均每天融资达到 2000 万美元，平均种子轮融资从 2020 年的 150 万美元上升到了 330 万美元。

2. 基金数量增长

随着 Web 3 行业的发展，越来越多的 Web 3 基金开始涌现。

Web 3 基金有多种，包括加密货币基金、区块链基金等。自 2017 年起，Web 3 基金如雨后春笋般出现。2017 年诞生了 290 只新基金，包括对冲基金和风险投资基金。这个数量高出 2016 年 Web 3 基金数量的三倍多。2018 年继续保持高速增长，又诞生了 230 只新基金。尽管 2019、2020 年基金增长有所放缓，但是 2021 年再次加快。截至目前，市场上的 Web 3 基金数量接近 900。

除了新成立的专注于 Web 3 的基金之外，现有的投资基金也纷纷涉足 Web 3 领域，推出 Web 3 投资部门或专项基金。比如红杉资本就直接推出了规模 5 亿~6 亿美元的 Web 3 投资基金，这也是红杉资本自 1972 年成立以来的首个特定行业基金。同时，像 Tiger 和红杉资本这种传统的大型基金，此前一直规避加密领域的投资，但是现在也积极采取了一些合规的方式以进入该行业。

目前，Web 3 基金遍布全球 80 多个国家和地区，近一半的 Web 3 基金位于美国，其余的位于英国、中国香港、新加坡、瑞士、加拿大、澳大利亚和德国等地。

3. 著名融资案例

（1）OpenSea

2022 年 1 月，全球最大的 NFT 交易平台 OpenSea 宣布获得 C 轮融资 3 亿美元，估值为 133 亿美元。本次投资的领投机构为 Paradigm 和 Coatue。

OpenSea 成立于 2017 年，一直专注于 NFT 交易市场，在 2021 年 NFT 热潮中脱颖而出。OpenSea 仅仅用了 4 年时间，就成为估值百亿美金以上的 Web 3 独角兽企业。

（2）Polygon

2022 年 2 月，以太坊扩展和基础设施开发平台 Polygon 宣布获得 4.5 亿美元融资，市值为 144 亿美元。

该轮融资由 Sequoia Capital India 牵头，包括 SoftBank Vision Fund 2、Galaxy Digital、Galaxy Interactive 和 Tiger Global 在内的 40 多家风险投资公司参与。

这笔资金将用于帮助 Polygon 开发包括 Polygon PoS、Polygon Edge 和 Polygon Avail 在内的产品，这些产品类似于为 Web 2.0 开发者提供的 Amazon Web Services。

（3）Yuga Labs

2022 年 3 月，知名 NFT 项目 Bored Ape Yacht Club 的母公司 Yuga Labs 宣布完成 4.5 亿美元种子轮融资，估值为 40 亿美元。本轮投资的领投机构为 a16z，包括 Animoca Brands、LionTree、Sound Ventures、Thrive Capital、FTX 和 MoonPay 在内的公司参投。

Yuga Labs 成立于 2021 年，拥有 BAYC、CryptoPunks、Meebits 这三个市场上最大的 NFT 品牌。同时，该团队未来将打造一款大型多人在线角色扮演游戏平台 Otherside，旨在连接更广泛的 NFT IP，创造一个游戏化和去中心化的元宇宙世界。

2.2　巨头纷纷试水

随着 Web 3 的蓬勃发展，相关行业的巨头们也不甘落后，纷纷涉足 Web 3 领域。

1. 互联网巨头

（1）推特

推特（Twitter）是率先拥抱 Web 3 的社交媒体平台。2022 年 1 月，推特已经推出新功能，将 Twitter Blue 订阅服务用户的账号与加密钱包连接起来，用户可以将个人资料图片设置为自己钱包中的 NFT 图片。推特会将 NFT 个人资料图片显示为六边形，从而与其他用户的标准圈圈头像区分开来，单击图片会提示相关艺术品及其所有权的细节。

（2）Meta

从 Meta 改名可以看出，它已经开始全面布局元宇宙。在构建元宇宙平台的同时，Meta 也在加快探索 NFT 和 Web 3 的步伐。2022 年 5 月，Meta 旗下的 Instagram 已经开始向部分用户开放使用 NFT。2022 年 6 月，Meta 发言人表示，已开始在 Meta 上为部分美国创作者测试 NFT，这些 NFT 可以运行在以太坊、Polygon、Solana 和 Flow 区块链上。

（3）谷歌

谷歌（Google）在 2022 年成立了其第一个 Web 3 部门，将为区块链开发人员提供后端服务，把目光瞄向了 Web 3 世界的基础设施。该部门隶属于谷歌云旗下。

2022 年 5 月，谷歌云副总裁 Amit Zavery 在致员工的一封邮件中称："Web 3 市场已经显示出巨大的潜力，许多客户要求我们增加对 Web 3 和加密货币相关技术的支持。"

同时，谷歌云在其官方博客中称："区块链和数字资产正在改变世界存储和传递信息以及价值的方式。"显然，谷歌已经把 Web 3 比作 20 年前的互联网浪潮。

（4）亚马逊

对于亚马逊（Amazon）而言，虽然没有直接参与 Web 3 业务，但是目前绝大部分的 Web 3 公司都在使用亚马逊的云服务。在 Web 3 领域的云服务市场，亚马逊已经占到了 50% 以上的份额。

2022 年 4 月，亚马逊首席执行官 Andy Jassy 在采访中称，对加密货币和 NFT 的未来持乐观态度，并表示亚马逊很有可能在未来销售 NFT。

（5）其他电商

除亚马逊之外，其他电商也已开始了 Web 3 的探索。2021 年，eBay 宣布允许在平台上买卖 NFT。2022 年 6 月，eBay 更是收购了 NFT 交易平台 KnowsOrigin。电商平台 Shopify 也推出一项销售 NFT 商品的服务，卖家可创建并销售 NFT 商品。

2. 奢侈品巨头

（1）Tiffany

2022 年 8 月，Tiffany（蒂芙尼）发布旗下首套 NFT，名为 NFTiffs。NFTiffs 系列限

量 250 个，每个售价 30 枚 ETH，仅限 CryptoPunks 拥有者购买。

（2）Gucci

目前，Gucci 已提交 5 项与 NFT、元宇宙相关的商标申请，涵盖媒体、虚拟服装等领域。同时，Gucci 也在 Sandbox 平台购入土地并进行自己的元宇宙空间建设。

3. 体育用品巨头

（1）Nike

Nike 在 2021 年收购了数字潮牌 NFT 工作室 RTFKT Studios，收购前，RTFKT Studios 已经推出了与村上隆合作的知名蓝筹 NFT 系列 Clone X。Nike 在 Web 3 领域的布局由来已久，早在 2019 年就推出了第一个虚拟运动鞋 CryptoKicks，每双虚拟球鞋都是一个 NFT。目前，Nike 正在加快元宇宙的全面布局，其以虚拟穿戴为入口的 Web 3 生态已经初具规模。

（2）Adidas

Adidas 在 2021 年发行了 Pass 卡系列 NFT "Adidas Originals into the Metaverse"，并在 2022 年为持有者空投了实体服装。同时，Adidas 在 Sandbox 核心位置持有大块土地，也参与了 BAYC 母公司 Yuga Labs 的融资。

除了上述互联网、奢侈品、体育界的巨头之外，汽车、饮料等领域（如奔驰、可口可乐等巨头）也在涉足 Web 3，这里不再赘述。

2.3 用户数量激增

资本与巨头跑步入场 Web 3 的真正动因是海量用户的涌入，毕竟，有人的地方才有商业。对于 Web 3 来说，不仅关注者增多，参与者也在持续增加。

1. 谷歌搜索量增加

根据 Google trends 显示，"Web 3" 这个词的全球搜索热度在 2021 年呈指数级增加，这表明在全球范围内，用户对 Web 3 的关注度已经提升了一个量级。Google trends 中 "Web 3" 的搜索热度变化如图 2-2 所示。

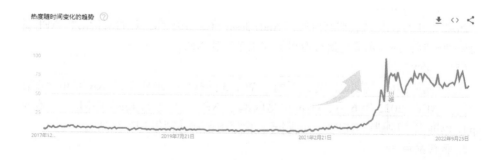

图 2-2　"Web 3" 的搜索热度变化

2. 用户地址数增加

（1）以太坊唯一地址数超过 20 亿

根据以太坊浏览器 Etherscan 的数据，以太坊唯一地址数已经突破 20 亿，如图 2-3 所示。

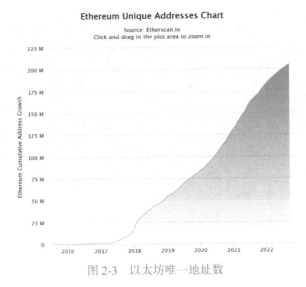

图 2-3　以太坊唯一地址数

以太坊唯一地址数是指以太坊区块链上所有地址的总数，其中包括单个用户拥有的多个地址，以及余额为 0 的地址等。

（2）以太坊活跃地址数

Glassnode 数据显示，以太坊活跃地址数在 2022 年 7 月曾达到 100 万的峰值，如图 2-4 所示。

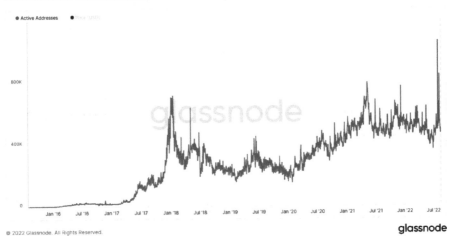

图 2-4　以太坊活跃地址数

以太坊活跃地址数是指处于活动状态的唯一地址数量。活跃状态指的是发送或者接收资产，并且成功完成交易。

（3）以太坊非零地址数

根据 Glassnode 数据，以太坊非零地址数已突破 8000 万，如图 2-5 所示。

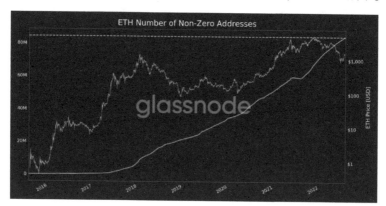

图 2-5　以太坊非零地址数

以太坊非零地址数是指余额不为 0 的唯一地址数量，不包括智能合约在内，仅计算独立的用户地址。

在以上三个地址数指标中，以太坊非零地址数最能代表真实的以太坊用户数，可以用来与互联网用户数的发展进行对比。

知名投资机构 a16z 在 2022 年的一份加密行业报告中称，"就用户规模来看，现在（指 2022 年）的 Web 3 类似于 1996 年的互联网"。该报告预计，到 2031 年 Web 3 用户数将达到互联网现在的 10 亿规模。Web 3 与互联网用户规模发展对比如图 2-6 所示。

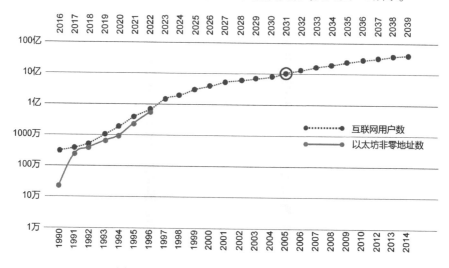

图 2-6　Web 3 与互联网用户规模发展对比

第 2 篇

——

概　念　篇

　　理解相关概念是深刻理解一个事物的重要前提。当前，关于 Web 3 的论述鱼龙混杂，因此必须去伪存真，方能在学习 Web 3 的道路上保持正确性。

　　本篇从 Web 思想的诞生开始，追溯 Web 3 的起源，并对常见的 Web 3 认知误区进行纠正，让读者能够认识一个全新的 Web 3。

　　清除旧思维，接纳新概念，让我们一起，重新认识 Web 3！

NounsDAO 是 NFT 领域最大的 DAO 组织，其国库拥有近 3 万枚以太坊。Nouns 旨在创建一个集身份、社区、治理和一个可供社区使用国库的去中心化组织。

Nouns 中文生态社区是 NounsDAO 中规模最大的华人社区。目前社区有 Nouns 的华人持有人 7 位，持有 Nouns 总数超过 10 个。

Nouns#101
Holder：0xminion Nouns 中文生态社区核心 buidler
投资研究 @ GBV Capital

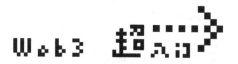

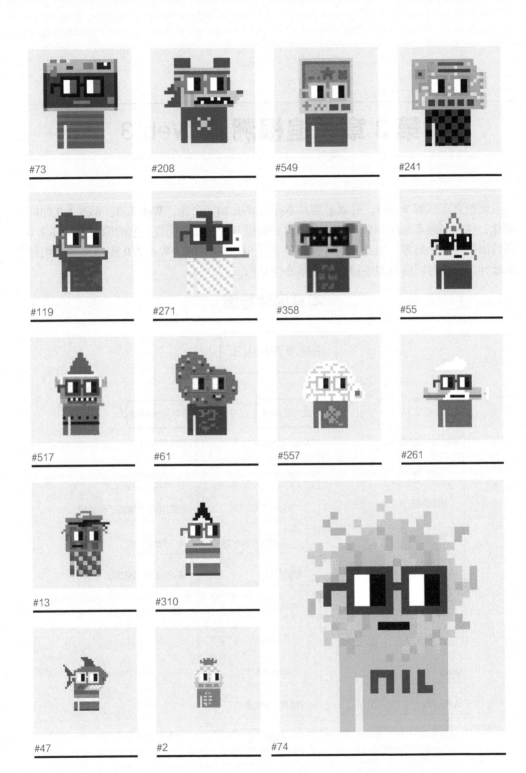

#73

#208

#549

#241

#119

#271

#358

#55

#517

#61

#557

#261

#13

#310

#47

#2

#74

第 3 章　追根溯源 Web 3

要想真正理解 Web 3，必须追溯其本源。Web 如何产生，Web 1.0、Web 2.0 如何演化，这些问题都是深刻理解 Web 3 的重要前提。就 Web 3 而言，它的诞生是 Web 2.0 向前演化的必然结果。但是，这种演化不是类似 Web 1.0 向 Web 2.0 转变这种应用层的延伸，而是对网络模型中协议层的革命性重构。

本章阅读导图

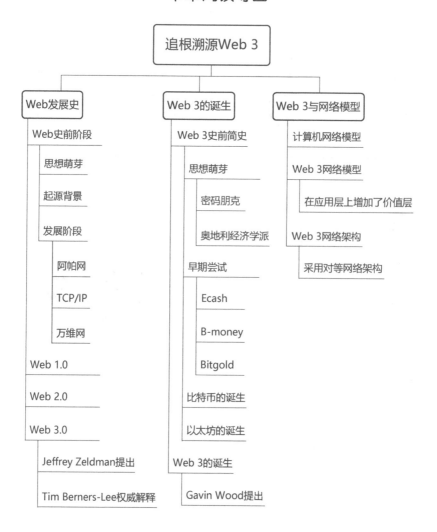

本章阅读指引

Web 是如何诞生的？Web 1.0 和 Web 2.0 如何演变？为什么会有 Web 3 的出现？Web 3 由谁提出？Web 3 对计算机网络模型有何创新改进？

本章从 Web 发展史、Web 3 的诞生、Web 3 网络模型三个维度进行解答。

要想真正理解一个事物，必须有刨根问底的精神。只有从本源进行追溯，方能搞清楚一个事物诞生的来龙去脉，以及它的发展规律。

本章不仅追溯了 Web 3 的起源，更是追溯了 Web 的起源，从 Web 思想诞生的源头娓娓道来，梳理了 Web 的发展史，并详细阐述了 Web 3 网络模型和网络架构的演变过程。

3.1　Web 的起源与发展

要理解 Web 3，必须对其追根溯源，不仅要了解 Web 1.0 和 Web 2.0，还要全面了解 Web 的起源及整个发展历程。同时，除了技术之外，还要了解其思想萌芽过程。

3.1.1　Web 史前阶段

从 Web 1.0 时代开始，互联网开启了全面商业化之路。很多人不知道的是，在此之前，互联网已经经历了 30 年漫长的技术积累。更让人想不到的是，关于互联网的科幻猜想早在 19 世纪就已萌芽。

1. 互联网思想萌芽

每一次技术革命，都是由科幻小说家先行构想，然后由科学家付诸实施。元宇宙如此，互联网更是如此，毫无例外。

早在 1898 年，著名作家马克·吐温就在其短篇小说《起源于 1904 伦敦时间》中构想出了当今的互联网雏形，这是历史上最早在文学中出现的互联网设想。因此，马克·吐温也被公认为"互联网先知"。

在这本小说中，马克·吐温描述了一种名叫"电传照相机"的神奇发明：

"一旦巴黎正式批准'电传照相机'的发布，它就将迅速推广到全世界，供大众使用。'电传照相机'会与电话系统关联起来，使身处世界不同角落的人相互看得见、听得到。在世界范围内，每个人发布的共享信息都可以被所有人同步获取。"

这个用电话线连在一起的"电传照相机"组成了一个类似于互联网的网络系统，用户可以通过"电传照相机"这个类似网页浏览器的东西读取信息。要知道，那个时候计算机还没有发明，所以"电传照相机"的构想相当超前。

1923 年，英国科幻小说家赫伯特·乔治·威尔斯（H. G. Wells）在其科幻小说《神一样的人》（Men Like Gods）中想象了一个平行宇宙中的乌托邦世界，在这个世界中，人们通过无线电话和语音邮件沟通。赫伯特设想的这种社交方式便是今天的互联网社交方式。

不得不说，文学家们的想象力非常超前且极具价值。对于很多科技的发展，正是在他们的启发下，科学家们才得以明确目标，并矢志不渝地一步一步去实现它。

2. 互联网起源背景

世界上几乎任何一项尖端技术，都是先应用于军事领域，然后才向大众普及。

简单而言，互联网起源于美苏冷战。尽管以人们渴望加强沟通和互联是推动互联网出现的内在需求，互联网的出现似乎是一个历史必然，但是，美苏冷战这个特殊时代确实加速了这一历史必然的到来。

20世纪60年代，美苏陷入冷战。1957年，苏联成功将首颗卫星送入地球轨道，全球震动，美国上下顿时充满了科技水平被赶超的危机感。为了在军事上及尖端科技上和苏联对抗，时任美国总统的艾森豪威尔当即提出，组建美国国防部高级计划研究署（Advanced Research Projects Agency，ARPA）。

ARPA的工作独立于其他更常态的军事研发，而聚焦于尖端科技研发，直接向美国国防部高层汇报。ARPA成立之初便获得了高达2亿美元的预算支持，这在当时是一个天文数字，由此可见美国对尖端科技的重视程度。

APRA的核心机构之一是信息处理处（Information Processing Techniques Office，IPTO），重点研究计算机图形、网络通信、超级计算机等课题。IPTO的主要任务之一便是开发计算机网络，让计算机之间能够远程相互发送信息。

3. 互联网发展阶段

互联网的早期发展有三个重要里程碑，如图3-1所示。

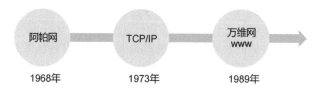

图 3-1　互联网早期发展里程碑

（1）阿帕网

1966年，著名计算机专家拉里·罗伯茨（Lawrence Roberts）受邀出任IPTO处长，着手筹集计算机网络。拉里曾在麻省理工学院林肯实验室工作，其间利用调制解调器实现了人类历史上首次远距离将两台计算机接通的创举，是当时科技界公认的设计计算机网络的最佳人选。

1968年，拉里所在的IPTO正式向ARPA提交了"资源共享的计算机网络"研究计划。这个计划的最初目的是让ARPA相互距离很远的计算机之间能够联网并共享资料，因此这个网络叫作阿帕网（ARPANET）。

最初的阿帕网由美国西海岸的4个节点构成，分别位于加州大学洛杉矶分校（UCLA）、斯坦福研究院（SRI）、加州大学圣巴巴拉分校（UCSB）、犹他大学（UTAH），如图3-2所示。

随着阿帕网的启用，人类正式迈入网络时代。

与现在的互联网水平相比，阿帕网看起来非常原始，传输速度也相当慢。但是，阿帕网已经具备网络的基本形态和功能。所以阿帕网被称作"互联网的创世纪鼻祖"。

图 3-2　早期阿帕网分布图

（2）TCP/IP

1972 年，阿帕网的节点达到了 29 个。但是，当时世界上大部分的计算机硬件和软件都不相同，互不兼容。于是，如何让不同的计算机之间真正地实现互联，成为一个急需突破的难题。

1973 年，文顿·格雷·瑟夫（Vinton Gray Cerf）和罗伯特·艾略特·卡恩（Robert Elliot Kahn）发明了 TCP/IP。TCP/IP 即传输控制/网络协议，包括 TCP（传输控制协议）和 IP（网络协议）两部分。

TCP/IP 对互联网中各个不同设备之间的通信标准和方法进行了规定，能够保证网络中的信息数据及时、完整地进行传输。TCP 和 IP 两个协议协同工作，TCP 负责应用软件的直接通信，而 IP 负责计算机之间的通信。

20 世纪 80 年代，全球互联网百花齐放、百家争鸣。尤其是在欧美的高校之间，涌现出了众多计算机网络，以及各种不同的通信协议。1983 年，阿帕网全部转换为 TCP/IP。同时，TCP/IP 凭借其简单、开放的特性在近 10 年的协议混战中胜出，最终成为全球互联网的通用传输协议。

正是因为 TCP/IP 的普及，全球各地的互联网才能够连接起来，成为全人类共用的因特网（Internet）。

（3）万维网

1989 年，英国科学家蒂姆·伯纳斯-李（Tim Berners Lee）发明了万维网（World Wide Web，也称 WWW、Web）。万维网的诞生促成了互联网从技术向商业的重大转折，从万维网开始，浩浩荡荡的互联网浪潮开始席卷全球。

万维网是一个透过互联网访问，由许多互相链接的超文本组成的信息系统。超文本可以用于描述文本、图形、视频、音频等多媒体，通过网页浏览器（Web browser）程序显示。

简单来讲，万维网是成千上万个网页和网站的集合，它构成了因特网最主要的部分（因特网也包括电子邮件、新闻组等）。

万维网包含三项核心技术，如图 3-3 所示。

图 3-3　万维网核心技术

1）HTTP。HTTP 指的是超文本传输协议，是 Web 服务器传输超文本到本地浏览器的传送协议，实现网页的发布与接收。

2）HTML。HTML 指的是超文本标记语言，是一种用于创建网页的标准语言。

3）URL。URL 指的是统一资源定位符，是 Internet 上标准的资源地址，用于实现互联网信息的定位统一标识（类似于网络上的门牌）。

蒂姆在发明万维网之后，没有为其申请知识产权，而是选择将其公之于世，无私地奉献给了全世界，这为万维网的广泛普及起到了决定性的作用。

万维网从根本上革新了信息传递方式，为后来的互联网信息大爆炸奠定了基础。通过万维网，全世界的人们可以随意浏览所需要的资讯，快速获得信息，这极大地提升了知识传播的速度。

在这个过程中，一些嗅觉敏锐的商业人士发现了巨大的商机。就在蒂姆公开万维网后不久，网络公司便如雨后春笋般涌现，其中一部分成为现在的互联网巨头。

值得深思的是，蒂姆公开发明的初衷是希望互联网能够公平、开放地为每一个用户服务，而不是被巨头垄断。如今的互联网格局早已违背了蒂姆的初衷，巨头林立，相互割据，不断压榨用户的价值。

因此，从这个角度讲，**Web 3** 不过是对互联网初心的回归而已。Web 3 不是去颠覆 Web 2.0，而是互联网本该 Web 3。

3.1.2　Web 1.0

Web 1.0 时代是一个激荡的时代，从 1991 年到 2000 年这 10 年间，互联网商业化浪潮汹涌澎湃，冲击着每个人的生活；互联网行业诞生了一个又一个令人激动的奇迹，也见证了美国历史上继 1929 年之后规模最大的股市崩盘。

尽管在 2000 年，互联网泡沫破灭，很多互联网公司消亡，但是人们对互联网的热情却没有丝毫消退。时代的车轮一旦开始转动，便再也无法停止。从 1993 年到 1999 年这 6 年间，互联网的用户数量从 200 万增加到 2 亿，高达 100 倍。仔细回想当年这个场景，和如今的 Web 3 何其相似。

简单来讲，Web 1.0 实现的是内容上网。商业公司把用户需要的内容或内容链接放到自己的网站上，用户通过 Web 浏览器浏览网站、获取内容。这些网站以门户网站为代表，它们的主要功能是对内容进行分类整理，便于用户查询和搜索。门户网站通过提供这样的服务获得大量用户点击，然后再通过广告等增值服务盈利。

Web 1.0 时代是一个群雄逐鹿的时代，涌现出了很多伟大的公司和产品，尽管它们当中的大多数已经退出了历史舞台，但是它们为互联网发展做出的贡献将被永久铭记。

以下介绍 Web 1.0 时代的三个典型代表。

1. Netscape

1994 年 10 月，网景公司（Netscape Communications Corporation）发布网页浏览器 Netscape Navigator，该浏览器在发布 4 个月后便占据了 75% 的市场份额，成为市场上最受欢迎的浏览器。

1995 年 8 月，网景公司首次公开募股获得巨大成功。网景的股票开盘仅一分钟，股价就从发行价 28 美元冲到了 70 美元。《华尔街日报》评论说，通用公司花了 43 年才使市值达到 27 亿美元，而网景只花了 1 分钟。

尽管 Netscape 浏览器在后来的浏览器大战中被微软的 Internet Explorer 击败，但是它在推动 Web 1.0 时代向前发展的进程中功不可没。

2. AltaVista

1995 年 12 月，数字设备公司（Digital Equipment Corporation）推出搜索引擎 AltaVista，它是万维网上第一个具有简单界面的可搜索全文数据库。

AltaVista 相对于市场上的其他搜索引擎具有两大优势，一是采用了快速、多线程的爬虫（Scooter），可以覆盖比当时人们认为存在的数量更多的网页，二是它有一个高效的后端搜索程序，在高级硬件上运行。凭借这两点，AltaVista 在搜索引擎市场独领风骚。

AltaVista 的网站点击量增长非常迅速，经过两年时间，便从最初的每天 30 万次增长到了每天 8000 万次。在 2000 年，AltaVista 被 17.7% 的互联网用户使用，而 Google 仅为 7%。

但是，因为后来门户战略的失败和多次收购易手，AltaVista 最终还是退出了历史舞台。不管怎样，AltaVista 在互联网信息搜索领域打开了一个良好的开端。

3. Yahoo！

1994 年 1 月，斯坦福大学研究所的杨致远（Jerry Yang）和同学大卫·费罗（David Filo）创建了一个名为"杰瑞的网络指南"（Jerry's Guide to the World Wide Web）的网站。在这个"网络指南"网页上，杨致远和费罗搜集了一些网民常用的优质网站并且进行了分类整理，便于大家访问。

这个"网络指南"最开始推荐给校友使用，饱受好评并被广泛传播。当时的很多网民把"网络指南"作为上网必备工具，每次上网之前都是先打开"网络指南"，然后开始上网。

随着网站访问量的增加，杨致远和费罗将其改成了更容易被记住的名字"Yahoo！"（雅虎）。出乎杨致远和费罗的意料，在 1994 年底，雅虎累计点击量突破了 100 万。杨致远和费罗意识到他们的网站拥有巨大的商业潜力，于是在 1995 年 3 月成立了公司，同时获得了红杉和软银等风险资本的青睐。

1996 年 4 月 12 日，雅虎公司首次公开募股，以每股 13 美元的价格卖出 260 万股，筹资 1 亿 3380 万美元。IPO 当天，雅虎股价就从发行价 13 美元涨到 33 美元，市值 8.1 亿美元，2000 年，雅虎市值冲到 1280 亿美元，成为全球首家市值超过千亿美元的公司。

但是，互联网迈入 Web 2.0 时代后，雅虎开始走下坡路。在这个过程中，雅虎出现了一系列问题，比如错过收购谷歌的最佳时机，导致养虎为患；门户网站模式竞争白热化，市场被挤压；拒绝微软高价收购；频繁更换管理层，等等。这些问题看似是偶然性决策失误，但实则是雅虎的宿命。雅虎的没落印证了一句话："一代人只能做一代人的事"。新的时代需要新的引领者出现，市场上不可能存在一个永恒的巨头。Web 2.0 时代的事就应该交棒给 Web 2.0 的新锐们去做。

2017 年 7 月，雅虎以 44.8 亿美元的价格将核心业务贱卖给美国移动网络运营商威瑞森（Verizon），一个曾经的互联网巨人正式谢幕。

不管世人如何评述，雅虎始终是一代神话，它用门户网站将互联网 Web 1.0 热潮推向了最高点的辉煌事实永远不会被人们所忘记。

Web 1.0 是 PC 时代的互联网，用户利用 Web 浏览器通过门户网站进行浏览和搜索等操作。这是一个单向获取内容的过程，用户只是被动接受内容，而无法主动输出，没有互动体验。正是这一不足，为 Web 2.0 的到来埋下了伏笔。

3.1.3　Web 2.0

2001 年，互联网泡沫全面破裂，这也成为互联网历史发展的重要转折点。Web 1.0 的模式经过市场验证后，虽然可以盈利，但是远远不及人们对它的预期。随着这些公司烧钱运营却难以盈利的真相被不断揭开，人们终于看清了这个疯狂的泡沫。于是，大家争相撤资，股市崩盘，泡沫破裂。尽管互联网没有死亡，但是要想再次腾飞，需要全新的概念。

1999 年，达西·迪努奇（Darcy DiNucci）在其撰写的文章"Fragmented Future"中首次提出了"Web 2.0"的概念。这个概念直到 2004 年才由蒂姆·奥莱理（Tim O'Reilly）和戴尔·多尔蒂（Dale Dougherty）在 O'Reilly Media Web 2.0 会议上推广开来。

严格意义上讲，"Web 2.0"并不是一个技术术语，它只是指代互联网商业模式的转变。相对于 Web 1.0，Web 2.0 并没有对开发人员提出任何新的技术要求或规范。一般认为，Web 2.0 时代从 2004 年才开始，而其实在几年前便有了 Web 2.0 产品的萌芽。因此，Web 1.0 到 Web 2.0 的转变并没有明确的界限，而是渐进式的过渡。

在 Web 1.0 中，大公司创造内容，用户只是内容的消费者。网络上的内容主要是静态网页。在 Web 2.0 中，用户参与创作内容，用户既是内容生产者，也是内容消费者。这个过程中，内容是动态生成的，用户与网站之间发生了交互。

Web 2.0 时代的典型应用有博客（Blog）、内容源（RSS）、WiKi、社会化网络（SNS）等，这些应用的价值来源于用户对平台进行内容贡献所形成的网络效应。从根本上讲，Web 2.0 的成功靠的是群体的力量，这也证明了一个道理，单一公司提供的内容是无法与广大用户汇集的内容相抗衡的。

博客是最早期的 Web 2.0 服务之一，可以让用户上传文字、图片、声音或视频信息，从而拥有自己的专栏，进而形成自媒体。

内容源是伴随博客产生的简单文本协议，它可以将博客产生的内容从页面中分离出来，从而轻松同步到第三方网站，形成裂变式传播。

Wiki 是一个超文本系统，支持面向社群的群体协作平台，用户可以集体创作百科全书、词典等。

社会化网络是一种以人与人之间的联系为服务内容的平台，其中每一个节点所承载的不再是信息，而是社交网络价值的一部分。

在上述这些领域，同样涌现出了一些极具代表性的产品和公司。

1. Blogger

1999 年 8 月，埃文·威廉姆斯（Evan Williams）发布了 Blogger，这是一个用户可以自主发布博客的平台，用户不用手动编写 HTML 帖子，而是通过在 Blogger 网站上提交一个简单的表单来发布新的网络日志。而且，Blogger 上的文章允许用户评论，与博主互动。

Blogger 博客平台是公认的 Web 2.0 的开端。

2. 维基百科（Wikipedia）

维基百科创办于 2001 年，是全球最大且最受欢迎的网络百科全书，特点是自由内容、自由编辑和自由著作。

维基百科由全球各地的志愿者们合作编撰而成，截至 2020 年，整个维基百科已收录了超过 5500 万篇条目，其中英语维基百科以超过 600 万篇条目在数量上位居首位。

维基百科允许访问网站的用户自由阅览和修改绝大部分页面的内容，整个网站的总编辑次数已超过 10 亿次，整个维基百科有超过 300 种独立运作的语言版本。

维基百科是互联网上最成功的开放式协同合作项目，也是 Web 2.0 时代最成功的群体协作案例。

3. Meta

Facebook 公司创立于 2004 年 2 月，是当前全球知名的社交媒体平台。它属于典型的社会化网络（SNS）模式，是 Web 2.0 时代最具代表性和最成功的模式。从某种意义上讲，Web 2.0 时代就是社交网络的时代。

所谓社交网络，简单来说，就是建立起一个连接网络上每一个人的社交服务平台。用户在 Facebook 这个平台上，可以创建属于自己的专区，在里面分享自己的照片、个人爱好，可以寻找、联络身边的好友开展互动，并且这一切都是免费的。

2012 年 5 月，Facebook 正式在美国纳斯达克证券交易所上市。此次 IPO 发行价为 38 美元，估值为 1040 亿美元，创下美国公司最高上市估值。

2021 年 10 月，Facebook 改名为"Meta"，全面入局元宇宙。

Web 2.0 浪潮开启后不久，智能手机变得普及。在移动互联网的加持下，Web 2.0 如虎添翼，进入高速发展期。在这个时期，APP 疯狂涌现，共享经济、O2O、直播等新的应用催生了大量新机遇。

随着智能手机与人变得"形影不离"，移动互联网百花齐放，创业者们在资本加持下向每一个细分领域挺进。与此同时，Web 2.0 也深入到了人们生活的每一个领域，完成着它最后的使命。

3.1.4　Web 3.0

"Web 3.0"的概念最早于 2006 年 1 月由美国 Web 设计师杰弗里·泽德曼（Jeffrey Zeldman）在一篇批评 Web 2.0 的文章中提出。

2006 年 5 月，万维网之父蒂姆·伯纳斯-李对 Web 3.0 提出了权威解释，他认为 Web 3.0 是以语义网（Semantic Web）为核心的智能互联网。"语义网"指的是通过为万维网上的文档（如 HTML 文档、XML 文档）添加能够被计算机所理解的语义"元数据"（Meta data），让互联网的数据都可以被机器读懂，最终使互联网变成智能网络。

语义网好比一个巨型的"大脑"，它使用人工智能技术处理数据，实现人与计算机之间的无障碍沟通，将人类从搜索网页的繁重劳动中解放出来。语义网可以理解网络上的词语意思以及它们之间的逻辑关系，并对其进行智能处理，甚至可以代替一部分人类的工作。在语义网中，机器可以像人一样，参与网络数据的生产和消费。

同时，语义网遵守万维网联盟（W3C）制定的网络标准，是万维网的扩展版本。

由此可见，Web 3.0 完全建立在 Web 2.0 基础上，是对 Web 2.0 的进一步延伸。而且，Web 3.0 目前仍然处于设想阶段。

3.2　Web 3 的诞生

比特币的诞生并非偶然，而是技术极客组织密码朋克和古老的奥地利经济学派的思想融合。同时，在比特币诞生之前，已经有多个项目进行了类似的尝试。Web 3 的概念诞生于以太坊出现之后，是 Web 2.0 向前发展的必然产物。

3.2.1　Web 3 史前简史

Web 3 不是 Web 1.0 和 Web 2.0 的继续演进，而是具有独立于 Web 的发展路径。未来，Web 3 最终会与 Web 3.0 交汇，形成一种新的互联网形态。

1. 思想萌芽

正如 Web 一样，Web 3 的形成路径也是秉承着思想先行、技术跟进的发展逻辑。20 世纪末，互联网思想萌芽，就在同一时间，Web 3 思想的种子也已经开始孕育。

Web 3 的基础是区块链，区块链的首个应用是比特币，而比特币并非凭空产生，而是来自两大重要思想力量近一个世纪发展演进的汇合，如图 3-4 所示。

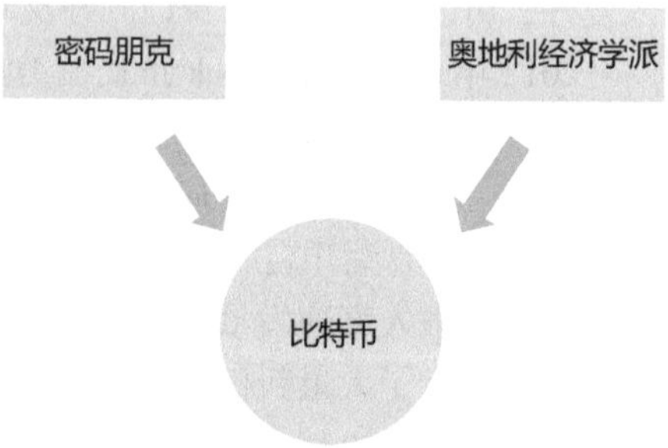

图 3-4　比特币思想汇合

（1）密码朋克

1992 年的一天，在美国加州旧金山湾区一个毫不起眼的小楼里举行了一场秘密会议。这场会议由三位密码学专家蒂莫西·梅（Timothy May）、约翰·吉尔莫尔（John Gilmore）和埃里克·休斯（Eric Hughes）主持，近 20 名他们在密码学界的朋友参与。会议讨论了一系列当时最前沿的密码学和个人隐私保护问题。在会议上，约翰·吉尔莫尔把这个小团体称作密码朋克（Cypher Punk）。

随着密码朋克小组的不断发展，为了便于成员们更好地交流，同时接触到湾区以外的更多密码学极客，蒂莫西·梅在 1992 年底建立了"密码朋克"邮件列表。密码朋克通过匿名服务器进行 PGP 加密邮件发送，畅所欲言地表达自己的观点。

1993 年，埃里克·休斯发布了《密码朋克宣言》，密码朋克正式进入大众视野。随后，越来越多的技术天才和 IT 精英们加入了密码朋克组织，其中包括万维网的发明者蒂姆·伯纳斯-李（Tim Berners-Lee）、Meta 的创始人之一西恩·帕克（Sean Parker）、BitTorrent 创始人布莱姆·科恩（Bram Cohen）、维基解密的创建者朱利安·阿桑奇（Julian Assange）以及后来的比特币发明者中本聪（Satoshi Nakamoto）等众多大名鼎鼎的人物。

经过多年发展，密码朋克汇集了来自全球的上千名密码学家、计算机网络专家、哲学家与数学家等各个领域的顶尖人才，大家聚集在此，共同讨论那些用于保护网络时代个人隐私权的技术。在所有人的共同推动下，密码学、加密通信等领域取得了一系列重大的技术成果，具有代表性的成果如下。

1）点对点技术（Peer-to-Peer）。点对点技术（也称 P2P 技术或 P2P 协议）是一种无中心服务器、依靠用户群（peers）交换信息的互联网技术。在点对点网络中，每个用户端之间都是平等的，它们既是节点，也是服务器。

BitTorrent（简称 BT 或 BT 下载）是最著名的点对点协议，该协议正是由密码朋克列表成员布莱姆·科恩在 2003 年发明的。通过 BT 下载，用户可以下载其他用户提供的共享资源，无需中心服务器，这一理念符合密码朋克的精神。

2）哈希现金（Hashcash）。哈希现金是一种用于防止垃圾电子邮件和拒绝服务攻击的工作量证明系统。

该系统的操作方法是，在发送电子邮件时，将哈希算法标记的文本编码添加到电子邮件的标题中。该标记需要发件人在发送电子邮件之前花费适量的 CPU 时间来计算获得。

换句话说，由于发件人花费了一定的时间来生成邮票并发送电子邮件，所以他们不太可能是垃圾邮件发送者。邮件接收者能以可忽略不计的计算成本验证标记是否真实。对于垃圾邮件发送者而言，这带来了高额的成本，他们将不再有利可图。

哈希现金由密码朋克成员亚当·班克（Adam Back）在 1997 年提出，并在 2002 年进行了正式的论文描述。

3）PGP（Pretty Good Privacy）。PGP 是一个基于 RSA 公钥加密体系的邮件加密软件。

RSA 原本是军方独有的非对称加密技术，在密码学家罗纳德·李维斯特（Ronald L. Rivest）等人的努力下公之于众。

PGP 则在 RSA 的基础上，与传统加密进行融合，衍生出的新算法。发送方采用公钥加密，接收方采用私钥解密。除此之外没有人知道私钥信息，即便消息被第三方窃取也无法破解，因此可以对邮件保密，以防止非授权者阅读。密码朋克邮件列表即采用该技术。

PGP 技术的发明者菲利普·齐默曼（Philip R. Zimmermann）同时也是密码朋克的早期发起者。

除了上述三项技术之外，在密码朋克邮件列表中还诞生了很多密码学方面的技术发明，这里不再一一列举。这些技术当中的一部分保护了在网络中传递信息时的隐私，另外一部分则为保护在网络中传递价值时的隐私做好了铺垫。

信息隐私很好理解，即用户不希望网络上的网站或机构收集自己的个人隐私信息，同时不希望在网络中传递给他人的隐私信息被窃取。简单而言，用户希望匿名，并且对网络中传递的信息进行加密。

价值隐私在网络中同样重要。线上交易过程中，支付环节需要经由银行系统，这一点无法做到匿名，会直接暴露交易者的身份。本质上讲，除非使用现金交易，否则网络传递价值仍需要依赖现实中的银行系统，从而无法保障价值隐私。基于这一点，密码朋克的极客们开始了加密货币的尝试，试图摆脱银行系统，实现价值传递过程中的隐私。

（2）奥地利经济学派

奥地利经济学派产生于 19 世纪 70 年代，流行于 19 世纪末 20 世纪初，由奥地利著名经济学家卡尔·门格尔（Carl Menger）所创。

20 世纪 30 年代以后，以米塞斯（Mises）和哈耶克（Hayek）为代表的一些奥地利经济学家继承了奥地利经济学派的传统理论并做了一些补充，形成了"新奥地利经济学派"。当前被人们所推崇的"奥派"一般指新奥地利经济学派，奥派的代表人物也以米塞斯和哈耶克最广为提及。

奥派认为经济周期是由货币政策引起的。在市场经济中，中央银行总是试图通过人为调整市场上的货币总量来干预经济，这种行为最终会导致市场的反弹和报复。由于银行影响了市场上货币的流通数量和速率，从而引起货币的紧缩和膨胀，以货币表示的生产资料和消费品的相对需求总量就会因信用扩张和收缩的影响而发生变动，这样就会导致经济体系的不平衡，最终引发经济危机。

奥派认为，当经济危机发生时，中央机构不应该对经济危机进行调控，而应该任由市场自行发展。降息、放水这些干预市场的手段最终会导致市场更强烈的报复。

奥派崇尚自由市场，反对中央机构干预。奥派认为企业家精神是发展经济的主导力量，市场上的企业应该自由充分地竞争，企业的成败最终会由市场决定。如果企业成功，企业家应该获得高额利润，因为企业家承担了巨大的风险。

奥派提倡个人绝对的经济自由。对于个人而言，私有财产应当可以完全自主支配。同时，中央机构应该保障私有财产不被侵犯。当今社会，这一点是大众共识，并且人们已经拥有这样的权益。而事实上，历史上人们的私有财产并非一直完全掌握在自己手中。

1933 年 4 月，时任美国总统的罗斯福颁布了 6102 号行政命令，即黄金禁令。该禁令要求所有美国公民都必须在 1933 年 5 月 1 日前，将其价值超过 100 美元的金币等黄金物品上交给美联储，美联储则以每盎司黄金 20.67 美元的价格支付美元给他们。这个黄金禁令持续了整整 41 年。这是一次公开的中央机构对私人财产的强制性支配，是对个人财产权的强取豪夺。

奥派是凯恩斯主义最坚决的反对者。奥派代表人物哈耶克曾和凯恩斯发生过激烈的论战。哈耶克认为市场经济可以根据需要自动进行调节，政府的过度干预会导致资源配置扭曲，阻碍经济发展。凯恩斯则主张采用积极的财政政策和政府干预来影响市场经济过程，他认为政府干预能够减少市场经济的不稳定性，克服经济危机并改善经济预期。尽管在这之前的历史实践中，凯恩斯主义似乎赢得了胜利，但是未来犹未可知。

2008 年的全球金融危机似乎已经证实了奥派的观点。由于美联储的宽松货币政策、人为的低利率而导致房地产次贷市场无节制地扩张，最终导致了全球经济崩盘。2020 年以来，全球多地央行大放水，最终导致大通胀。为了防止泡沫过大带来经济崩溃，美联储又开启了加息步伐，全球经济面临衰退。历史再次重演，进一步验证了奥派经济学观点的正确性。

布雷顿森林体系解体之后，美元与黄金脱钩。这个事件并没有使得美元丧失信用基础，反而让其取代了黄金的地位，全球货币秩序从金本位变成了美元本位。

美元和黄金具有根本性的不同。黄金是地球上稀缺的贵金属，总量有限且难以获得，在全球任何一个地方都有价值共识，而美元是美联储这个私人银行发行的纸币或者只是一个货币符号而已，可以无限制地超发。美元超发带来通货膨胀，使美元的购买力缩水。尽管人们持有的美元数量没变，但是价值却缩水了。这是一种现代文明社会变相的财富掠夺。

（3）两派汇合

密码朋克中的一些密码学技术极客们同时也是奥派经济学的信徒。他们深刻认识到了中央银行控制货币权带来的弊端，尝试用技术手段来建立一个独立于现实世界的新金融体系，一方面是保护价值传递隐私的需求，另一方面是保护私有财富不被侵犯的需求，这两方面的需求汇集在一起，便是人们对加密货币的需求。

从这个意义上讲，加密货币是密码朋克和奥地利经济学派思想结合的产物。

2. 早期尝试

在比特币出现之前，已经有一些项目进行了类似的尝试。

（1）Ecash

Ecash 是一种旨在保护用户匿名性的电子现金应用程序，其构想在 1983 年由英国密码学家大卫·乔姆（David Lee Chaum）提出。1989 年，乔姆成立了 Digicash 公司，对 Ecash 进行了商业化应用推广。

最开始的时候，Ecash 被很多人看好，不仅获得了风投的青睐，而且一些信用卡公司和互联网巨头也纷纷主动寻求合作。但是，Ecash 的推广效果并不尽如人意，经过三年的发展，仅仅有 5000 多个注册用户。最终，DigiCash 在 1998 年宣布破产。

Ecash 失败的根本原因在于其仍然严重依赖中心化机构的支持。尽管 Ecash 的盲签名技术可以保证用户的隐私，但是银行不愿意承担匿名交易带来的风险。同时，监管机构也不愿意支持匿名交易。此外，Ecash 的运作还需要中心化服务器的支持。种种中心化因素最终导致了人类历史上第一次数字货币尝试的失败。

（2）B-money

B-money 在 1998 年由华盛顿大学的毕业生戴维（Wei Dai）提出。B-money 是一个去中心化数字货币的构想，首次将分布式储存技术应用到数字货币中，明确了分布式记账的概念。

戴维曾这样表达他创建 B-money 的初衷：“我的想法是在互联网上创建一个自由的金融系统，这样就没有人可以引入税收并强迫人们做任何事情”。由此可见，戴维的思想中已经包含了奥派经济学的精神。

尽管 B-money 比 Ecash 更进一步，提出了分布式记账的概念，但是 B-money 同时面临一些新的问题，比如如何创造货币和如何同步账本。

由于 B-money 很多机制的有效性并没有得到验证，同时存在一些难以解决的新问题，戴维最终放弃了 B-money 的设计，B-money 也没有实现。但是，B-money 中的分布式记账等设想为比特币的诞生提供了重要技术基础。

（3）Bitgold

Bitgold 由美国密码学家尼克·萨博（Nick Szabo）在 1998 年完成构想，并在 2005 年正式公开提出。Bitgold 引入了 POW 共识机制，成功解决了 B-money 当时所面临的账本同步和货币创造问题。

在 Bitgold 系统中，节点之间通过竞争解决密码难题来获得记账权，难题破解后，会被记录在网络上的公共注册表单中。只有大部分节点同意后，方可进入下一道难题。同时，每道难题的答案都会成为下一道难题的一部分，如此一来就形成了一个不间断的链条。

Bitgold 的设计已经非常接近比特币，但是由于尼克·萨博并不擅长编程，最终Bitgold 只停留在了理论阶段，并没有成功落地。

3. 比特币的诞生

2008 年 10 月，中本聪（Satoshi Nakamoto）在密码朋克邮件列表中发布比特币论文“一个点对点电子现金系统”，宣布了比特币的构想。紧接着，在 2009 年 1 月，中本聪发布比特币软件，并将其发布为开源代码，比特币正式宣告诞生。

2009 年 1 月 3 日，比特币网络挖出创世块，中本聪在其中嵌入了当日英国《泰晤士报》的头条标题：“The Times 03/Jan/2009 Chancellor on brink of second bailout for banks（2009 年 1 月 3 日，财政大臣正站在银行业第二轮救助的边缘）”。这句话可以看作中本聪对当今金融体系的嘲讽。同时，比特币的发布时间恰逢 2008 年全球金融危机之际，难免让人猜想中本聪是刻意为之。由此来看，中本聪不仅是密码朋克中的技术极客，更是憎恶当今全球金融体系的奥派信徒。

比特币是一个集大成者，在技术方面，汇集了 B-money、Bitgold 等先驱的技术精华；在金融方面，秉承了奥派经济学对捍卫个人财产自由的精神内核。比特币最大的成功不是发明了某一项技术，而是把所有密码学精华技术融会贯通，再赋予其经济价值，并且选择了金融危机爆发这个最佳的时间点进行发布。

作为技术改变金融的划时代产物，比特币在发布之后迅速获得了人们的关注，并以野火燎原之势向全球蔓延开来。

4. 以太坊的诞生

比特币成功了，拉开了技术改变金融的序幕。随后，出现了一系列区块链项目，如莱特币、狗狗币等。尽管它们有一定程度的微创新，但都继承了比特币的衣钵，那就是试图充当支付工具，改变当前的金融格局。

随着时间的推移，开发人员意识到，比特币背后的区块链技术不仅可以创建加密货币，还可以支持其他功能。对于比特币而言，出于安全稳定这个核心目标考虑，对其本身进行大幅度改进（如扩大区块容量、增加其他功能）都不太现实。因此，一些开发者试图在比特币之上构建新的协议层，从而依托比特币的安全性实现更多的扩展性功能。

2012 年 1 月，美国软件工程师威利特（Willett）在 BitcoinTalk 论坛上发表了名为《第二份比特币》的白皮书，他提议在现有比特币网络之上构建新的协议层，即 Mastercoin（后改名 Oimi）。这个协议允许用户在比特币网络上生成新的智能合约，从而发行加密资产以映射现实世界中的股票、债券和房产等。

同一时期，除了 Mastercoin 之外，还有另一个项目 Counterparty 也致力于在比特币上实现智能合约功能。Counterparty 是 Mastercoin 的竞争对手，并在后期超越了 Mastercoin。

2013 年 10 月，维塔利克·布特林（Vitalik Buterin）在访问以色列时拜访了 Mastercoin 团队，并在后来向 Mastercoin 提交了一份提案。该提案的目的是让 Mastercoin 协议更加通用并支持更多类型的合约，而无须添加同样庞大和复杂的功能集。但是这份提案最终没有通过。于是维塔利克决定自行创建一个独立的新区块链，这便是后来名声大噪的以太坊（Ethereum）。

2013 年底，维塔利克发布以太坊构想。这个构想引起了加密社区的强烈兴趣，加文·伍德（Gavin Wood）、杰弗里·威尔克（Jeffrey Wilcke）等技术大咖纷纷加入以太坊开发团队中。

2014 年 1 月，以太坊公开发布，并在几个月后成功募集了价值 1800 万美元的比特币。同时，以太坊在瑞士成立以太坊基金会。这是一个非营利组织，负责监督以太坊的开源软件开发。

随后，以太坊一路高歌猛进。尽管经历了"分叉"等挫折，但是，以太坊最终成功了，成为当之无愧的第一大公链。2022 年 9 月，以太坊实现了向 POS 共识机制的顺利转换，下一阶段，以太坊将引入分片技术。这些升级最终会让以太坊大幅度提升效率并降低成本，为支持未来大规模商用打下基础。

总之，以太坊建立了一个区块链基础设施，使得在区块链上构建新一代互联网（Web 3）具有可能性。

3.2.2　Web 3 的提出

2014 年 4 月，以太坊联合创始人加文·伍德（Gavin Wood）重新定义了 Web 3.0 的概念。这个时间点处于以太坊众筹之前。当时，加文刚加入以太坊开发团队不久，以太坊协议刚开始开发。

这里需要注意的是，在加文最早提出 Web 3 概念的文章"ĐApps：What Web 3.0 Looks Like"（2014 年 4 月发布在 Gavofyork 的博客 Insights into a Modern World 上）中，所使用的词汇是"Web 3.0"，而非"Web 3"，但是他所描述的内容是基于区块链构建的系统，与蒂姆·伯纳斯-李在 2006 年描述的"Web 3.0"完全不同。

后来，维塔利克在 2017 年 9 月发表的"以太坊协议的史前史"一文中提到了加文提出 Web 3 的过程，该文使用了"Web 3"一词。在以太坊基金会的官方网站中，涉及 Web 3 的内容绝大部分以"Web 3"进行表述。另外，在加文本人的口头表述中，均使用"Web 3"，加文推出的基金名也为"Web 3 Foundation"。

笔者认为，"Web 3"一词在开发者中变得流行有两方面原因，一是为了简化，二是为了与语义网 Web 3.0 相区分。现在已无法准确查证"Web 3"一词具体在何时由谁提出，但是，由于加文提出了 Web 3 的实质性内容，即使并未使用"Web 3"一词（使用的是"Web 3.0"），业界普遍也认为"Web 3"一词是由加文提出的。

关于何为 Web 3 以及加文提出 Web 3 的过程，维塔利克在"以太坊协议的史前史"一文中做了说明。他在文中称，加文对以太坊的愿景发生过微小的变化。最开始，加文认为以太坊是一个可编程的加密资产平台，用户基于区块链合约可以创建自己的数字资产，后来，加文认为以太坊应该是一个通用计算机平台。

在 Web 3 集合中，以太坊只是一部分，另外还有 Whisper（通信协议）和 Swarm（存储协议）。也就是说，**如果把 Web 3 比作一个全球分布式计算机，那么以太坊是 CPU，Swarm 是硬盘，Whisper 是通信线路**。图 3-5 为 Web 3 集合示意图。

在加文眼中，Web 3 是综合概念，它不是指任何一门单独的技术，也不是指比特币、以太坊、BitTorrent 这些具体项目。Web 3 超越了所有这些东西，为用户提供一份由多种协议、格式和技术组成的大杂烩。开发者们可以在其中进行挑选，以创造出他们想要的去中心化服务或应用，而不必受制于任何单独的平台。

加文认为，即使某个平台是去中心化的，但如果开发者只局限于这一个平台的话，那么在某种程度上仍然是中心化的。这个平台上的应用仍然受制于思想的中心化、开发团队的中心化、治理的中心化等。

基于这个理念，加文后来创办了跨链平台"波卡（Polkadot）"。

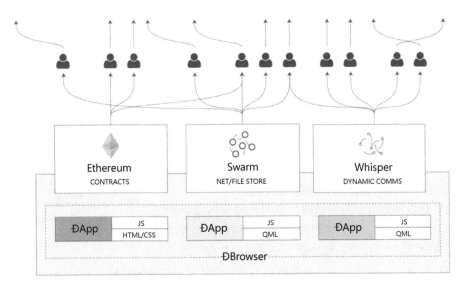

图 3-5 Web 3 集合示意图（来源：vitalik. ca）

3.3 Web 3 与网络模型

在计算机领域，讲究分层思维。计算机网络是一个极其复杂的系统，通过分层的方式可以减轻理解难度，建立标准化的架构，提升系统设计和维护效率。

在计算机网络模型中，每一层为上一层提供服务，而无须知道上一层要做什么；每一层从下一层获得服务，而无须理解下一层如何实现。**每一层独立解决自己的问题，层与层之间通过接口进行连接。**

在这种情况下，要真正理解 Web 3，必须搞清楚 Web 3 在计算机网络模型中所在的层级，这样才能站在整体角度真正明白 Web 3 的意义所在。

3.3.1 计算机网络模型

随着计算机网络和应用的高速发展，市场上涌现出各种不同的硬件、操作系统和软件等，它们来自不同的公司和厂商，互不兼容。同时，一些大公司推出了自己的网络架构模型，它们之间互不适用，各自为政，整个行业发展处于无序和混乱的状况。

为了规范和促进行业发展，市场亟需一个所有公司共同遵守的计算机网络模型规范。这个网络模型的作用是对所有网络连接中用到的协议进行分层，以便简化理解，形成标准。这里所谓协议指的是计算机之间交换数据时必须遵守的规则的正式描述。

1. 网络模型的提出

（1）OSI 模型

OSI 模型全称为开放式系统互联（Open Systems Interconnection）模型，是国际标准化组织（ISO）在 1985 年制定的计算机网络标准框架。

OSI 模型将计算机网络划分为七层，每一层为上层提供服务，从下一层获取服务。OSI 模型如图 3-6 所示。

以下对各层进行简单介绍。

1）物理层。物理层是网络模型的最底层，包括参与数据传输的物理设备，如电缆、光纤、交换机、集线器等。物理层主要负责数据流的传输工作，传递最基本的电信号和光信号。需要注意的是，物理层不是指具体的物理设备，而是指为上一层提供一个传输原始比特流的物理连接层，其中也包括实现这个功能的协议。

2）数据链路层。数据链路层是对物理层传输原始比特流的功能的加强，通过各种控制协议，将物理层提供的可能出错的物理连接改造成逻辑上无差错的数据链路。

图 3-6　OSI 模型

3）网络层。网络层主要为数据在节点之间传输创建逻辑链路，通过路由选择算法为分组选择最佳路径，从而实现拥塞控制、网络互联等功能。

4）传输层。传输层主要为用户提供端到端服务，处理数据报错误、数据包次序出错等传输问题。

5）会话层。会话层负责在数据传输中设置和维护计算机网络中两台计算机之间的通信连接。

6）表示层。表示层把数据转换为能与接收者的系统格式兼容并适合传输的格式。

7）应用层。应用层是直接面向用户的一层，该层采用不同的应用协议来解决不同类型的应用要求，为应用程序提供服务。需要注意的是，应用层不是指具体的应用程序，而是为应用程序制定通信规则的协议。

OSI 模型得到了国际上的承认，极大地推动了全球网络标准化的进程。但是，OSI 模型只是一个概念性的框架，并未得到实际应用。

（2）TCP/IP 四层模型

在 OSI 模型诞生之前，TCP/IP 协议已经有了广泛的应用，形成了 TCP/IP 协议族（以 TCP/IP 为底层的上百个互为关联的协议），因此在行业内形成了另外一套实际意义上的网络模型，即 TCP/IP 模型。

TCP/IP 模型在 OSI 模型基础上发展而来，根据网络中的实际使用状况对 OSI 的七层模型进行简化，形成了四层模型，如图 3-7 所示。

在实际使用时，OSI 模型最上面三层中的会话层、表示层均属于应用类的协议，因此不再单独区分，统一合并为"应用层"。OSI 最下面两层共同为网络提供服务，且其中的硬件层一般无须关注，故统称为"网络接口层"。

（3）TCP/IP 五层模型

一般情况下，为了便于理解，对 OSI 模型最下面两层不做合并，仅对上面三层进行合并，这就是 TCP/IP 五层模型，如图 3-8 所示。

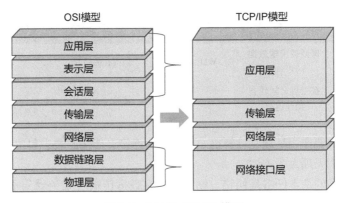

图 3-7　OSI 与 TCP/IP 模型

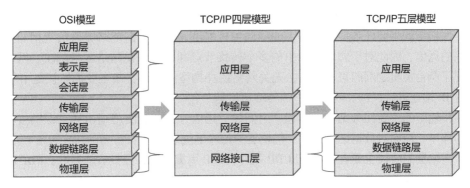

图 3-8　TCP/IP 五层模型演进图

　　TCP/IP 五层模型是一种折中的表述方案，集合了 OSI 模型和 TCP/IP 四层模型的优点，既简洁明了又可以讲清底层逻辑，因此本书下文中均基于 TCP/IP 五层模型进行讲解。

2. 网络模型介绍

TCP/IP 五层模型中各层的关键信息见表 3-1。

表 3-1　TCP/IP 五层模型各层关键信息

名　称	作　用	关　注　点	数　据　单　位	协　议
应用层	在应用程序之间建立通信规则		报文（message）	HTTP、FTP、SMTP、DNS
传输层	在应用程序之间建立通信	端口号	段（segment）	TCP、UDP
网络层	在主机之间建立通信	IP 地址	包（packet）	IP、ARP、ICMP、DHCP

（续）

名　称	作　用	关 注 点	数 据 单 位	协　议
数据链路层	保证被传输数据的正确性	MAC 地址	帧（frame）	/
物理层	在主机之间建立物理连接		比特（bit）	/

物理层的主要作用是建立计算机之间的物理连接，传输的最小单位是"比特"，这一层的实现逻辑无须太多关注。

数据链路层的基本任务是纠错。物理介质在数据传输时难免受到不可控因素的影响而产生差错，因此需要链路层来进行检查和纠错，确保为上面的网络层提供无差错的数据传输。数据链路层中的设备根据 MAC 地址进行数据传输，传输的单位是"帧"。要理解 Web 3，这一层也可以忽略，只需要从网络层开始即可。

网络层的主要任务是为网络上的不同主机提供通信。数据链路层只负责相邻主机之间的通信，因此对于通信子网中的多个转接节点问题，需要网络层来解决。网络层实现了两台主机之间的直接通信，无关网络拓扑构型。网络层最主要的协议是 IP，主要对 IP 地址进行识别。网络层中的传输单位是"包"。

传输层的主要任务是在应用程序之间建立通信。应用层使用端口号来识别接收数据的程序，从而对数据进行分发。传输层的传输单位是"段"。

传输层的协议主要有 TCP 和 UDP 两种，TCP 可靠性好，但具有延迟性；UDP 时效性好，但可靠性较差。两者适用于不同类型的应用程序。在区块链领域，以太坊既支持 TCP，也支持 UDP，但是比特币只支持 TCP 协议。

应用层的作用是为应用程序制定通信规则。网络应用有很多种，比如文本浏览、文件传输、邮件传输、域名等，每一种都需要专门的应用层协议来统一规范。应用层的传输单位是"报文"。

常见的应用层协议有 HTTP、SMTP、FTP、ENS。Web 3 的底层设施区块链属于应用层协议，因此我们有必要对同属该层的协议进行一定的了解。

（1）HTTP

HTTP 是万维网的核心协议，全称超文本传输协议（Hyper Text Transfer Protocol）。HTTP 是一个简单的请求-响应协议，通过 80 端口连接，它指定了客户端发送给服务器什么样的消息、得到什么样的响应。HTTP 是基于 B/S 架构进行通信的，其客户端的实现程序主要是 Web 浏览器，如 Internet Explorer、Google Chrome、Firefox、Safari 等。

（2）SMTP

SMTP 全称是简单邮件传输协议（Simple Mail Transfer Protocol），是一个基于文本的协议，在发送消息时，它可以指定一个或多个接收者。SMTP 最重要的特性是它可以实现邮件中继，即通过中继器或网关实现主机与其他网络之间的邮件传输。SMTP 的提出早于 HTTP。

（3）FTP

FTP 的全称是文件传输协议（File Transfer Protocol），是一套用于在网络中进行文件传输的标准协议。FTP 支持用户以文件操作的方式与另一台主机相互通信。用户可用 FTP 程序远程访问主机，实现文件往返、目录管理等功能。

3. 数据传输方式

如前文所述，报文是网络传输的数据单元，包含了将要发送的完整数据信息。它是网络中一次性发送的最小单位，长短不一且可变。

HTTP 报文是遵守 HTTP 规则的报文，是可读写的纯文本字符。以下以 HTTP 报文为例，讲解数据在 TCP/IP 模型中的传输方式，如图 3-9 所示。

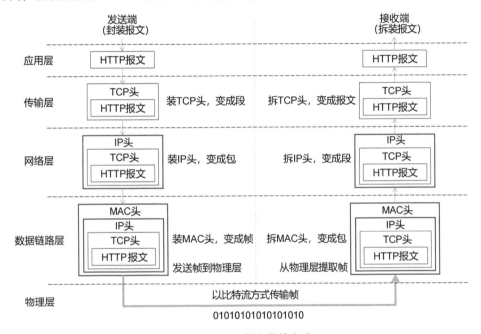

图 3-9　HTTP 报文传输方式

（1）发送端

- 应用层将请求数据组装成 HTTP 报文。
- 传输层为 HTTP 报文添加 TCP 头，形成段。
- 网络层为段添加 IP 头，变成包。
- 数据链路层为包添加 MAC 头，变成帧。
- 物理层把帧看作比特流，加上前导码进行传输。

（2）接收端

比特流到达接收端主机后，物理层把比特流数据去掉前导码，交给数据链路层。

数据链路层从比特流中提取出帧，同时对帧的 MAC 地址进行识别，如果正确，则拆掉 MAC 头，将数据送入网络层。

网络层查看 IP 地址，如果地址是自己，就拆掉 IP 头部，继续将数据送入传输层。传输层查看 TCP 头部，判断应该传到哪里，然后重组数据，传输到应用层。

应用层通过客户端软件将原始数据显示给用户。

对于数据传输的整个过程，可以举一个简单的信件邮寄的例子。假设小 A 要给另一县城的小 B 邮寄一封信，那么整个流程如图 3-10 所示。

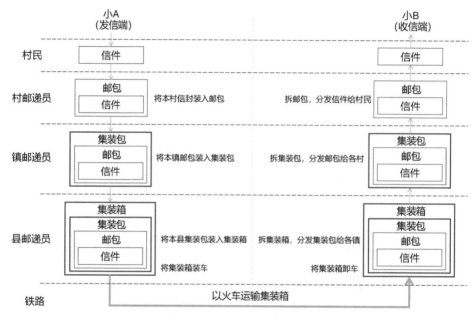

图 3-10　信件邮寄流程图

（1）发信端

小 A 把写好的信放进标准信封内并填好信封上规定的信息，这便相当于在应用层形成了报文。

村里的邮递员把村里的信封都收集起来放在一个邮包内，这相当于在传输层进行了封装，报文变成了段。

镇上的邮递员把各村的邮包收集起来放在一个大的集装包内，这相当于网络层对数据进行了封装，将段变成了包。

县里的邮递员把各镇的集装包收集起来放在火车上的集装箱内，这相当于在数据链路层进行了封装，把包变成了帧。

最后，火车上的集装箱以车厢为单位运向另一个县城，这相当于物理层将帧变成比特流的形式进行传输。

（2）收信端

火车到达目的县城后，停在县城火车站。这相当于物理层将比特流传输到了接收端主机。

县城邮递员从火车上将本县城的集装箱打开，取出其中的集装包并送往各镇。这相当于数据链路层从物理层的比特流中识别到帧，然后将帧中的 MAC 头拆掉后，将数据包传到网络层。

镇邮递员收到本镇的集装包后，拆开集装包，将其中的邮包送往各村。这相当于网络层将包中的 IP 头拆掉，将数据段送往传输层。

村邮递员收到本村的邮包后，拆开邮包，将其中的信封派送到收件人小 B 手中。这相当于传输层将段中的 TCP 头拆掉，将报文发送到应用层。

小 B 拿到信封后，拆开阅读。这相当于用户通过客户端浏览器看到了网页内容。

在现实世界传递信件和在数字世界传递信息不同的是，物理信件不可以复制，而数字信息可以。也就是说，当信件从小 A 邮寄给小 B 时，小 B 拥有了信件，而小 A 不拥有信件，信件在物理世界进行了转移。但是在数字世界中，信息由小 A 发送给小 B 之后，小 A 仍然拥有它，因为信息可以复制。所以，数字世界中的信息转移需要依赖区块链来实现，也就是说，网络中的所有节点都记一笔账"小 A 发送信息给小 B"，让小 A 给小 B 转移信息成为一个大家公认的事实。这个逻辑类比在物理世界中，就相当于从一个邮局邮寄信件，每邮寄一封，所有邮局节点都同步记账，从而让小 A 给小 B 寄信的事实不可篡改，成为共识。

3.3.2　Web 3 网络模型

从根本上讲，TCP/IP 模型包括两大部分，一是为应用程序直接提供服务的应用层，二是支撑应用层的网络基础设施。因此，**TCP/IP 五层模型可以简化为两层，即应用层和基础层**，如图 3-11 所示。

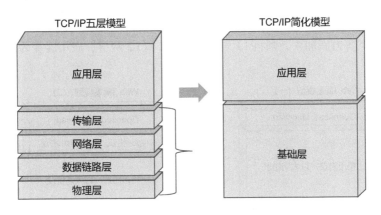

图 3-11　TCP/IP 模型简化图

对于基础层，Web 3 从业者只需要重要关注直接为应用层提供服务的传输层即可，传输层提供了一个可用的互联网，一切应用层协议基于传输层之上构建。至于传输层之下如何实现，只需要简单了解即可，不必过度关注。

在大多数情况下，也可以简单理解为 TCP/IP 提供了一个可用的互联网，TCP/IP 及其以下为基础层，一切应用层协议都构建在 TCP/IP 之上。需要注意的是，在传输层还有与 TCP 并列的 UDP，虽不如 TCP 知名，但也有广泛的应用。

在对 TCP/IP 模型进行简化之后，就很容易明白，**区块链位于应用层**，构建在 TCP/IP 协议（或传输层）之上。区块链协议，如常见的比特币、以太坊等公链，与 HTTP、SMTP 等协议并列存在。Web 3 简易模型如图 3-12 所示。

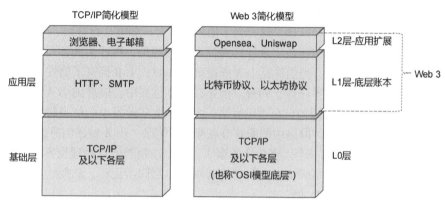

图 3-12　Web 3 简易模型（一）

在 Web 3 简化模型中，L0 层对应 OSI 模型或 TCP/IP 模型的传输层及以下各层，称为基础层或者 OSI 模型底层、TCP/IP 模型底层。L1 层为底层账本层，即比特币、以太坊这些基础公链。L2 层为应用扩展层，指建立在底层公链上的面向用户的应用程序。

简而言之，Web 3 可以分为两层，即底层（L1）和应用层（L2）。

如果将扩容方案加入，则将 L1 层拆分成 L1 和 L2 两层，应用层变为 L3 层，如图 3-13 所示。

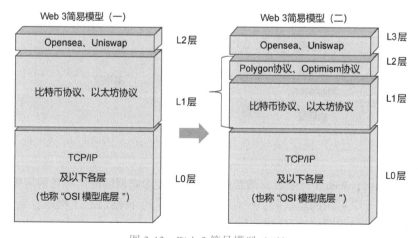

图 3-13　Web 3 简易模型（二）

　　在 Web 3 简易模型（二）中，L2 为侧链扩容方案，目的是提升主链（如以太坊）的可扩展性和系统吞吐量。

　　如果再考虑跨链方案，则将跨链放入 L0 层，不再体现互联网的基础层，如图 3-14 所示。

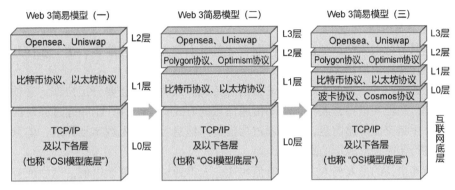

图 3-14　Web 3 简易模型（三）

　　在 Web 3 简易模型（三）中，L0 层是区块链间通信协议，可以使同一个应用程序运行在多个区块链上，而无须针对不同的链从头构建。

　　区块链创造了在数字网络中传递价值的方式，这是一种完全创新的方式，是对互联网的重构，独立于当前的信息互联网。因此，将区块链放在传统信息互联网模型中的应用层有失偏颇。

　　同时，区块链也不会完全取代当前的信息互联网，Web 3 仍然需要依托 Web 2.0 而存在。比如 Web 3 应用的网页前端，仍然需要 HTTP 的支持，需要浏览器打开查看。

　　因此，**Web 3 是构建在信息互联网之上的价值互联网，是在应用层之上建立了一个新的价值层**，如图 3-15 所示。

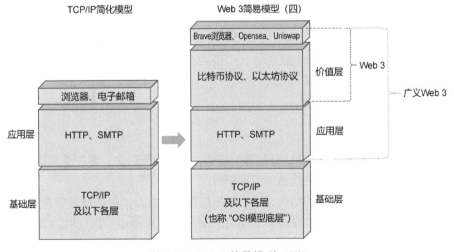

图 3-15　Web 3 简易模型（四）

未来，Web 3 将不仅仅是价值互联网，而是囊括 Web 2.0 这个信息互联网在内的新型互联网形态。甚至，当 Web 2.0 进化到以语义网为核心的 Web 3.0 时，Web 3 将与 Web 3.0 融为一体，成为最终的元宇宙基础设施。

3.3.3 Web 3 网络架构

1. 信息与价值

人类具有社会属性。社会属性简而言之就是人与人之间的连接，这个连接分为两种：信息连接和价值连接。

信息连接指的是人与人之间会进行信息传递。人类社会需要分工协作，必须进行信息传递。在现实世界，人与人之间传递信息的方式有很多种，比如通过面对面的语言交流、手势交流传递信息，或者通过写信传递信息等。进入数字世界后，信息通过互联网进行传播，形成了信息大爆炸。

价值连接指的是人与人之间的价值传递。人类通过劳动创造价值，然后便有了从以物易物演变而来的金融体系。金融体系的本质就是价值传递。在现实世界，最开始的价值传递依靠的黄金等贵金属，后来有了由中央机构背书的纸币。在区块链出现之前的互联网世界里，数字可以被任意复制，信息传播之后并不会从发送端消失，而是在接收端多了一份；接收端再转发一次，信息又多了一份。这当中便出现了一个问题，那就是在互联网中无法传递价值。

Web 3 的出现便是为了解决这个问题，解决当前 Web 2.0 无法实现的价值传输问题。

2. 不对等网络架构

信息传递生来就不平等。

首先，信息传递过程中一定存在一个发送端、一个接收端。这便是网络最开始的 C/S（Client/Server）架构，如图 3-16 所示。

图 3-16　C/S 架构

C/S 架构的全称为"客户机/服务器"架构，在这种架构中，客户机向服务器发出请求，服务器将客户机需要的信息发给客户机。

首先，这是一个不对等的结构，客户机是信息的需求方，服务器是信息的提供方。一旦服务器拒绝响应，客户机便得不到信息。另外，服务器还可以同时为多个客户机提供服务，这便形成了中心化的网络架构，如图 3-17 所示。

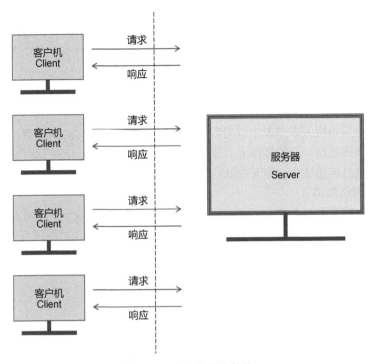

图 3-17 中心化网络架构

其次,信息传递不需要网络中的所有节点达成共识。服务器将信息传递给客户机即意味着工作完成,不需要网络中其他客户机的参与。在这种情况下,服务器可以对某些客户机产生不公平对待,而无法被其他客户机监督。

这种不对等网络架构是信息互联网与生俱来的,由信息传输的特性决定。随着互联网的发展和浏览器的出现,C/S 架构发展出了一种特殊形式——B/S 架构,如图 3-18 所示。

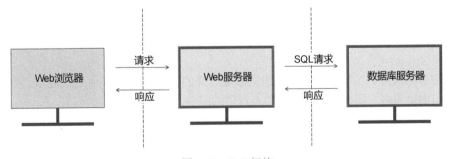

图 3-18 B/S 架构

B/S 的全称为 Browser/Server,即浏览器/服务器。这种架构是对 C/S 架构的改进,它基于 HTTP 协议运行。

在 B/S 架构中，客户端采用 Web 浏览器，服务器端拆分为 Web 服务器和数据库服务器。基于这种架构，用户可以在任何地方进行操作而不用安装任何专门的软件，实现了客户端的零安装、零维护，大大提高了访问互联网的便捷性。正因如此，B/S 架构随着万维网的高速发展，迅速成为当前互联网的主流架构。

从某种意义上讲，HTTP 的诞生和万维网的发展助推了不对等网络架构，也就是中心化网站架构的盛行。

万维网之父蒂姆·李曾表示过对当前互联网的中心化状况表示不满，殊不知他所发明的万维网正是这一切的助推者。不过蒂姆的发明没有错，信息互联网的目的是传递信息，而信息传递这个过程天生就是不对等的。

3. 对等网络架构

对等网络的英文全称 Peer-to-Peer networking，也叫 P2P 网络、点对点网络，是与当前 B/S、C/S 这些主流的不对等网络架构相对立的网络架构。对等网络架构如图 3-19 所示。

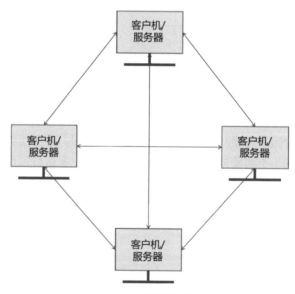

图 3-19　对等网络架构

在对等网络中，每一个节点的地位都是对等的，既是客户机也是服务器，既为其他节点提供服务，同时也享用其他节点提供的服务。

对等网络可以在网络的任意区域共享内容和资源，能够有效避免服务器单点故障，同时还可以执行分布式计算任务。基于这些优势，当前 P2P 网络已经在文件内容共享、存储共享等领域有了一定的应用。

TCP/IP 发明之初，并没有所谓的 C/S、B/S 架构和对等架构之分，这些架构是互联网发展的自然结果。人们对信息传递的需求催生了信息互联网的热潮，而信息传递的特性决定了中心化网络架构的诞生。

当前，人们对信息传递的需求日趋满足，人们的需求开始转向价值传递。

在网络世界中，传递价值的方式与现实世界不同。现实世界中的物品（如贵金属等）具有稀缺性，可以进行直接转移，货币有中央机构的信用背书，而在网络世界中，由于数据的虚拟性和可复制性，以及网络分布的全球性等特征，价值传递无法采用和现实世界一样的方式。因此，要想在网络世界实现价值传递，必须依靠对等网络。

同时，价值的本质是共识。共识是所有参与者共同认可，比如黄金等贵金属，它们的价值来自全人类的共同认可，而不是某个中央机构的背书。从这个角度看，当前各国的货币均不具有真正的价值共识，因为它们都需要中央机构的信用背书。再者，在当前的世界金融秩序下，人们已经对货币滥发带来的财富稀释深恶痛绝，所以在网络世界中再采用中心化背书的方式创建价值传递方式是不可能的。人们希望网络中的价值是所有节点形成的共识价值，这就要求所有节点完全平等。

由此可见，对等网络是建立虚拟网络价值传输的前提条件。

在此条件下，比特币利用对等网络进行了最早尝试并大获关注。紧接着，以太坊等可扩展公链构建了世界级的分布式通用计算平台。在这个计算平台上，Web 3 应运而生。

因此，简单而言，Web 3 和传统 Web 网络架构的区别是：**Web 1.0、Web 2.0 建立在不对等（或中心化）网络架构上，而 Web 3 建立在对等网络架构上**。

BAYC

Bored Ape Yacht Club

BAYC 全称 Bored Ape Yacht Club（无聊猿俱乐部），在 2021 年 4 月由 Yuga Labs 推出，是 10000 个独特的 Bored Ape NFT 的集合。无聊猿 NFT 除了可以作为 PFP 外，还可以用作 Yacht Club 会员卡，享受会员专属福利，如可以参与一个社区共同协作的涂鸦板或领取空投等。

Mutant Ape Yacht Club 是 Bored Ape Yacht Club 的延伸，由 Yuga Labs 于 2021 年 8 月创建，旨在扩展 BAYC 生态系统，MAYC 的数量为 20000 枚。

BAYC#8885
Holder: Suzhe. eth

#1521

#8958

#5413

#9472

#5227

#27

#3341

#7944

#8530

#2102

MAYC#11569

MAYC#27956

MAYC#10743

第4章 重新认识 Web 3

    尽管 Web 3 概念已经广为人知，但是绝大部分人对它的认知仍然存在误区。读者必须厘清 Web 3 和 Web 3.0 的差别，洞悉 Web 3 真正的历史使命，明白 Web 3 的商业逻辑，并站在一个俯瞰全局的高度总体审视 Web 3 的生态样貌。

本章阅读导图

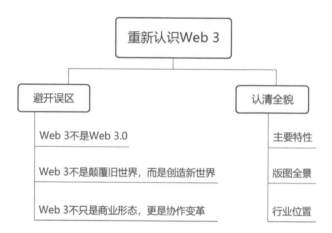

本章阅读指引

    Web 3 和 Web 3.0 是不是一回事？Web 3 仅仅是一门技术吗？Web 3 可以颠覆世界吗？Web 3 有哪些优缺点？Web 3 和元宇宙是什么关系？

    本章从避开误区和认清全貌两个方面来进行解答。

    每个人都有自己的信息茧房，尤其对于一些新兴的概念，因此，人们不可避免地形成了对 Web 3 的认知误区。这些误区将会对 Web 3 的进一步探索带来障碍和误导。

    本章列举了人们对 Web 3 的常见误区，并进行了纠正。同时，厘清了 Web 3 与 NFT、DeFi、DAO 和元宇宙等热门概念之间的关联。

4.1　避开 Web 3 认知误区

    由于 Web 3 是一个新兴概念，当前网络上存在严重的信息不对称。或受固化思维的影响，或受错误信息的引导，人们不可避免地对 Web 3 形成了认知误区。这些认知误区必须破除，Web 3 方能被真正理解。

4.1.1　Web 3 不是 Web 3.0

当前网上的一些资料，甚至公开出版物，经常将 Web 3 和 Web 3.0 完全混淆。在维基百科中，甚至将 Web 3 等同于 Web 3.0。**严格意义上讲，Web 3 和 Web 3.0 具有根本性的区别**。作为 Web 3 从业者，必须理清这两个概念的来源以及它们所真正指代的对象。

1. Web 3 和 Web 3.0 的区别

简而言之，Web 3 是以区块链为底层的去中心化互联网，而 Web 3 是以语义网为核心的智能互联网，两者指代的对象完全不同。它们的区别见表 4-1。

表 4-1　Web 3 与 Web 3.0 的区别

维　　　度	Web 3	Web 3.0
提出时间	2014 年	2006 年
提出人	Gavin Wood	JeffreyZeldman
权威定义者	Gavin Wood	Tim Berners-Lee
主要特征	分散化	智能化
网络架构	对等网络	B/S、C/S 架构
底层协议	区块链协议	HTTP/HTTPS 协议
与万维网的关系	替代	延续
主要功能	传递价值	传递信息
哲学理念	去中心化，消除中介	中心化，形成超级数据库
适用范围	技术、商业、组织协作、社会治理	技术、商业
发展状况	初具雏形	未来设想
市场热度	高	低

"Web 3"一词在 2014 年由以太坊联合创始人加文·伍德（Gavin Wood）提出并进行了定义，而"Web 3.0"一词在 2006 年由 Web 设计师杰弗里·泽德曼（Jeffrey Zeldman）提出，并由万维网创始人蒂姆·李（Tim Berners-Lee）进行了权威定义（蒂姆在定义时沿用了自己早在 1999 就提出的"语义网"概念）。由此可见，Web 3.0 概念早已有之，而 Web 3 是一个新概念。

Web 3 是分散化的网络，运行在对等网络上，其底层协议是区块链。Web 3.0 是智能化网络，仍然基于传统 Web 2.0 的 B/S、C/S 架构，且底层协议仍然是当前主流的 HTTP/HTTPS。

从 TCP/IP 网络模型来看，Web 3 直接构建在传输层上，属于应用层协议，与

HTTP 并列，因此在某些情况下可以取代万维网。Web 3.0 是对 Web 1.0 和 Web 2.0 的进一步发展，是万维网的延续。

从传递对象的角度看，Web 3 传递的是价值，是价值互联网；Web 3.0 传递的仍然是信息，它只是更加智能地处理信息而已，仍然处在信息互联网的范畴。

从哲学理念的角度看，Web 3 的发展是由合到分，从中心化的网络变成去中心化的分散网络；Web 3.0 的发展是由合到更合，它让 Web 进一步地中心化，将全球网络用语义网覆盖，形成基于人工智能的超大数据库。

从适用范围的角度看，Web 3 不仅涉及技术和商业领域，它更是推动了人类社会大规模协作方式的全面变革，甚至创造了 DAO 这样新的组织模式。而 Web 3.0 只适用于技术和商业领域。

从发展状况的角度看，Web 3 已经初具雏形，一些简单应用已经落地。而反观 Web 3.0，尽管语义网的发展已经取得了一定的成果，但其最终实现需要依赖人工智能的高度发达，目前看来还很遥远。

从市场热度的角度看，Web 3 近年来备受市场关注，资本纷纷入局，媒体争相报道，网络搜索指数也在持续增长。Web 3.0 相对来说关注度较低。

2. 概念混淆的原因

为什么 Web 3 和 Web 3.0 的概念完全不同，却被混用指代同一项事物，即以区块链为底层的去中心化互联网？主要有以下原因。

（1）很多人不知道语义网版本的 Web 3.0

虽然早在 2006 年 Web 3.0 概念就已提出，但是并没有被大众所熟知。尤其是近年来，与区块链相关的"Web 3.0"概念热炒，"Web 3.0"被当作一个新词对待。对于刚刚接触"Web 3.0"一词的大众而言，他们并不知道早在十几年前这一概念已经出现并被定义为"以语义网为核心的智能互联网"。

（2）受 Web 2.0 概念影响

Web 1.0 和 Web 2.0 的概念已经被广泛应用，因此根据同样的命名规则，新一代互联网自然而然地被定义为 Web 3.0。在软件版本号的命名规则中，V1 和 V1.0 指的是同一版本。

（3）信息不对等

由于语言的关系，国内用户较难接触以英文为主的 Web 3 领域一手资讯。在海外，尤其是口语表述中，均以"Web 3"为主。而在国内，大家往往表述为"Web 3.0"。

（4）受加文·伍德的影响

加文·伍德在其早期的相关文章中以"Web 3.0"进行表述，没有对 Web 3 和 Web 3.0 进行明确区分，这也是导致很多人使用"Web 3.0"这个词的原因。

（5）受他人的影响

Web 3 新入圈者看到他人用"Web 3.0"表述时，也容易人云亦云。不仅是国内，在 Web 3 Foundation 网站上，也出现了"Web 3.0"的文字表述，且无规律可言，由此可见国外在文字表述中也存在混用的现象。但是可以肯定地讲，在区块链领域的英文口语表述中，极小出现"Web three point zero"（Web 3.0），一般读"Web three"（Web 3）。

综上，笔者认为，在表述去中心化互联网时应当使用"Web 3"，以便与语义网 Web 3.0 进行区分，同时还可以简化表达，并与国际接轨。碰到有人用"Web 3.0"这个词时，一般情况下可以默认为指代去中心化互联网，但是要注意语境，在特定情况下，"Web 3.0"也指代以语义网为核心的智能互联网。

4.1.2　Web 3 不是颠覆旧世界，而是创造新世界

1. Web 3 不是颠覆 Web 2.0，而是建立在 Web 2.0 之上

"颠覆"一词不能滥用。颠覆指的是在同一个市场，新事物完全取代旧事物，满足了原本由旧世界满足的用户需求。汽车颠覆了马车，电灯颠覆了煤油灯，数码相机颠覆了胶卷相机，这些都是典型的"颠覆"案例。在出行领域，蒸汽机这个工业革命的新技术替代了马拉的动力，用汽车占领了出行市场；在照明领域，电能取代煤油燃烧的化学能来进行发光，用电灯占领了照明市场；在照相领域，随着数码成像技术的发展，数码相机取代了胶卷相机的市场地位。汽车取代了马车，电灯取代了煤油灯，数码相机取代了胶卷相机，类似这种在同一领域的彼消此长才能称得上是"颠覆"。

信息技术不同阶段的发展过程是不能称为"颠覆"的。

微软没有颠覆 IBM，它只是开创了新的软件时代。在软件时代，随着软件业务的发展，IBM 的业务量依然在增长，甚至比之前增速更快，因为软件必须依附于硬件而存在。只是在软件时代，IBM 不再是最具影响力的时代巨头而已。

在网络时代，Google、Meta 等新一代互联网巨头并没有颠覆微软。相反，随着互联网的大规模普及，PC、操作系统的用户量也在高速增长。互联网在软件之上建立了一个新的时代，在这个新的世界里成就了新的巨头，而不是在软件领域击垮微软。

同样的道理，Web 3 作为价值互联网将建立在信息互联网之上，而不是彻底取代它。信息互联网最终可能会成为以语义网为核心的智能网络，但它终究还是属于信息互联网的范畴。而 Web 3 不同，它将在信息互联网之上创造一个新的世界。

Web 2.0 的互联网公司在相当长的一段时间里会继续存在，它们中的一些会拥抱 Web 3，迈进新世界，另外一些拒绝进入新世界的将会被历史淘汰。一个典型的例子是社交平台，像推特这样的 Web 2.0 社交平台将个人头像展示为 NFT，这便是 Web 2.0 公司向 Web 3 的迈进。在可预见的未来，越来越多的人会涌入 Web 3 领域，每个人的社交头像都会变成 NFT，如果不能主动拥抱 Web 3，传统设计平台将被用户所抛弃。并且，在 Web 3 领域完全重构一个新的社交平台也是不合实际的，所以最佳方案会是 Web 2.0+Web 3。

2. Web 3 不需要为旧世界赋能，而是专注建设自己

互联网时代有人提出"互联网+"，区块链时代有人提出"区块链+"，在传统人士眼中，这些新技术都是为实体经济赋能的，数字经济应当服务于实体产业。这种说法

没有问题，但是我们不能本末倒置。

"赋能"二字包含"主""次"之意，意指以服务主体为主，以服务工具为辅。很显然，区块链和 Web 3 在这里就是服务工具。既然是服务，那就得有服务效果，让实体企业满意。但实际上，Web 3 是一个新世界的事物，目前用来服务旧世界难以取得效果，因此一定不被实体企业所重视，甚至会被嗤之以鼻。与其如此，Web 3 从业者不如埋头建设新世界，等新世界建成的时候，旧世界自然会来加入。

以当年的电子商务为例，在网民数量不大的行业早期，电子商务平台的营销人员要说服一家实体店尤其是大品牌店在网上开店是很困难的事情。但是，当互联网新世界建立起来后，实体店商家们纷纷涌入。现在，品牌商家没有网上商店或者没有进行直播卖货，几乎是不可能的事情。

互联网创造了一个新世界，网民数量急速攀升。旧世界的实体企业如果不加入新世界，就会丧失用户，因此他们一定会加入。

Web 3 也创造了一个新世界。Web 3 从业者不需要主动去为实体产业服务，而只需要专注建设好这个新世界，未来旧世界的人和产业一定会加入。

3. Web 3 不解决旧世界的痛点，而是与之接轨交给未来

互联网诞生之初，谁能想到它可以助农，帮助农民朋友把积压的农产品销往全国。但是现在，直播带货的兴起，让农民朋友自己在田里就可以开播卖货。因此，新世界建立早期，可能无法解决旧世界的问题，直到建成后，在不断的实践中，以及和旧世界的磨合中，它才会擦出能够解决某个问题的火花。

现在的 Web 3 只能解决链上的问题，Web 3 处理的是链上的数据，至于上链的数据本身是否真实、是否与现实对应，Web 3 无从知晓。智能合约只会在某个链上函数被触发时，自动对链上资产进行操作，而不会执行链下的指令。举个例子，区块链可以记录一对恋人的爱情宣言，并保证这个记录不可篡改、永远保留，但无法保证现实中这对恋人永不分离。

目前，在链上创建的这个 Web 3 新世界刚刚起步，很多问题需要去解决，根本无暇顾及旧世界的痛点，也无法解决它们。正如互联网刚刚诞生的时候，需要建立各种协议、各种应用一样。试想一下，在互联网早期，创业者们都忙着开发协议、应用，谁会去为了网上购物便利而从事与互联网不相关的快递行业呢？

曾经的电子商务先驱"8848"是国内最早的网上购物平台，但在运营不久后就倒下了。它的失败证明了在当时那个历史时期，互联网无法解决网上购物问题。网上购物问题无法解决的关键原因是当时的快递业仍处在早期，尚未成熟。网上下单容易，但是由于供应链和物流等方面无法配套，用户收货很难。互联网创建的是一个新世界，而购物是一个旧世界的事情，在旧世界的相关资源无法匹配的情况下，互联网无法从根本上解决其中的问题。

Web 3 也一样，现在处于早期建设阶段，当前要做的是专注于建设新世界，至于未来能够解决旧世界当中的什么问题，由未来决定。

相信 Web 3 在未来一定会与旧世界接轨，比如通过"预言机"之类的技术。但是现在，与旧世界产生关联还为时尚早。

4.1.3　Web 3 不只是商业形态，更是协作变革

1. Web 3 创造了新的商业模式

如果把 "Web 3" 中的 "3" 仅仅当作一个和 "1.0" "2.0" 相对应的版本号，这显然太狭隘了。如果这样，Web 3 仅仅是一个新版本的互联网。过去 20 多年来，互联网技术商业化浪潮席卷全球，形成了新的商业形态，催生了无数伟大公司。

新技术的出现往往会带来新的商业模式，Web 3 也不例外。Web 3 解决了数据所有权问题，让数据回到用户手中，传统的互联网公司以聚合用户数据进行盈利的商业模式将受到挑战。同时，在 Web 3 领域，将诞生出一套不以用户数据进行盈利的新商业模式。比如，在一些 NFT 工具网站中，采用 NFT Pass 卡代替原来的付费会员制度。在这种新的制度下，持有 Pass 卡的用户方可享受增值服务，Pass 卡是可转移流通的。对于用户而言，使用服务时购买 Pass 卡，不需要服务时可以卖掉 Pass 卡，比直接付费使用更加灵活，而且付费使用一般情况下是无法退款的。对于平台而言，销售利润只有一次，也就是首次 mint。平台的主要利润来自 NFT Pass 卡的版税。当平台服务越来越受欢迎时，用户争相购买 Pass 卡体验增值服务，交易量就会增加，同时 NFT 价格也会升高，这样一来版税收入就会增多。同时，平台还可以预留一部分 NFT，在适当时机卖出获得利润。

Web 3 创造了一些新的商业模式，有别于传统的 Web 2.0 的商业模式。

2. Web 3 改变了组织协作模式

Web 3 不仅改变了商业形态，更是推动了人类社会大规模协作方式的全面变革。推动这一变革的就是 DAO 组织。

DAO 组织是对当前互联网所使用公司制的全面颠覆，是真正的 Web 3 项目所采用的组织形式。尽管有的项目在前期仍然采用中心化的方式去融资和运营，但是它们的社区运作以及整个项目的未来愿景都是 DAO 组织的形态。

公司制的发展由来已久，从东印度公司诞生到现在已经有近 400 年的历史。公司本质上是一个受各方信任的法律实体，这个 "信任" 由公司章程、股东名册、营业执照等契约文书，公司法等法律文件，银行、市场监督机构等第三方机构共同发挥作用而形成。股东为公司出资，员工为公司打工，用户购买公司的产品，这一切都是源于对公司的信任。

如今，随着社会化效率的提升以及用户观念的转变，公司制的发展已经显露疲态，公司制所建立的信任正在走向黄昏。

Web 3 是去中心化的网络，自然秉承去中心化的特性，而 DAO 组织是目前最符合去中心化特性的协作机制。

DAO 是一个围绕共识形成的组织，该组织通过在区块链上实施的一组共享规则进行协作，最终实现组织的共同目标。虽然在公司制中，公司上市后必须披露经过审计的财务报表，但是事实证明，财务报表存在造假的可能性。相比之下，DAO 组织会更

加透明，DAO 的资产负债状况存储在区块链上，任何一笔交易都完全公开透明，任何人都可以查看 DAO 组织中的所有协作活动和资金流向。

此外，通过 DAO 组织，全球任何地方的人都可以进行 Web 3 项目的协作。他们可以轻松地根据规则进入项目 DAO 组织，并且可以在不认可 DAO 组织共识的情况下自由离开。

因此，Web 3 不仅是新一代互联网商业形态，更是一种新的组织协作方式。这种协作方式是对数百年来人类一直使用的公司制的根本性重构，而且这种重构不只是在 Web 3 领域，而是在所有的商业领域。正如现在所发生的从线下到线上的转移一样，未来将发生从链下到链上在转移，所有曾经在互联网时代从线下迁移到线上的公司，将再次从链下迁移到链上，变成 Web 3 公司。到那个时候，去中心化的分布式协作将成为人类组织协作的新常态。

因此，从更高的维度上讲，Web 3 代表的是一种新时代的协作精神。

4.2　认清 Web 3 全貌

要理解 Web 3，不应管中窥豹，而应该站在高纬度从全局进行审视，必须厘清 Web 3 的所有特性，并对其各个细分赛道及赛道形成的原因进行深度梳理和分析。

4.2.1　Web 3 主要特性

1. Web 3 的优点
Web 3 具有八大优点，如图 4-1 所示。

图 4-1　Web 3 的优点

（1）所有权

数据所有权是 Web 3 区别于 Web 2.0 的最重要特点。在 Web 2.0 中，互联网巨头拥有数据，它们利用数据获取巨额利润，同时还利用大数据进行杀熟。用户不仅享受不到贡献数据的回报，而且还会因贡献数据而任人宰割。而在 Web 3 中，用户的数据存储在区块链和分布式服务器上，用户用私钥掌控数据，拥有数据的所有权。

以游戏资产为例，在 Web 2.0 游戏中，游戏资产存放在游戏开发商的服务器中，如果游戏停运或者账号被封，用户将失去游戏资产。但是在 Web 3 游戏中则不同，游戏资产以 NFT 的形式存储在链上，用户完全拥有自己的游戏资产。只要游戏兼容区块链，游戏资产就可以在不同的游戏中展示。

（2）去中介

Web 3 所依托的区块链技术最大作用是建立了信任基础，消除了信任中介。在现实世界，信任依靠中央机构建立，中央机构充当最大的信任中介。而在 Web 3 世界中，区块链所构建的去中心化网络充当信任中介。Web 3 项目将服务商和客户直接联系起来，将原来的中间商利润重新分配给了用户。

（3）无门槛

在 Web 3 面前，人人平等，全球各地的任何人都可以自由地访问 Web 3。Web 3 对用户没有地域、语言、法律等限制，对所有人开放。

（4）抗审查

抗审查是 Web 3 平台的原生特性。一旦用户将数据上链，任何人都无法对数据进行更改和删除。

（5）全透明

Web 3 平台中的链上数据完全公开透明，对所有人可见。任何地址在链上的任何行为都可以被所有人看到。

（6）易登录

在登录不同的 Web 2.0 平台时，需要输入不同的账号密码，非常烦琐。而登录 Web 3 平台时，只需要连接一个钱包地址即可，且可以跨平台操作。

（7）零信任

访问 Web 3 平台时，无须获得 Web 2.0 中类似 KYC 这样的实名认证，无须建立和 Web 3 平台之间的信任就可以访问它们。

（8）自金融

在 Web 3 生态中，用户使用加密货币进行支付、转账等金融活动，无须依赖外部的银行系统。和 Web 2.0 互联网相比，Web 3 拥有能够自洽的独立金融生态。

2. Web 3 的缺点

在现阶段，Web 3 也具有一些缺点，主要有四个方面，如图 4-2 所示。

图 4-2　Web 3 的缺点

（1）访问难

尽管 Web 3 钱包连接 Web 3 平台简单，但是 Web 3 钱包注册本身存在一定的门槛，比如需要下载钱包、记录并验证助记词等。而且，关于钱包的使用还需要学习一系列安全知识。

（2）体验差

当前公链的性能远不及 Web 2.0 平台，因此用户在使用过程中面临速度慢、卡顿等情况。在执行链上操作时，每一次都需要用钱包确认，而且还需要花费 Gas 费，这对于原来的 Web 2.0 用户来说体验较差。

（3）无监管

Web 3 的先天去中心化特性导致了监管难的问题。这种情况可以为用户带来自由，同时也需要用户付出自由的代价。一旦遇到资产被盗等问题，很难受到法律的保护。

（4）弱基础

目前，Web 3 生态中的一大部分仍然需要依赖中心化的基础设施，比如 GitHub、AWS、Twitter、Discord 等。尽管许多 Web 3 项目都在发力，但是要想真正取代这些中心化的设施尚有一定难度。

4.2.2　Web 3 版图全景

1. Web 3 与 Web 2.0 应用对比

当前，市场上已经涌现出了非常多的优秀 Web 3 项目，为便于理解，可以将它们当中的一部分在相应的领域和 Web 2.0 应用进行类比，见表 4-2。

表 4-2　Web 3 与 Web 2.0 应用对比

领　　域	Web 2.0	Web 3
数据存储	AWS、Dropbox、Sync	Filecoin、Storj、Arweave
数据处理	Snowflake、Redshift、BigQuery	Fluree、Ocean、subquery
隐私保护	Tor、V2ray	Aleo、Aztec、Nym
网络域名	Godaddy	ENS
文章平台	Medium	Mirror

值得注意的是，在对应的细分领域，Web 3 应用并不是把 Web 2.0 应用重做一遍，而是赋予数据新的价值，开创一个关乎用户数据价值的新场景。**Web 3 应用的目的是满足用户新的需求，而不是在旧的需求范围内争抢用户。**

以存储领域为例，用户需要存储在 Web 3 存储平台的仅仅是一部分重要的数据，而不是所有的数据。所以，分布式存储满足的是用户新的需求，而中心化的存储方式仍然有它的优势和适用领域。

再以隐私保护为例，Web 3 隐私保护协议只是保护价值互联网的隐私，与信息互联网的隐私保护方式无关，比如 Aleo 很明显是不可能颠覆 Tor 网络的。

由此可见，Web 3 应用是对 Web 2.0 应用中一部分不足的补充，Web 3 应用并不会（至少在短期内不会）全面取代 Web 2.0 应用，两者将会相融共生。当然，未来随着用户向价值互联网领域的迁徙，Web 2.0 应用的市场地位肯定会被削弱。到那个时候，新时代的巨头将会诞生在 Web 3 领域。但不同的是，Web 3 领域的巨头不是某个公司，而是属于所有用户的。

2. Web 3 板块划分

当前，行业内有多种 Web 3 细分领域的划分方法，由于思路不同，分类逻辑也不同，所以容易产生混淆。本节先用分层思想对 Web 3 进行技术栈（技术堆叠）划分，然后再在各层中以不同的应用场景进行划分。

为了从本质上理清楚 Web 3 各个板块之间的逻辑关系，需要从以太坊诞生的源头说起。

简单而言，以太坊是一个基于区块链的计算平台和操作系统，支持在其网络上构建应用程序。因此，最简单的分类方法是把基础设施（Blockchin）和应用程序（DAPP）分开，即分为基础设施层和应用程序层，如图 4-3 所示。

图 4-3　Web 3 板块分类一

随着 Web 3 生态的不断发展，应用程序变得越来越多样化，为了帮助开发人员更加简单、高效且专注地构建直接面向用户层面的应用程序，出现了 Web 3 中间件。Web 3 中间件出现的主要原因有两个：一是应用开发者自己运行一个全节点服务器成本太高，希望使用第三方提供的 SDK 或 API 接入区块链；二是对于当前应用层面对的大量非标信息来说，采用第三方数据会比自行处理数据更加高效。

"中间件（Middleware）"概念已经存在于计算机领域。顾名思义，中间件指的是处于操作系统软件与用户应用软件间的中间软件。中间件位于操作系统、网络和数据库之上，应用软件之下，作用是为处于自己上层的应用软件提供运行与开发的环境和服务，帮助开发者灵活、高效地开发和集成复杂的应用软件。在 Web 3 领域，"中间件"也是类似的概念，它位于底层公链之上，为用户端应用提供各种服务。

增加中间件后，Web 3 板块划分如图 4-4 所示。

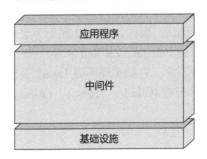

图 4-4　Web 3 板块分类二

这里需要说明的是，广义的中间件泛指所有为应用程序服务的协议，即使一些不建立在公链之上的协议也涵盖在内，比如去中心化存储和连接链下数据的预言机等。

另外，中间件板块又可以分为三部分：最下层的接近基础设施层的中间件、最上层的接近应用程序层的中间件、纯粹的中间件，如图 4-5 所示。

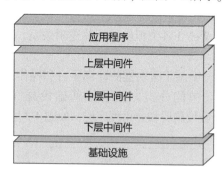

图 4-5　Web 3 板块分类三

上层中间件中的一部分既是协议同时也有自己的应用，因此有时会归类到应用程序层，比如一些 DEX 协议。下层中间件中的一部分协议同时具有基础设施的特征，因此有时也会归类为基础设施层，比如一些 Layer2 协议。因此，对于这两层内容的划分没有明确的界限。

以下对各层包含的内容展开论述。

（1）基础设施

基础设施层包括 Layer1（原生公链）、去中心化存储、Layer2、跨链平台/跨链桥等。

以太坊的主要功能是用作计算平台和操作系统，无法存储大容量数据，故需要专门的去中心化存储协议（如 IPFS、Swarm）来解决存储问题。因此，如果在概念上将"计算"和"存储"并列，各视作一个超级计算机部分，那么去中心化存储协议也可以和以太坊一起归类于基础设施层。

对于 Layer2 而言，它的目的是扩展 Layer1 网络，提升底层区块链的吞吐量以及其他性能。同时，Layer 2 网络需要借助底层区块链的安全性，其交易数据必须以某种形式被底层区块链网络验证并确认。因此，Layer 2 属于下层中间件，也可以认为是基础设施。代表性的 Layer2 项目有 Polygon、ZK-Rollup 等。

对于跨链平台和跨链桥而言，它们实现不同 Layer1 公链之间的互通，也可视为底层基础设施。典型的跨链平台有 Polkadot（波卡）、Cosmos 等；跨链桥有 XY Finance、Connext 等。

（2）中间件

中间件主要分为三部分，一是下层中间件，即节点服务商；二是中层中间件，即围绕数据标准化产生的各项服务，比如数据查询、数据分析、身份系统、数据隐私、预言机等；三是上层中间件，包括开发框架和工具、智能合约模拟和审计、钱包等。

1）下层中间件。节点服务商将公链的原始数据封装成 API 提供给 Web 3 应用使用，使得 Web 3 开发者无须自己搭建和维护节点就可以与区块链进行交互。节点服务商在 Web 3 生态中扮演着至关重要的角色，代表性的节点服务商有 Infura、Pocket 等。

2）中层中间件。

① 数据查询。数据查询和索引服务商建立在直接与各类公链进行交互的节点服务商之上，通过对数据的解析和格式化，让原始数据变得更易访问和使用。代表性的数据查询服务商有 The Graph、Moralis。

② 数据分析。通过数据分析平台可以对链上数据进行筛选并制作各种图表，进行可视化分析，同时还可以将自己制作的图表分享给他人。代表性的数据分析平台有 Dune Analytics、Footprint Analytics。

③ 身份系统。身份系统提供对用户身份信息的整合，包括信息的简化、聚合、展示、识别等，目标是建立 DID（去中心化身份）系统。代表性的协议有 ENS（以太坊域名服务），它提供了对区块链地址添加人类可读标签的简化功能。

④ 数据隐私。数据隐私协议主要针对用户的链上数据进行隐私化处理，通过零知识证明等技术支持用户进行隐私交易，可以保证自己的隐私数据不会被外界查看。代表性的数据隐私协议有 Automata、Nym 等。

⑤数据上链。数据上链指的是将链下数据写入链上，这一功能主要依靠预言机实现，代表性的预言机有 ChainLink。

3）上层中间件。

① 开发框架。开发框架由其他开发人员创建的代码库组成，可以让开发者利用现有代码进行智能合约应用程序开发，而不必从头开始构建所有内容。代表性的开发框架有 Truffle、Moralis。

② 开发工具。开发工具旨在让应用程序更加简单，甚至可以让非技术人员使用，比如像 Settlemint 这样能够完全通过拖放实现界面的 NFT 快速设计和部署工具。

③ 调试工具。调试工具可以在 Web 3 应用程序发布之前测试和模拟它们，以便及时发现问题。代表性的调试工具有 Tenderly、Kurtosis。

④ 审计工具。一些开发工具以安全为侧重点，提供智能合约 Solidity 库，同时提供安全审计服务，如 OpenZeppelin、Certik 等。

（3）应用程序

应用程序主要分为三类：应用支持类、应用入口类和纯粹面向用户的应用。

1）应用支持类。应用支持类应用本身面向的是用户应用程序，同时还对其他应用程序提供支持服务，典型代表有 NFT、DeFi、DAO 等。它们不仅是服务于应用的工具，更是整个 Web 3 的重要内核。

2）应用入口类。应用入口类应用指的是像钱包、应用聚合器这样的为用户进入

Web 3 应用提供访问入口的应用程序。它们本身也是应用，作用是为其他应用提供入口服务，典型代表有 Metamask、Dappradar。

3）用户应用程序。直接面向某一细分需求的应用程序，比如 Web 3 游戏、Web 3 社交、Web 3 音乐、Web 3 体育等。

综合以上描述，可以得到 Web 3 全景视角的板块分类图，如图 4-6 所示。

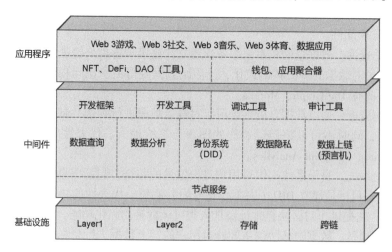

图 4-6　Web 3 板块分类全景图

4.2.3　Web 3 行业位置

现在有很多与 Web 3 相关的热词，比如区块链、NFT、DeFi、DAO 等。它们与 Web 3 承前启后，互为依托，共同推进元宇宙行业向前发展。Web 3 在元宇宙行业中的位置如图 4-7 所示。

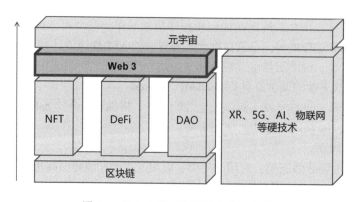

图 4-7　Web 3 在元宇宙行业所处位置

1. Web 3 是元宇宙的基础

真正的元宇宙一定是去中心化的，这一点毋庸置疑。但是，元宇宙需要各方面设施完善方可实现，区块链上面无法直接承载元宇宙。

元宇宙需要一个去中心化版本的新形态互联网作为底层依托，再配合高度发达的虚拟现实技术（包括 AI、5G、物联网等硬技术）来实现身临其境感，并使用去中心化的 DAO 作为治理机制才能够基本成型。

因此，**Web 3 是元宇宙实现最重要的基础**。

2. Web 3 比元宇宙更具落地性

在 Web 3 概念之前，元宇宙概念已经大火，至今热度不减。但是，元宇宙仍然停留在概念阶段，离落地尚很遥远。而且，关于元宇宙现在有着不同的定义，有的指虚拟世界，有的指虚拟和现实相结合的双重世界，还有人认为元宇宙是一种最高维度的文明形态。

很多人都在谈论元宇宙，但是其实都不知道元宇宙未来会成为什么样子，更不用说它能马上落地了。Meta 公司的元宇宙项目也仅仅是一些 VR 硬件和虚拟会议室而已，距离真正的元宇宙相去甚远。

Web 3 则不同，它囊括了已经落地的区块链应用，而且已经获得大量的风险投资，相关的产品研发都在持续进行当中，未来一段时间内就可以落地。Web 3 属于互联网范畴，是在信息互联网基础上叠加一个价值互联网，而且基础设施已经趋于完善，目前处于应用落地阶段。

因此，**Web 3 比元宇宙更具落地性**。

3. 区块链是 Web 3 的底层技术

建立在对等网络上的区块链协议相当于一个超大型的计算平台和操作系统，Web 3 应用程序构建在这个协议上面。区块链概念曾经红极一时，最引人注目的莫过于"技术驱动金融"的说法。但是，除此之外，多年以前就已经诞生的基于公链的 DAPP 并未被市场广泛关注。

Web 3 在 DAPP 概念基础上进行延展，囊括了基础公链、DAO 组织等一系列相关的内容，形成了一个更加全面的可对 Web 2.0 进行迭代的新型互联网形态。由于对传统互联网造成冲击，有望形成新一代的互联网，Web 3 备受市场关注。

前几年大热的区块链概念，之后面临落地困境而渐遭冷落。现在人们才明白，**区块链的真正使命是为 Web 3 构建一个底层基础设施**。

4. NFT 为 Web 3 提供确权工具

Web 3 最重要的使命是将数据所有权交还给用户。数据作为一项资产，其所有权的确权是 Web 3 的核心关键，NFT 解决了这个问题，为 Web 3 提供了资产确权方案。

5. DeFi 为 Web 3 建立金融体系

DeFi 为同质化代币（FT）提供交换和借贷服务，为 Web 3 生态建立一套原生的可以实现内循环的金融体系。这一套独立于传统银行系统的金融体系是 Web 3 有别于 Web 2.0 的重要特征。

6. DAO 为 Web 3 带来治理机制

去中心化的项目需要去中心化的组织治理方式，传统公司制已经不适应未来 Web 3 的发展。DAO 通过组织协作方式的革新，为 Web 3 带来一种新的治理机制。

综上，站在 Web 3 的角度来看，其他几个概念与它的关系分别是：区块链是 Web 3 的底层；NFT、DeFi、DAO 是 Web 3 的内核；元宇宙是 Web 3 的未来。

第 3 篇

———

内 核 篇

NFT、DeFi、DAO 这些热门概念最终都将为 Web 3 服务，它们是构成 Web 3 的重要内核。因此，要理解 Web 3，必须明白这三大内核所扮演的重要角色，以及它们各自的运作原理。

本篇对 NFT、DeFi、DAO 进行了深度剖析，从价值本质、技术逻辑、应用案例等维度阐明了它们对 Web 3 生态的重要意义。

深刻理解 Web 3，让我们从其内核开始！

Mimic Shhans ▶

Mimic Shhans 是一个基于以太坊区块链的 10K PFP NFT 项目，其艺术属于公共领域（CC0 许可证），任何人都可以将其用于个人或商业目的。Mimic Shhans 的形象是一只穿着各种服装的俏皮黑猫，每个 Mimic Shhans 都有一套独特的服装、表情和配饰。

Mimic Shhans#6976
Holder：Kflee

#1111

#2687

#1459

#1542

#3703

第 5 章　NFT——Web 3 的确权工具

通过 NFT，可以使得每个数字资产都独一无二，并让每个数字资产各有所属。正是如此，数字资产才能与现实世界中的物理资产相媲美。也正因为明确了数字资产的所有权，才使得 Web 3 可在 Web 2.0 之上构建出新的价值互联网。

本章阅读导图

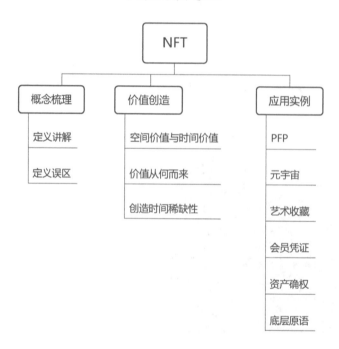

本章阅读指引

NFT 是什么？它在 Web 3 中扮演什么角色？NFT 如何产生价值？它有哪些 Web 3 应用案例？

本章从概念梳理、价值创造、应用实例三个维度进行解答。

NFT 是 Web 3 当中极为重要的一个概念，它提供了构建元宇宙的基石，同样也是 Web 3 的重要基础设施。要想理解 Web 3，必须明白 NFT 的核心内涵。

本章旨在从根本上剖析 NFT 的价值内核，并用诸多案例阐述 NFT 在 Web 3 应用中所起的作用。

5.1　正确认识 NFT

关于 NFT，现在不乏人云亦云的论述。许多人对 NFT 的认知只从字面出发，而没有触达其本质。NFT 是一个数字商品，而非 Token 的一种，这一点是理解 NFT 的关键所在。

5.1.1　什么是 NFT

NFT 的全称是 Non-Fungible Token，即非同质化通证。NFT 与 FT（同质化通证）的本质区别在于是否具有可替代性。FT 通证之间具有可替代性，即每一枚通证都具有相同的价值，是可以任意互换的，而 NFT 则不同，每一枚 NFT 都是独一无二的，如图 5-1 所示。

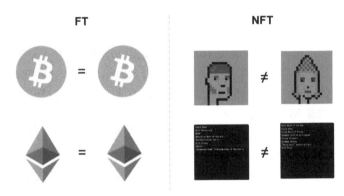

图 5-1　FT 与 NFT

举例说明，用户 A 持有 1 枚比特币，用户 B 持有 1 枚比特币，他们各自拥有的比特币价值是完全相同的。假设用户 B 将其持有的 1 枚比特币转给用户 C，用户 A 将其持有的 1 枚比特币转给用户 B，对于用户 B 来讲，转移后其仍然持有 1 枚比特币。

虽然从严格的技术意义上讲，用户 B 持有的 1 枚比特币发生了替换，但这种替换是被人们的广泛共识所接受的。对于用户 B 而言，替换前持有 1 枚比特币，替换后仍然持有 1 枚比特币，每枚比特币对应的价值完全相同，因此替换前后用户 B 持有的资产价值没有任何改变。这就是 FT 通证的可替代性。

对于 NFT 而言，每一枚之间都是不同的，因此相互之间不具有可替代性。同时，每一枚 NFT 的价值也不尽相同。

以 CryptoPunks 为例，该系列 NFT 由 1000 枚不同的 24×24 像素头像组成，从编号 #0 到 #9999 每个都具有不同的相貌特征。其中，一部分头像由于数量更加稀缺，相对于其他头像具有更高的价值。

因此，NFT 与 FT 通证的最主要区别是每个 NFT 是不同的，是无法相互替代的；而 FT 通证都是相同的，同样数量的 FT 通证是可以任意替代的。

5.1.2　NFT 的定义误区

"NFT" 这个词的出现在逻辑上存在一个不易察觉的误区，这个误区和 "去中心化" 这个词一样，属于事物出现先后顺序的倒置。

"去中心化" 这个定义之所以出现，是因为先有 "中心化" 这个定义。在 "中心化" 前增加 "去" 字，试图与中心化进行区分。这种状况会给人们带来一种错觉，那就是先有中心化，后有去中心化；中心化是一个旧事物，而去中心化是一个新事物；去中心化是对中心化的颠覆和革新。

事实上，宇宙的本源就是去中心化的，大自然的演变是去中心化的，生物的进化也是去中心化的。相反，人类在进化过程中为了提高效率，却走出了中心化发展的路线。人类协作方式的发展是先有去中心化，再有中心化，中心化是对去中心化的打破和推翻。

因此，更准确的叫法应该是分散式和集中式，而不是去中心化和中心化。

同样的道理，"NFT" 的定义之所以出现，是因为先有 "FT" 这个词的出现。中本聪在 2009 年推出了比特币，FT 先入人心。接着人们试图基于比特币、Namecoin 以及后来的以太坊这样的区块链创建 NFT。由此可以看到一种假象，那就是先有比特币这样的 FT 出现，后有 NFT 出现。

然而，事实并非如此。早在中本聪提出比特币的若干年前，时间戳技术已经被发明。该技术试图为数据打上时间标识，亦即创造出数据的唯一性，这与 NFT 的思想不谋而合。因此，正确的顺序应该是先有数字商品，再有可相互替代的同质化商品充当数字货币。

回顾人类的货币发展史，逻辑同样如此。最开始人们各自生产自己所需的物品，然后进行物品交换，最后发明了可以相互替代的同质化商品（如黄金、白银等）充当货币。所以，货币也被称作一般等价物，是一种同质化的商品。

从这个意义上讲，数字商品的发展应该是先有不同质化的数字商品，再有同质化的商品，也就是说，同质化数字商品是数字商品中的一种特例而已。

因此，更准确的叫法应当是数字商品和同质化数字商品，而不是 NFT 和 FT。

5.1.3　NFT 不是代币

由于 "NFT" 这个词的误导，人们往往认为 NFT 是 Token 的一种。同时，"Token" 一词在 "通证" 的译法出现之前被译为 "代币"，因此很多人误认为 NFT 是代币的一种。

事实上，正如前文所示，这个概念被弄反了，Token 才是 NFT 的一种。也就是说，**NFT 包括 Token，而不是 Token 包括 NFT。因此，NFT 绝对不是代币的一种。**

如果错误的观点被盲目传播，很有可能对监管造成误导，从而扼杀一个完全不具有 FT 潜在风险的极具潜力和价值的创新事物。作为 Web 3 从业者，应避开这种错误的观点。

可以肯定地讲，NFT 绝不是代币，也不具备任何代币特征。NFT 与 token、代币的关系如图 5-2 所示。

图 5-2　NFT 与 token、代币的关系

以下从两方面进行阐明。

（1）Token 不等同于代币

在"通证"译法出现之前，Token 一词在国内译为"代币"，这种译法具有极大的误区。代币属性仅是 Token 的一小部分属性，将 Token 译为"代币"使得 Token 的金融属性被过度放大。一旦某个事物包含"币"的概念，则其必然与金融产生较强的关联，从而具有了威胁金融安全的潜在风险。因此，"代币"的译法片面强调了 Token 的金融属性甚至货币属性，自然应当接受金融监管。

事实上，Token 应该视为一个令牌，是一个网络的通行证。尽管在 2017 年 ICO 狂潮中，Token 主要表现为金融角色，但是随着区块链的发展和成熟，Token 更多拥有了组织治理角色。因此，盲目将 Token 视为代币的做法已经不合时宜。

（2）NFT 不是 Token

NFT 全称为 Non-Fungible Token，实则与 Token 具有本质的不同。Token 属性在 NFT 的所有应用中仅占极小的部分，甚至在绝大部分情况下，NFT 不具备任何的 Token 属性。

NFT 不能作为交易媒介和价值尺度，它没有 Token 的货币属性，同时仅在用作会员资格或行使网络权利时充当权益凭证。

NFT 最重要的属性应当是数字商品，NFT 的本质是具有稀缺性的数据，该数据独一无二。基于这一点，NFT 具有了在虚拟世界塑造世界万物的可能性。

对于 NFT 收藏品而言，收藏才是其最主要的应用场景，而不是作为一种流通的 Token。对于 NFT 艺术品而言，则更多的是艺术价值的加持，同样不是用于流通凭证。

因此，对于 NFT 应用最广的收藏品和艺术品来说，Token 属性只是其具有的和普通商品一样的最基本的可交易属性而已。NFT 最重要的价值在于其作为数字商品本身的价值，而不是 Token 价值。从这个意义上讲，NFT 不是 Token。

事实上，在绝大多数国家，比特币等加密货币均被定义为资产或商品，FT 尚且如此，NFT 更无须争论。

5.2 NFT 如何创造价值

很多人在质疑 NFT 的价值，认为其只是一张小图片而已。实则不然，NFT 开创了一种新的价值维度——时间价值，而这一点是史无前例的。

5.2.1 空间价值与时间价值

NFT 最具革命性的创新在于其创造了一个新的价值维度，这个价值维度前所未有，那就是时间价值。简单而言，NFT 的价值就是时间价值。时间价值相对于物理世界当中的空间价值而独立存在，如图 5-3 所示。

物理世界当中的空间价值有两种：绝对空间价值和相对空间价值。

绝对空间价值指的是像土地、房产这样的不动产因具有绝对的空间位置所具有的价值。它们所占据的绝对空间位置在现实世界是唯一的，同时该空间位置承载诸如交通、学位、环境这样的稀缺资源，因此它们具有价值。

相对空间价值指的是像黄金、收藏品这样的具有特殊物理或化学形态的物品所具有的价值。所谓相对空间，指构成这些物体的最小单位直接的相对距离。

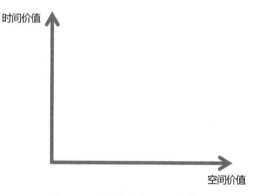

图 5-3　时间价值与空间价值

直白地讲，这些物体正是因为分子结构不同，而最终呈现出不同的物理形态，不管是天然形成或者人工所致。

从科学的角度更加严谨地讲，首先要承认，构成任何物体的最小单位都是相同的。以黄金和石头举例，虽然两者的物理形态不同，但是微观状态的最小单位都是夸克。两者之所以形态不同，是因为构成两者的夸克之间的相对空间位置不同。

首先，不同物体的分子结构不同，各个分子间的相对位置不同；分子之所以不同，是因为构成分子的原子不同；原子之所以不同，是因为组成原子的原子核以及电子的排列不同；原子核之所以不同，是因为构成原子核的质子和中子不同；质子和中子之所以不同，是因为构成它们的夸克之间的相对位置不同。

因此，从本质上讲，夸克以不同的相对空间位置进行组合，构成了世间上所有实物的不同形态，从而使得它们的价值不同。

但是，在虚拟世界中，人们无法界定虚拟数据的空间价值，因为数据可以被挤压在像硬盘这样很小的空间之内。最重要的是，数据是非常容易被复制的。因此，要衡量数据的价值，必须开辟一个新的维度。

区块链技术的出现帮助人们达成了这个目的，它可以为数据打上时间戳，为图片做上标记，而且这个时间标记是无法篡改且公开透明的，这就是 NFT。NFT 通过区块链技术赋予了图片、文字、视频这些数据以时间价值，让这些虚拟的东西具有了稀缺性，从而为其产生价值提供了前提。

因此，**NFT 并不是捕获传统世界的价值，而是创新了一种新的价值。**

5.2.2　价值从何而来

价值从何而来？本质上讲，**价值来自两个方面，一是稀缺程度，二是需求程度**，世间万物均是如此。

一个事物如果仅有稀缺性而没有需求，它是没有价值的。从某种意义上讲，世间万物都是独一无二的，都是稀缺的，但是它们不都具有价值。秋天的落叶，每一片都不同，但是人们不需要它们，因此没有价值。

有的事物虽然有需求，但是没有稀缺性，故而没有价值。比如地上的黄土，虽然具有某些功能，但是因为其取之不竭、用之不尽，因此也没有价值。

一项事物的价值可以用需求程度和稀缺程度的比值来衡量，价值公式如图 5-4 所示。

当某个事物符合以下两种情况时，它的价值升高：

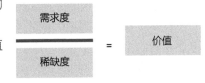

图 5-4　价值公式

- 数量恒定且需求增加。
- 数量变少且需求增加。

当某个事物符合以下两种情况时，它的价值降低：

- 需求恒定且数量变多。
- 需求降低且数量变多。

简单来说，当供不应求时，价值上升；当供大于求时，价值下降。同时，这也是最基本的经济规律。

区块链行业有句话叫"价值的本质是共识"。那么，共识如何而来？共识的本质是需求的共识，即共同需要某一项实物的共识。当供应量恒定或缩减时，需求增长带来了价值的增长。在这个过程当中，区块链最重要的作用在于用技术手段保证了供应量的恒定上限。

5.2.3　NFT 创造时间稀缺性

在现实世界中，神奇的自然界已经造就了每个事物的稀缺性。德国哲学家莱布尼茨说："世上没有两片完全相同的树叶。"叶子由细胞形成，细胞由分子形成。叶子里有无数的细胞，细胞里有无数的分子。这些分子和细胞的结构和排列不可能完全相同。世间万物，没有任何两个东西是一模一样的。

在人类演变的漫长过程中，贵金属黄金的稀缺性获得了人们的最大共识。在距今一万年前的新石器时代，人们就发现了黄金。黄金除了最重要的稀缺性，还有性能稳定、易于分割等特性，因此被人们作为储藏价值的载体。

随着社会发展，金本位的金融制度确认，黄金被赋予了人类社会经济活动中的货币价值功能。随着金本位制的形成，黄金成为商品交换的一般等价物，成为商品交换过程中的媒介。

作为能够承载价值的一般等价物，黄金极大地促进了人类社会经济的发展。黄金能够获得今天的地位，最核心的因素在于其稀缺性。具有稀缺性，是一个事物能否承载价值的重要前提。

在数字世界中，莱布尼茨的论断似乎不完全适用。一串记录在计算机中的字符（文字或代码）被复制之后，复制品和原字符看起来并无任何差异。字符不是由细胞排列组成，同样的字符背后的计算机语言完全一致。那么，复制的字符和原字符真的一样吗？答案是否定的。

古希腊哲学家赫拉克利特提出的"人不能两次踏进同一条河流"论断可以帮助我们找到答案。赫拉克利特认为，河流是不断变化的，你现在踏入的河流和下一秒踏入的严格意义上不是同一条河流。在数字世界中，时间是不断变化的，创造原字符和复制字符的时间点是不同的，因此，从本质上说，这两个字符是不同的。

但是，在区块链技术出现之前，人们无法在可信的前提下记录数据内容的时间，包括字符、文章、图片等。这里的"可信"指的是绝对的可信。中心化平台看起来可以实现数据内容的时间标记，但是这个时间能够被中心化数据库的管理者任意篡改，是不可信的。尽管时间戳技术早已问世，但是仍须基于可信第三方才能实现。一旦需要依赖第三方，则该记录被认为是不可信的。因此，真正的可信是在去中心化的前提下为数据打上时间标记，而且这个标记被所有网络节点所认可，区块链实现了这一点。

NFT 的核心价值在于利用区块链技术将虚拟商品打上时间标记，让虚拟世界的每一件商品都具有稀缺性。正是因为具有稀缺性，才使得虚拟世界可以完全媲美现实世界。虚拟商品有了稀缺性，再加上需求共识，就可以产生价值，从而产生交易，由此产生经济活动，使得元宇宙成为真正的"宇宙"。

CryptoPunks 是一组 24×24 像素的虚拟头像（见图 5-5），其中最稀有的"外星人"头像曾在佳士得以千万美元成交。

图 5-5 CryptoPunks（来源：CryptoPunks 网站）

很多人不解，一个能被无限复制的 jpg 格式的图片为何能拍出近亿元人民币的天价。答案很简单，复制的图片已经不是原来的图片了。曾有人在 BSC 链复刻了 CryptoPunks，即发行一模一样的 CryptoPunks，但是其价值和原版 CryptoPunks 天差地别。

原版 CryptoPunks 由 Larvalabs 团队在 2017 年基于以太坊发行，由区块链记录其发行时间，无法篡改。现在复制的 CryptoPunks，即使也存放在区块链上，但时间标记也无法标记在 2017 年，而只能标记为当前时间（区块链用技术保证了诚实可信，无法被人为操控）。大家试想一下，2021 年的 CryptoPunks 和 2017 年的 CryptoPunks 很显然是两个完全不同的东西。以古玩为例，唐朝的一个花瓶和现代的同样外形和材质的花瓶价值是不能相提并论的。不同的是，实物的创造时间需要古玩专家或仪器进行鉴定，而对图片数据来说，区块链直接可以为其打上时间标记，而且这个时间标记不能做假、不可篡改。

虽然 BSC 链上复刻的 CryptoPunks 与原版 CryptoPunks 完全一样，但是两者价值相差甚大。它们之间最本质的差别在于上链时间不同，CryptoPunks 在 2017 年上链，而BSC 版 CryptoPunks 在 2021 年上链。这两个时间公开透明地写在区块链上，所有人可见且无法篡改，这正是造成两者具有不同价值的根本原因。

在传统的虚拟世界游戏中，每一块虚拟土地、虚拟装备都是一样的，同一类物品之间没有差异，可以不断复制和产生。即使对玩家来说，可以被限制数量，但是对游戏开发者来说，增加虚拟物品数量是轻而易举可以做到的，几行代码就可以生成一块新的领地，或者改动一个数字就可以生成新的道具，只要服务器空间允许，就可以源源不断生成。因此，这种虚拟商品是没有任何价值的，因为其不具备稀缺性。需要说明的是，被游戏开发商赋予的稀缺性是不可信的，如果游戏服务商倒闭或者停止运营，则虚拟物品化为乌有。

反之，如果虚拟土地、虚拟道具、虚拟穿戴、虚拟建筑等所有现实世界的物品都用 NFT 建立在区块链上，它们不受应用平台的控制，不会被擦除，而且每一个都是独一无二的，每一个都有获得价值的可能性，可以想象，在这种场景下，再辅以先进的感官感知技术，这将是一个可媲美真实世界的第二世界，也就是真正的元宇宙。

因此，稀缺性是元宇宙的价值根基，而 NFT 通过区块链技术实现了这一点。NFT可以在虚拟世界构建世间万物，将万物虚拟化、加密化，并保证每一个物品的唯一性，从而为元宇宙构建提供价值基础。

5.3　NFT 的 Web 3 用例

目前，NFT 在 Web 3 当中已经出现了不少用例，比如 PFP、数字化身、虚拟土地等。

5.3.1　PFP

PFP（Profile Picture）指的是社交媒体网站（如 Twitter、Instagram 等）的个人资料

图片，是目前 NFT 最主要也最成功的应用领域。

目前，Twitter 已经支持将 NFT 展示为头像，以六边形进行区分，开通 Twitter Blue 的会员可以将自己持有的 NFT 设置为头像，如图 5-6 所示。

图 5-6　推特六边形头像示例

PFP 类 NFT 拥有先天的易传播优势，可以通过 Web 2.0 社交平台进行共识裂变。在未来元宇宙中的 3D 社交到来之前，2D 社交网络仍然会存在相当长的时间，图片类的头像会捕获 Web 2.0 社交平台的最后价值。即使未来过渡到 3D 社交场景，PFP 仍然适用，只不过是 2D 图片 3D 化而已。

PFP 类 NFT 成功的主要原因在于数字身份在网络时代是一种刚需，PFP 满足了这种刚需，而不只是凭空炒作。

人要在数字世界活动，尤其是进入未来的元宇宙，必须要有一个数字身份，这是一个实实在在的应用场景。PFP 具有明确的使用价值，这个使用价值包括两个方面：炫耀需求和圈层需求。

炫耀需求是人的本性，人总是希望自己比别人强，希望得到别人的认可和尊重。这一点归属于马斯洛需求层次的"尊重需求"。现实生活中的人开豪车、戴名表、买奢侈品都属于这类需求。

圈层需求指的是人对于精神归属感的需求。物以类聚、人以群分，人总是希望加入一些适合自己或者比自己高阶的圈子。NFT 通过图形的方式进行呈现，用艺术的方式表达文化，这是一种比同质化通证更好的叙事方式。通过这种叙事方式，NFT 可以聚集一批具有共同艺术审美和价值观的用户，形成社群经济，产生商业想象空间。

当前，市场上较为知名的 PFP 蓝筹项目有 CryptoPunks、BAYC、Doodles、Moonbirds、Azuki、CloneX 等，以下进行简单介绍。

1. CryptoPunks

CryptoPunks 是以太坊上首个 PFP NFT，由 Larva Labs（幼虫实验室，成立于 2005

年）在 2017 年推出。CryptoPunks 包括 10000 个 24×24 像素头像，每个均具有不同的相貌特征，通过算法对不同的面部属性进行随机组合而成，如图 5-7 所示。

图 5-7　CryptoPunks NFT

值得注意的是，CryptoPunks 与当前其他主流蓝筹不同，它是基于 ERC-20 标准发行的，并启发了 ERC-721 标准的诞生。这也是 CryptoPunks 能成为 PFP 龙头项目的主要原因之一。

CryptoPunks 拉开了整个 PFP 时代的序幕，启发了众多 PFP 领域的后来者。主流的蓝筹项目，包括 BAYC 在内，都是对 CryptoPunks 的致敬和传承，这一点尤其可以从 PFP 项目的头像艺术元素中窥见端倪。

随着时间的推移，CryptoPunks 的历史价值将越来越凸显。未来，传统收藏圈和艺术圈入局 Web 3 之后，**CryptoPunks 的 NFT 龙头地位将进一步得到提升**，成为数字世界的"蒙娜丽莎"。

2. BAYC

BAYC 全称 Bored Ape Yacht Club（无聊猿俱乐部），在 2021 年 4 月由 Yuga Labs 推出，是 10000 个独特 Bored Ape NFT 的集合，如图 5-8 所示。

无聊猿 NFT 除了可以作为 PFP 外，还可以用作 Yacht Club 会员卡，享受会员专属福利，比如可以参与一个社区共同协作的涂鸦板或领取空投等。相对于 CryptoPunks 开发团队对头像图片版权的拥有，BAYC 完全将头像图片的商用权下放给持有者和社区，这是一个重大的创新。

自发行以来，BAYC 通过空投 MAYC、BAKC、Otherdeed 等方式，不断为生态赋能，建立了一个强大的 IP 帝国，成为继 CryptoPunks 之后最受欢

图 5-8　Bored Ape NFT

迎的标志性 PFP 项目。

2022 年 3 月，BAYC 的母公司 Yuga Labs 以 40 亿美金的估值完成 4.5 亿美元种子轮融资。在资本的进一步加持下，BAYC 正在构建 Otherside 元宇宙的道路上大步迈进。

3. Doodles

Doodles 在 2021 年 10 月推出，以其独特的画风和强大的团队实力广受市场欢迎。Doodles 由艺术家 Burnt Toast 手绘创作，共 10000 张，包括各种具有独特表情的彩色人物形象，如图 5-9 所示。

图 5-9　Doodles NFT

艺术家 Burnt Toast 的插画风格以粗线条的描边与柔软的形体为主，所刻画的形象可爱有趣。这种独树一帜的艺术风格也是 Doodles 能够风靡网络的重要原因之一。

除了艺术家之外，Doodles 还吸收了曾在 Dapper Labs 和 CryptoKitties 供职的市场营销与开发人才，因此 Doodles 的运营和开发都处于领先地位。

2022 年 9 月，Doodles 以 7 亿美元估值完成 5400 万美元融资，Reddit 联合创始人 Alexis Ohanian 旗下基金 Seven Seven Six、Acrew Capital、FTX Ventures 和 10T Holdings 等机构参投。Doodles 计划利用该笔资金在音乐和游戏领域进行扩张。

4. Moonbirds

Moonbirds 是由美国著名投资人 Kevin Rose 在 2022 年 4 月推出的 NFT 系列，由 10000 张不同风格的像素猫头鹰图案组成，如图 5-10 所示。

Moonbirds 是在 Kevin Rose 于 2021 年 12

图 5-10　Moonbirds NFT

月创办的 Proof Collective NFT 上的延伸项目。Proof Collective NFT 仅有 1000 枚，是一个 NFT 高端玩家社区的通行证。Moonbirds 持有者同样拥有 PROOF Collective Discord 的进入权限，因此在发行之初备受追捧。

2022 年 8 月，Moonbirds 母公司 Proof 宣布完成 5000 万美元 A 轮融资，由 a16z 领投，Collab+Currency、Flamingo DAO、SVAngel、Vayner Fund 和 Seven Seven Six 等机构参投。未来，Proof 将发行第三个 NFT Moonbirds Mythics 和生态代币。

5. Azuki

Azuki 于 2022 年 1 月发行，是 10000 张东方动漫风格的图片集合，如图 5-11 所示。

图 5-11　Azuki NFT

Azuki NFT 用作其社区 The Garden 的会员通行证。The Garden 是互联网中一个艺术家、建设者和 Web 3 爱好者聚会的地方，旨在共同创造去中心化的未来。

在创建后短短几个月时间里，Azuki 便通过设计精美的日系动漫形象快速占领 NFT 市场，坐上了 PFP 蓝筹交椅。在西方文化统治的 NFT 领域，Azuki 带来了不一样的艺术风格，从中脱颖而出。而且，Azuki 的滑板文化深受亚洲 NFT 年轻爱好者的喜爱。

5.3.2　元宇宙

这里的元宇宙指的是狭义的元宇宙，即像 Decentraland、Sandbox、Otherside 这样的虚拟世界平台。这些元宇宙平台主要由两大部分组成，一是人，二是场景。元宇宙中的人即用户在其中的数字化身，场景即虚拟土地和建立在虚拟土地上的数字资产，如衣服、道具、宠物等。

1. 化身

首先需要注意的是，从广义上讲，PFP 也是一种数字化身，因为 2D 互联网世界从某种意义上也是元宇宙。在此，仅讨论 3D 世界。在 3D 世界中，数字化身（Avatar）一定是 3D 模型的 NFT。当前较为知名的 3D NFT 项目有 Meebits、CloneX 等。

（1）Meebits

Meebits 在 2021 年 5 月由 CryptoPunks 开发者 Larva Labs 团队推出，是 20000 个独特的 3D 体素角色，如图 5-12 所示。

图 5-12　Meebits NFT

Meebits NFT 的所有者可以访问包含完整 3D 模型的资料包，可以自由渲染 Meebits 并为其设置动画，让它可以运用在任何游戏引擎、3D 工作室，或用作元宇宙中的化身。

Meebits 继承了 CryptoPunks 强大的社区共识支持，在未来元宇宙时代来临时必将首当其冲，进入虚拟世界，并在所有的 3D 化身中占据领先地位。

（2）CloneX

CloneX 是 RTFKT Studios 推出的虚拟形象 NFT 集合，由 20000 个随机生成的 3D 头像组成，如图 5-13 所示。

图 5-13　CloneX NFT

RTFKT Studios 成立于 2020 年，旨在利用最新的游戏引擎、NFT、区块链身份验证和增强现实等技术来创建新颖的虚拟产品和体验。RTFKT 是一个极具创新的初创品牌，目前已被 NIKE 收购。

CloneX 是一个 3D 动漫艺术品，由知名时尚潮流艺术家村上隆（Takashi Murakami）操刀设计，画面精美，具有很强的质感。同时，CloneX 能够用于未来的 NFT 游戏、AR 设备、虚拟会议等元宇宙平台。RTFKT 还承诺发布未来的 Clone X 可穿戴设备、游戏道具等更多 NFT 持有者专享的产品和服务。

2. 场景

元宇宙场景基于虚拟土地而构建，正如在现实人类世界中土地是一切物品的载体一样，**虚拟土地承载了元宇宙中的一切**。以下介绍当前较为知名的虚拟土地平台。

（1）Decentraland

Decentraland 是最老牌的综合性元宇宙，是最早建立在以太坊区块链上的虚拟土地，如图 5-14 所示。

图 5-14　Decentraland 界面

Decentraland 诞生于 2015 年，用户可以使用一个虚拟化身进入其中体验内容，也可以自己创建内容，并以 NFT 的形式拥有所创建内容的链上所有权。

Decentraland 由名为 "Land" 的 90000 个地块组成，每个地块长宽均为 52 英尺，如图 5-15 所示。所有地块基于以太坊区块链建立，是符合 ERC-721 标准的 NFT。

地块所有者可以将多个相邻的地块合并在一起，建立自己的庄园。除了土地外，Decentraland 中独特的头像、名称、穿戴以及其他游戏道具都以 NFT 的形式存在。

Decentraland 是完全去中心化的，由用户通过去中心化自治组织（DAO）拥有和运营。DAO 允许用户发起各种提案并对提案进行投票，如果获得社区通过，这些提案将被添加到 Decentraland 的代码中。

Decentraland 还提供了可视化构建器，用户只需要进行简单的拖放设计，就可以完

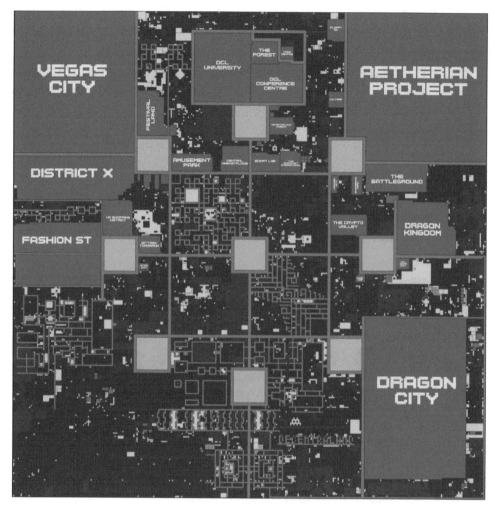

图 5-15　Decentraland 地块图

成自己的建筑。目前，很多用户已经建造了自己的游乐场、音乐舞台、艺术画廊等不动产设施。同时，很多科技公司和区块链公司都在 Decentraland 建立了总部，并且支持员工在平台上聚集在一起进行互动。

总体来讲，Decentraland 已经具备了元宇宙的雏形。

（2）Sandbox

Sandbox 是一个以游戏为主的虚拟世界，用户可以创建自己的游戏或者体验他人创建的游戏，其界面如图 5-16 所示。

Sandbox 最初成立于 2012 年，是一款手机游戏，该游戏于 2018 年全面转移至以太坊区块链上。

类似于 Decentraland 的地块模式，Sandbox 也由基于 ERC-721 标准的 NFT 地块

（Land）组成，每个地块是边长为 96 米的正方形，地块总数量为 166464，如图 5-17 所示。

图 5-16　Sandbox 界面

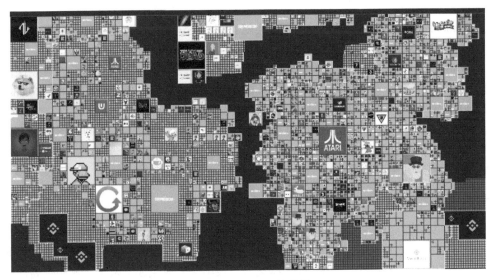

图 5-17　Sandbox 地块图

　　Land 代表 Sandbox 地图上的数字地产，玩家可以购买 Land，在上面建造房子、游戏或者其他内容。如果玩家拥有多个 Land，还可以将它们组合成一个大型庄园。

　　Sandbox 是一个由社区、用户生成内容（UGC）驱动的平台，在该平台上，创作者能够在基于区块链的去中心化环境中通过数字资产和游戏体验获利。

　　Sandbox 为初学者提供了简单的设计工具 VoxEdit。用户无需编码知识，使用 VoxEdit 游戏制作器即可进行游戏创作。VoxEdit 允许用户创建和铸造 NFT 资产，这些资产可以进行交易。Sandbox 游戏引擎建立在 Unity 之上，并针对桌面设置进行了优化。

通过 Unity 的通用渲染器（URP），在未来 Sandbox 将有能力支持移动平台的开发，而无须牺牲游戏质量。Unity 游戏引擎还支持自定义、基于体素的模型、索具以及源自 VoxEdit 的各种动画格式。

Sandbox 的游戏属性将使元宇宙变得更加有趣，大大增加用户黏性，确保 Sandbox 在未来元宇宙时代中的领先地位。

（3）Otherdeed

Otherdeed 上是 Yuga 创建的元宇宙项目 Otherside 中的虚拟土地，共 200000 块，每一块都具有不同的环境和资源，如图 5-18 所示。

图 5-18　Otherdeed NFT

Otherdeed 并不是静态的土地，而是会随着用户在游戏中的行为变化而变化。随着时间的推移，Otherdeed 的神秘感将逐渐解锁。

Otherside 的目标是成为一款多人角色扮演游戏，以及一个由玩家运行的可互操作的元宇宙世界。从官方公布的宣传片来看，Otherside 目前支持 CryptoPunks、Nouns、World of Women 等多个 PFP 的加入，未来将会容纳更多 IP。

未来，Otherside 将开放 SDK，供生态开发者们使用。Otherside 的野心不局限于成为一个仅以 BAYC 等 APE 系列为主的元宇宙，而是希望搭建一个元宇宙的基础设施，承载未来整个元宇宙生态。

5.3.3　艺术收藏

从广义的角度讲，在 NFT 领域，具有视觉观赏价值的图片都是艺术。PFP 头像是艺术，甚至类似 Otherdeed 这样的土地外观设计也是艺术。本节仅讨论狭义的艺术，即那些纯粹由艺术家创建的非 PFP 的手绘艺术、数字艺术或生成艺术。艺术和收藏往往相伴相生，尤其是 NFT 领域，收藏品往往也是艺术品，因此在这里一并讨论。

为了便于理解，将 NFT 艺术品按生成方式分为链下生成和链上生成两种。

1. 手绘艺术

手绘艺术指的是艺术家在手绘后扫描、直接用计算机绘制或者手绘艺术元素后用计算机进行随机组合生成的艺术作品。这些作品一般的上链方式为在以太坊上记录 Token ID 和指向 IPFS 的图片链接，而将图片文件存放在 IPFS 上。由于以太坊上无法存储大容量文件，所以绝大多数 NFT 艺术品均采用这种方式。

这种方式是当前传统艺术家向 Web 3 领域进军的主要方式，典型的案例有 Beeple 的数字作品集 Everydays：The first 5000 days（见图 5-19），该作品在佳士得以接近 7 千万美元（69346250 美元）的价格拍卖成功。

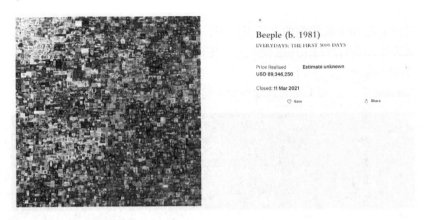

图 5-19　Everydays：The First 5000 Days

2. 生成艺术

（1）链下生成

链下生成的艺术品指的是艺术家通过计算机软件生成的艺术品，这些数字图片在链下生成后再上传到链上。上链方式与手绘艺术品一样。CryptoPunks 采用的便是链下生成方式。

（2）链上生成

链上生成指的是从艺术家设置算法到输出 NFT 都是 100% 在链上完成的生成方式。生成艺术品所需的算法代码脚本存放在区块链上，艺术家创造某些生成规则并添加在代码中，然后该算法根据艺术家设定的规则，通过随机组合图像或图案来自动创建链上艺术品。在作品完成之前，包括艺术家本人在内都不知道作品的最终模样。最知名的链上艺术生成平台是 Art Blocks，其网站界面如图 5-20 所示。

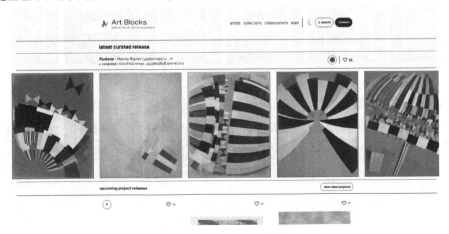

图 5-20　Art Blocks 网站界面

5.3.4 会员凭证

会员凭证是 NFT 最典型的工具类应用。目前，一些 NFT 交易辅助、铸造、抽奖、机器人服务等工具网站均采用这种形式，以下举例说明。

1. Traitsniper

Traitsniper 是一个 NFT 交易辅助平台，其网站界面如图 5-21 所示。

图 5-21　Traitsniper 网站界面

通过 Traitsniper，用户可以轻松查看某个 NFT 的稀有度，通过不同属性对其进行排名，并使用可设定的 Gas 进行购买。同时，Traitsniper 提供高级过滤器和实时警报等工具，帮助用户狙击想要的 NFT。

Traitsniper 发行了 3333 枚 NFT 作为该平台的终身访问通行证，如图 5-22 所示。

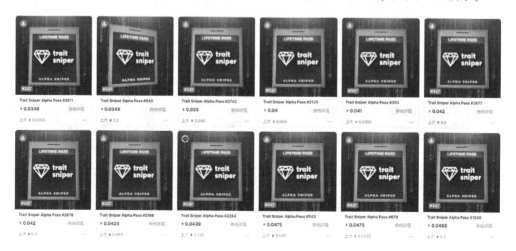

图 5-22　Traitsniper NFT

持有该 NFT 可以享有多项特权，如解锁高级功能、访问合作伙伴项目的白名单以及成为 Traitsniper 未来通证经济的核心受益者。

2. Autominter

Autominter 是一个创建 NFT 项目的简单工具。通过 Autominter，用户无须懂得代码，便可以轻松创建自己的 NFT 项目，并且可以实现生成 Mint 页面、对指定用户空投等功能。

Autominter 除付费会员功能外，还设置了 Autominter Pro Pass 卡的功能，发行了 1000 枚 NFT 充当会员永久凭证，如图 5-23 所示。

图 5-23　Autominter 会员凭证

持有 Autominter Pro Pass 卡的用户可以享受更多的增值功能。

3. Premint

Premint 是一个 NFT 项目白名单抽奖工具，目前已经被很多知名项目使用。Premint 发行了 10000 张 Collector Pass NFT，如图 5-24 所示。

图 5-24　Premint 发行的 Collector Pass NFT

持有 Premint Collector Pass NFT 可以享受更多的网站功能，比如热门项目追踪、私人日历提醒等功能。

4. MEE6

MEE6 是最受欢迎的 Discord 机器人之一，为 Discord 服务器提供诸如角色分配工具、自定义服务器欢迎消息、高度定制服务器调节，甚至等级和经验值跟踪等功能来优化使用体验。MEE6 发行了自己的 Avatars NFT，该 NFT 由 4444 个独特的头像组成，每个头像都有不同的特征和稀有性，如图 5-25 所示。

图 5-25　MEE6 的 Avatars

NFT 持有者可以获得免费使用高级 MEE6 Web 3 功能、访问 MEE6 NFT 私人服务器、领取免费空投等权益。

除了工具网站使用 NFT 作为会员资格凭证外，各种俱乐部、PFP 社区也将 NFT 用作 PASS（通行证）使用。

5.3.5　资产确权

NFT 在资产确权方面的用例除了上述产品之外，最典型的还有对内容资产和游戏资产的确权。

1. 内容资产

使用 NFT 对内容资产进行确权的一个典型案例是 Mirror。

Mirror 是一个在线内容发布平台，Mirror 上的文章可以被铸造为 NFT，由作者掌控其所有权。基于所有权，在 Mirror 上衍生出了所有权经济，如众筹、拍卖、碎片化等。

Mirror 是一个目前较为成功的消费级 Web 3 内容产品，利用 NFT 为内容确权，从而将内容商品化。相对于传统的 Web 2.0 内容平台而言，Mirror 做的不仅仅是信息传播，还有价值传播。

Mirror 为内容创作者提供了一套众筹工具集,解决在 Web 2.0 平台中创作者无法通过内容进行价值变现的问题。同时,早期投资者还可以投资于有价值的内容,从而赚取内容的未来收益。

在 Mirror 打造的内容所有权经济生态中,NFT 的资产确权功能是其核心。

2. 游戏资产

游戏资产也是较为常见的数字资产类别,对游戏资产进行确权也是 NFT 的主要用例之一。

在传统的 Web 2.0 游戏中,用户耗费大量精力创造了自己的游戏资产,但却面临着随时被游戏服务商在后台删除的风险。用户在游戏上倾注了大量的时间,比如铸造宝剑、升级皮肤、修炼法力等,但是,当游戏被服务商关停后,所有这些资产将化为乌有。

同时,在传统的 Web 2.0 游戏中还面临另外一个问题,那就是游戏资产无法在不同的游戏中通用。也就是说,当玩家在游戏 A 中修炼到很高段位时,它的游戏角色无法移动到游戏 B 中。在新的游戏中,玩家仍然需要从最底层的角色玩起。

在 Web 3 游戏中,资产可以 NFT 形式存储在区块链上,任何人无法拿走,并且可以在不同的游戏应用程序中展示。游戏资产属于玩家所有,而不是存储在游戏开发商的服务器上。目前,较为知名的 Web 3 游戏有 Axie infinity、Etherorcs 等。

Web 3 游戏通过 NFT 对游戏资产进行确权,让游戏具有了更多的想象力。

5.3.6　底层原语

NFT 可以充当构建元宇宙的底层原语(最小程序段)。

真正的元宇宙应该是自下而上构建的,因为传统的中心化元宇宙公司(如 Meta)甚至 PFP 驱动的元宇宙项目(如 Otherside)无法形成最底层的共识。这一点必须由一个能够为元宇宙建设提供底层原语的项目来完成。目前,以 Loot NFT (见图 5-26)为底层原语的 Lootverse 正在朝着这一方向发展。

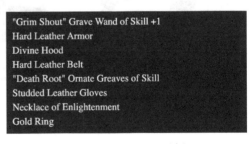

图 5-26　Loot NFT 示例

元宇宙当中需要一套被所有元宇宙都公认的通用身份系统或者装备系统。当玩家持有这套装备的时候可以进入任意的元宇宙当中。玩家的链上年龄、装备的稀有程度被大家所公认,而这个"公认",必须依赖基于底层原语形成的去中心化共识,Loot 即提供了形成这个共识的可能性。

任何以 Web 3 为底层或兼容 Web 3 的元宇宙都可以适配 Loot,当持有 Loot 的钱包登录平台时,平台会自动匹配已经开发好的角色或装备,玩家即自动获得了平台角色。该角色具有 Loot 标识,可以被平台上的其他玩家所识别。

基于 Loot NFT,开发者可以构建各种各样的元宇宙项目,包括角色、装备、土地、游戏等,最终形成一个自下而上的纯粹的社区建设而成的元宇宙。

Mfers ▷

Mfers 是由艺术家Sartoshi
手绘创建的 10021 个独特人物
集合，它的形象是一个坐在计算
机前的简单人物。

Mfers#6392
Holder: 大K

#5121

#1808

#8711

#1571

#8612

#421

#5732

#7577

#8971

Mfer#3464 Holder: EasonLau

第6章 DeFi——Web 3 的经济体系

DeFi（Decentralized Finance，去中心化金融）为 Web 3 原生资产提供流动性，赋予其金融属性，从而使得 Web 3 世界可以自金融化，并形成一套独立于现实世界的经济体系。

本章阅读导图

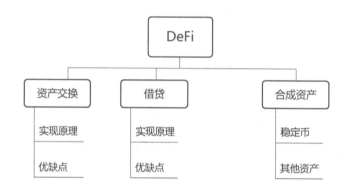

本章阅读指引

DeFi 是什么？它在 Web 3 中扮演什么角色？DeFi 相对于传统金融有何优势？DeFi 到底如何运作？DdFi 如何改变传统金融？

本章从资产交换、借贷、合成资产三个维度进行解答。

DeFi 是 Web 3 中资产流动性问题的解决者，为 Web 3 世界建立起比较健全的金融体系。DeFi 与资产关联极为紧密，必须深刻理解其运作机理。

本章旨在从运作原理上解读 DEX 和借贷的实施流程，并对稳定币等合成资产的核心逻辑进行了阐明。

6.1 DEX——提供资产交换服务

DEX 全称为 Decentralized Exchange，即去中心化交易所。去中心化交易所旨在建立一个点对点的交易市场，用户无须将资产管理权交给中间托管人，而是直接进行交易。整个交易过程通过区块链上的智能合约自动完成，无须任何人工干预。

DEX 符合 Web 3 精神，避免了中心化平台存在的风险，为 Web 3 用户自由交换资产提供了解决方案。

6.1.1　DEX 实现原理

DEX 的实现方式主要有订单簿、AMM（自动做市商）和混合模式三种，如图 6-1 所示。

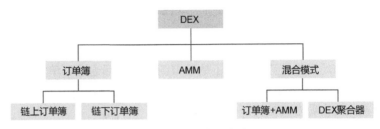

图 6-1　DEX 实现方式

值得注意的是，订单簿同时也是 CEX（Centralized Exchange，中心化交易所）的主要实现方式，而 AMM 则是一个专属于 DEX 的重大创新。

1. 订单簿

（1）交易制度

交易平台的本质是为买卖双方提供撮合服务，传统的金融市场目前主要有两种交易制度，竞价制度和做市商制度。两者的主要区别如图 6-2 所示。

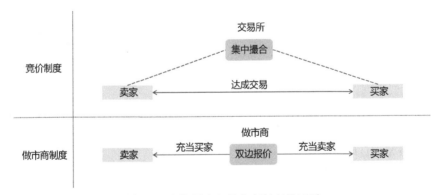

图 6-2　竞价制度和做市商制度的区别

竞价制度指的是投资者通过网络把买卖指令传输到交易所，交易所的计算机主机根据时间优先、价格优先的原则，将买卖指令撮合成交，形成连续的成交价格。根据价格的形成机理，这种交易方式又可以叫作指令驱动（Order Driven）制度。

做市商制度指的是由做市商（Market Maker）为交易者提供买卖双边报价的交易模式。做市商向市场同时报出买价和卖价，市场的买家和卖家根据报价与之成交，而不是卖家与买家直接成交。这种方式通过做市商的报价更新来引导成交价格发生变化，所以叫作报价驱动（Quote Driven）制度。

由于两种交易制度各有优劣，当前全球主要的证券交易市场（如纳斯达克等）一般采用两者混合的交易制度。在这两种制度中，做市商制度占据着主要地位，而且作用越来越大。

做市商相当于中介，为交易平台提供了流动性。流动性是交易平台的核心命脉，对于加密交易平台尤其如此。加密市场与传统金融市场相比，体量很小，用户基数也不大，一旦没有做市商做市，必然会面临流动性缺乏的情况。因此在加密 CEX 中，做市商扮演着极为重要的角色。

（2）订单簿机制

传统的证券市场无论是竞价制度还是做市商制度，都通过订单簿机制实现撮合。加密 CEX 由证券市场演化而来，与其具有同样的基因，自然也采用订单簿机制。

订单簿机制的实现方式是将订单挂至订单簿上，以价格作为信号进行交易。在竞价制度中，撮合是按最有利于交易双方的价格买卖资产。同样，做市商制度中，做市商必须事先报出买卖价格，交易者在看到报价后进行交易。订单簿机制的运行原理如图 6-3 所示。

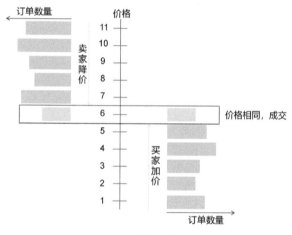

图 6-3 订单簿机制运行原理

订单簿展示所有未结订单的记录，包括买单和卖单。买单表示交易者愿意以特定价格购买或竞标资产，而卖单表示交易者愿意以特定价格出售资产。对于买方，订单簿价格从高到低排列；对于卖方，订单簿价格从低到高排列。如果出现价格相同的情况就撮合成交。这些价格之间的价差决定了订单簿的深度和交易所的市场价格。

（3）DEX 的订单簿模式

一部分 DEX 采用和 CEX 一样的订单簿模式来实现去中心化交易。它们所采用的订单簿有两种类型：链上订单簿和链下订单簿。

在链上订单簿模式中，所有买卖挂单都存储在区块链中的订单簿上，订单簿中的订单会根据设定的买卖盘条件进行订单撮合和交易结算。链上订单簿没有中心化的自动撮合机制，由智能合约对买卖双方的订单进行匹配。同时，用户的操作如充值、挂单、结算、提现等全部由智能合约完成，每笔交易均需要在链上确认。

链上订单簿模式的交易流程全部在链上，因此安全性较高，但也带来了交易速度慢、费用高等缺陷。采用链上订单簿模式的代表案例有早期以太坊的 DEX 以德（EtherDelta）。

链下订单簿采用的是链下订单撮合+链上结算的方式。这种方式属于半中心化，在链下以中心化的方式完成订单撮合，然后在链上完成最重要的资产清算环节。链下订单簿有助于降低交易成本，提高交易速度，但去中心化程度较弱。采用这种模式的 DEX 有 dXdY、Loopring 等。

2. AMM

AMM 全称为 Automated Market Maker，即自动化做市商。AMM 与订单簿的原理完全不同，它不是匹配买单和卖单，而是使用数学公式来直接为资产定价并使用流动性池为用户提供服务。

在 AMM 中，也存在类似于订单簿的交易对，如 ETH/USDT。但是，交易者不是与其他的交易对手进行交易，而是通过智能合约与流动性池进行交互。AMM 不需要用户去挂单，而是直接根据算法计算出两个资产之间相互交易的汇率，实现即时交易。例如，ETH/USDT 池可以让人们用 ETH 换 USDT 或者用 USDT 换 ETH。

AMM 由一系列流动性池组成，如 ETH/USDT 池、ETC/USDC 池、WBTC/ETH 池等。任何人都可以向 AMM 协议发送两个相同价值的资产，从而创建池。例如，存入 1ETH 和 1000USDT 即可创建 ETH/USDT 池（假设 ETH 市场价为 1000USDT）。当然，也可以在已有的池中存入资产，为池提供更多的流动性。流动性提供者被称为 LP，可以获得交易手续费分红。

AMM 通常使用一个简单的公式：

$$X \times Y = K$$

X 和 Y 表示流动性池中交易对资产的数量，K 是一个常数。这个公式用来确定将一种资产交换为另一种资产的价格。

以 ETH/USDC 交易对为例，假设 ETH 目前的交易价格为 1000USDT，现在交易池中有 10ETH 和 10000USDT，则常数 K 等于 100000。

如果用户 A 现在卖出 1ETH，按照一般逻辑，用户 A 应当收到 1000USDT，因为这是当前的市场价格。但是，在 AMM 中，当用户 A 卖出 1ETH 时，池中数量将变为 11ETH。为了维持 K 的恒定，USDT 数量将变成 100000/11 = 9090.91。因此，用户 A 能获得的 USDT 数量是 10000-9090.91 = 909.09。

原本应换到 1000USDT，实际收到 909.09USDT，这其中的差额便是所谓的"滑点"。在本例中，滑点为（1000-909.09）/1000 = 9%。为了降低滑点，流动性池中必须存入足够多的资产，也就是提高资产锁仓量。因此在 AMM 中有一个很重要的指标，即总锁仓量（Total Value Locked，TVL）。对于流动性提供者而言，面临的风险是存入流动性池的资产价格和退出时的资产价格不一样，从而承担无常损失。由于在 AMM 中，资产定价在链上完成，不和外部市场相通，链上价格完全依赖套利者进行修正，从而与外部市场价格保持一致。从本质上讲，套利者获得的利润实际上就是流动性提供者的无常损失。

采用 AMM 模式的 DEX 有 Uniswap、SushiSwap、Curve、Balancer 等。

3. 混合模式

（1）订单簿+AMM 机制

订单簿和 AMM 两种机制各有优劣，因此出现了兼具两种机制、取两者之长的混合模式，IDEX 便是其中之一。

IDEX 提出了"混合流动性（Hybrid Liquidity）"的概念，将订单簿和 AMM 的优势结合起来，形成了一种新的机制。IDEX 同时构建了 AMM 型的链上兑换池和基于链下撮合的订单簿系统，然后通过映射系统将 AMM 兑换池内的价格曲线量化为一个个不同价格水平的订单，并与链下撮合订单同时放在订单簿上，最后由交易引擎自动匹配不同的订单组合，为用户找到成本最优的交易路径。

此外，波卡生态的 Polkadex 也是这种混合机制的探索者。

（2）DEX 聚合器

用户在使用 DEX 时面临选择难题，市场上有数十种 DEX 可以选择，每一种都具有不同的特性，找到适合的 DEX 费时费力。DEX 聚合器旨在解决这个问题。

DEX 聚合器把已有的 DEX 整合起来，集中到一个仪表板上，用户只需要单击几下就可以根据自己的需要连接到合适的 DEX，完成资产交互。使用 DEX 聚合器面板可以从资产价格高低、滑点高低、交易费用高低、锁仓量高低等维度对 DEX 进行排序，极大地提升了用户对 DEX 的使用体验。

目前较为知名的 DEX 聚合器有 linch、Matcha 等。

6.1.2　DEX 优缺点

（1）DEX 的优点

DEX 主要有三大优点，如图 6-4 所示。

1）无需审查。CEX 需要对上市的资产进行审查，以确保符合当地的法规。而 DEX 则无需任何审查，任何人都可以在其上创建流动性池，从而为资产交换提供服务。

图 6-4　DEX 的优点

2）匿名交易。用户在 CEX 交易中需要提供个人信息进行验证，从而暴露了真实身份。DEX 则不同，用户只需要连接钱包就可以进行交易。

3）资产安全。在 DEX 中，用户自行保管资产，而不是将资产托管在第三方，从而避免了由第三方带来的潜在风险。在过去，曾发生过多起 CEX 资产被黑客盗取的案例。另外，CEX 存在私下挪用户资产甚至直接跑路的风险。

（2）DEX 的缺点

由于 DEX 尚处于早期阶段，不可避免地存在一些缺点，如图 6-5 所示。

图 6-5　DEX 的缺点

1）费用较高。就交易手续费而言，DEX 与 CEX 相差无几。但是，DEX 所需要的链上操作带来了高昂的 Gas 费，这使得 DEX 的交易总成本远高于 CEX。

2）交易延迟。DEX 在链上执行订单时需要等待节点的确认，导致订单完成效率远低于 CEX。这一点需要依赖公链基础设施的完善方能改进。

3）流动性差。目前 DEX 的用户量远低于 CEX，同时流动性提供者数量也不多，这些因素决定了 DEX 中资产的流动性要比 CEX 要差。

4）合约漏洞。合约漏洞是 DEX 资产安全的潜在威胁，此前已发生多起黑客攻击 DEX 窃取资产的事件。

6.2 DeFi 借贷——提升资产利用效率

借贷的目的是提高资金利用效率，这一点与传统金融世界并无二致。当用户需要资金，同时认为自己的资产未来会升值而不愿意出售时，便可以通过抵押借贷获得资金。同时，通过 DeFi 还可以实现无抵押贷款。

6.2.1 DeFi 借贷的实现原理

DeFi 借贷主要有以下几种方式。

1. 点对点借贷

点对点借贷可以理解为基于订单簿的撮合交易，通过借贷协议将贷方和借方匹配起来，促成交易。在这个过程中，借贷协议的智能合约充当"中介"和"担保方"角色，它对借方的资产价格和风险进行评估并提供给贷方。贷方根据评估结果决定是否借款给贷方。

在点对点借贷模式中，贷款时间和利息都是固定的，用户无法随借随还。当借方无法还款时，智能合约自动执行清算。

较为知名的点对点借贷协议有 Dharma 等。

2. 点对合约借贷

点对合约借贷指的是用户直接向智能合约进行借贷，最典型的点对合约借贷平台是 Maker DAO。在 Maker DAO 中，用户可以抵押主流数字资产，借出 DAI。DAI 是由 Maker DAO 发行的稳定资产，与 USDT 类似，1DAI 锚定 1 美元。

3. 资金池借贷

资金池借贷的逻辑和传统银行一样，以流动的资金池方式聚集贷方的资金，并将资金借给借方。在这个过程中，供求平衡和利率设定都通过算法来进行。资金池借贷的原理如图 6-6 所示。

通过建立资金池的方式，存款人可以随时存入和取回资产，而借款人可以随时

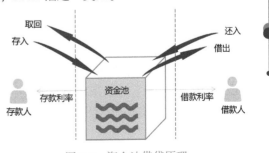

图 6-6 资金池借贷原理

借出和还入资产。智能合约根据资金池里面的资金进出情况，实时调整存款利率和借款利率。

Compound 是典型的资金池借贷平台。借款人从 Compound 借钱须超额抵押加密资产（如 ETH）以借出稳定资产（如 USDT）。池子流动性（贷方提供的货币总数量和借方的需求总数量之间的比率）的大小决定了贷款和借款的利率。

另外，大部分借款平台都会引入挖矿玩法，即发行平台通证，奖励给存款方和借款方。

4. 闪电贷

闪电贷指的是在极短时间内完成链上贷款与还款。这里的"极短时间"指的是在一个区块时间或者一笔交易内。

闪电贷无须抵押任何资产，只需要支付手续费即可获得贷款，但是需要在极短时间内归还。因此，闪电贷一般用于套利交易、自我清算、偿还借款等。

作为一个纯链上的行为，闪电贷必须用智能合约实现。众所周知，区块链上的交易都需要矿工记录在区块中，并且经过全网大部分节点确认之后方可生效。这意味着，在区块完成打包前，其中记录的交易可以撤销。因此，在一个区块时间内，可以完成一次完整的借贷交易。这个借贷流程由智能合约执行，如果借款人没有偿还贷款，则所有交易回滚，相当于借贷行为没有发生。闪电贷正是通过这种方式实现了无抵押贷款。

6.2.2 DeFi 借贷优缺点

1. DeFi 借贷的优点

DeFi 借贷拥有五大优点，如图 6-7 所示。

图 6-7　DeFi 借贷的优点

1）免许可。任何人，无论身在何处或资金多少，都可以随意使用 DeFi 应用，无须获得许可。

2）高效率。DeFi 贷款的效率非常高，无须经过像传统借贷那样烦琐的审批，一旦获得批准，资金马上就会到账。

3）可追溯。一旦某个地址在链上发生逾期，则该记录将永远存储在区块链上，甚至与该地址相关联的地址都会纳入贷款平台的评估范围。

4）易储蓄。DeFi 借贷平台可以让用户更加便捷地进行储蓄，并通过聚合器将储蓄收益最大化。

5）能编程。智能合约具有互操作性，因此不同 DeFi 协议之间可以相互集成，衍生出多种形式的 DeFi 应用。

2. DeFi 借贷的缺点

当前，DeFi 借贷也有一些缺点，如图 6-8 所示。

图 6-8　DeFi 借贷的缺点

1）流动性差。DeFi 的资金体量非常小，和传统金融相比是九牛一毛。因此，当 DeFi 用户量增加的时候，借贷市场将会面临流动性问题。

2）扩展性弱。由于 DeFi 建立在区块链上，而当前公链的性能尚不能和传统金融基础设施媲美，所以 DeFi 应用经常面临交易缓慢且费用昂贵等问题。

3）清算风险。由于加密资产存在较大的波动性，一旦质押的资产价格达到临界线，就会触发智能合约的自动清算。

4）安全风险。由于智能合约可能会存在漏洞，一旦被黑客攻击，整个资金池的资产将面临被盗的风险。

6.3　合成资产——建立 Web 3 资产桥梁

合成资产指的是与真实资产价格挂钩的衍生品。这里的真实资产可以是现实世界中的资产（如法定货币等），也可以是区块链原生资产（如比特币等）。

合成资产与真实资产的价值进行锚定，在链上"凭空"创造出来。合成资产建立了链上资产与链下资产、衍生资产与原生资产之间的桥梁，极大地丰富了 DeFi 的应用场景。

6.3.1　稳定币

稳定币是典型的合成资产，比如 USDT、DAI、AMPL 等。稳定币对标以美元为主的法定货币，实现 1：1 锚定，为 Web 3 世界的经济体系提供了可以流通的货币。

稳定币主要有两种实现形式，即有抵押型和无抵押型。有抵押型稳定币又分为两种，一种是用法定货币抵押，一种是用加密资产抵押。无抵押型稳定币主要指算法稳定币，即通过算法维持价格稳定的稳定币。

1. 法定货币抵押型稳定币

这种稳定币的逻辑很好理解，用户每向稳定币平台存入 1 美元，平台就在链上为用户发行 1 枚稳定币。反之，用户随时可以把稳定币放入平台，并提取等额美金。

以 USDT 为例，用户向 Tether 公司存入美元得到 USDT，同时也可以用 USDT 从 Tether 公司赎回美金，不过在实际操作当中存在以下问题。

1）质押多样化。USDT 的质押资产并不是 100% 由美元组成，而是还包括商业票据、国债等美元等价物，美元只是在其中占据一定比例。

2）赎回门槛高。用户都用 USDT 向 Tether 公司赎回美金时，需要较为复杂的流程，并且需要支付手续费。

2. 加密资产抵押型稳定币

除了法定货币及其等价物可用于抵押外，当前市值较大、流动性好的加密资产（如 BTC、ETH 等）也可以用于抵押。加密资产抵押稳定币的典型代表是由 MakerDAO 发行的 DAI。

MakerDAO 是一个抵押发行协议，用户将资产抵押到智能合约之后，会获得一个抵押凭证。智能合约会根据当前市场价格，按照一定比例为用户发行稳定币 DAI。如果抵押资产价格大幅度下跌，在接近发行额度时，会触发清算机制，智能合约就会自动卖出抵押资产，避免发生损失。

3. 算法稳定币

算法稳定币不依赖任何外部资产，试图通过算法实现价格恒定。

算法实现稳定的一般原理是对市场上的流通货币量进行动态调节，当稳定币价格高于锚定价格时增加市场供给，稳定币价格低于锚定价格时收缩市场供给，或者通过提供套利空间来平衡价格。

典型的算法稳定币案例有 AMPL、BAC 等。

（1）AMPL

AMPL 由 Ampleforth 发行，是一种基于 Rebase（复位基底）模式的算法稳定币。AMPL 通过不断调整用户的账户余额来平衡价格。当 AMPL 价格高于 1 美元时，所有用户账户的 AMPL 余额会同时增加。总量增加使得 AMPL 价格被稀释，直至回到 1 美元。同样的道理，当 AMPL 价格低于 1 美元时，所有用户账户的 AMPL 余额会同时减少。总量减少使得 AMPL 价格被推高，最终回到 1 美元。

（2）BAC

BAC（Basis Cash）由 Basis 发行，是一套三通证联动体系支撑的稳定币。除了主通证 BAC 之外，另外两种通证是 BAS（Basis Share）和 BAB（Basis Bond）。BAS 和 BAB 用于对 BAC 进行价格调节。

BAC 的三通证体系模仿了现实中的货币调控体系，试图通过央行的印钞和债券机制实现货币价格的稳定。在这个体系中，BAC 相当于现金，BAS 相当于印钞的央行，BAB 相当于债券。

当 BAC 的价格高于 1 美元时，系统会对 BAS 持有者增发 BAC。此时，BAS 持有者会卖出免费获得的 BAC，拉低 BAC 的价格。

当 BAC 的价格低于 1 美元时，系统会发行"债券"BAB，BAB 与 BAC 始终保持1：1的兑换关系，BAB 只能用 BAC 兑换。用户在 BAC 价格低于 1 美元的状况下买入 BAC 并兑换成 BAB，当 BAC 价格回到 1 美元时，可用 BAB 换回 BAC，并出售 BAC 进行套利。通过这种方式，可降低市场上 BAC 的流通量，从而推高其价格。

尽管算法稳定币看起来设计精妙，但在实际使用当中存在诸多问题。究其根本，是因为算法稳定币不管如何设计，始终缺乏价值锚定，是"无本之木"。

6.3.2　其他合成资产

1. 合成加密资产

对加密资产进行合成的典型案例是将比特币合成到以太坊上，由此诞生了 WBTC、imBTC、TBTC 等合成资产。它们的作用是将比特币的价值带到以太坊上，使得比特币的用户也能参与到 DeFi 生态当中。同样的道理，此类合成资产也可以实现其他公链与以太坊直接的价值互通。

WBTC 等合成资产的实现逻辑和法定货币抵押型稳定币类似：通过质押比特币，按照 1 : 1 比例发行合成资产；通过销毁合成资产，赎回比特币。

尽管实现原理相同，但是 WBTC、imBTC 和 TBTC 之间的资产质押和发行方式各有不同。

WBTC 是最早上线的 BTC 锚定币，它的很多机制对后来者提供了参考作用。WBTC 的运行机制中有三个关键角色：WBTC DAO、承兑商和托管商。WBTC DAO 是生态治理组织，承兑商和托管商负责 WBTC 的发行和销毁以及 BTC 的保管。尽管 WBTC 的发现机制不完全在链上，但是 WBTC DAO 由多家机构共同组成，并采用多重签名合约控制的公开透明的决策流程。因此，WBTC 是一个半去中心化的比特币合成资产。

imBTC 是由去中心化交易所 Tokenlon 负责发行、托管和承兑的比特币合成资产，相对于 WBTC，imBTC 的运作机制较为中心化。但是，imBTC 背靠 imToken 钱包，拥有不错的流动性，同时，imBTC 还可以获得手续费分成。

TBTC 是由 KEEP Network 推出的比特币合成资产。和 WBTC、imBTC 不同，TBTC 的铸造、销毁以及托管都是完全去中心化的，全部通过智能合约在链上完成。TBTC 依靠博弈论和激励经济驱动生态运作，无需用户进行 KYC（Know Your Customer，客户验证）和 AML（Anti-Money Laundering，打击洗钱）。

除了比特币之外，还有很多以太坊等原生加密资产的合成资产，比如由 Lido 发行的拥有以太坊流动性质押的 stETH 等。

2. 合成传统资产

除了可以将现实世界中的法定货币合成资产（即稳定币）之外，还可以把黄金、石油、股票等现实世界中的资产和金融商品带入区块链世界，变成合成资产。

传统资产的合成资产中，最具代表性的当属美股合成资产，如 uSTONKS。uSTONKS 是 Yam Finance 团队基于 UMA Protocol 发行的通证，旨在追踪 Reddit Wall-StreetBets 上的前 10 名股票。在主流的合成资产平台中，Mirror Protocol 是目前最大的美股合成资产平台，支持谷歌、苹果、特斯拉等数十种美股资产。

3FACE ▶

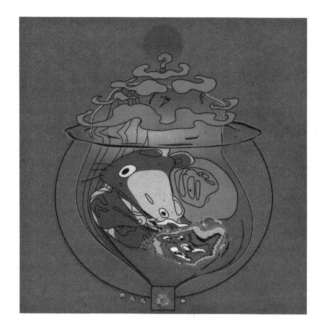

3face#686
Holder：asd.eth

3FACE 是由美国艺术家 Ian Cheng 和艺术平台 Outland 合作发行的动态艺术品，它可以根据链上数据来实现动态变化。

每个 3FACE 作品通过读取所有者的钱包和公共交易数据来做出相对应的变化，当它被转移到不同地址或者同一地址下的数据发生变化时，它的元数据、组合机构、视觉内容也会相应发生改变。

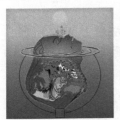

#1600

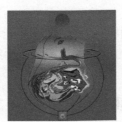

#1795

#647

#242

#235

#1134

#2208

#1964

#327

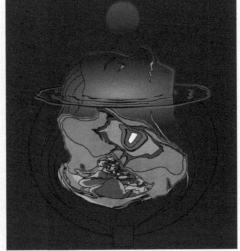

#1672　Holder：星夜

第 7 章　DAO——Web 3 **的治理方式**

由于 Web 3 的去中心化特性，传统的中心化公司制已经无法用于 Web 3 项目。Web 3 项目需要与之匹配的分布式协作去中心化自治组织，这种组织就是 DAO。DAO 将从根本上重塑人类社会的协作方式。

本章阅读导图

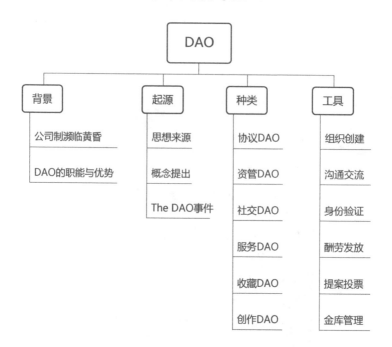

本章阅读指引

什么是 DAO？它为何能取代公司制？DAO 有哪些种类？用于创建 DAO 的工具有哪些？本章从背景、起源、种类、工具四个维度进行解答。

绝大部分的 Web 3 项目都使用 DAO 进行社区治理，参与 Web 3 项目时，会不可避免地接触到 DAO。因此，深入理解 DAO 运作方式显得尤为重要。同时，对于 Web 3 项目方而言，如何高效建立 DAO 是一项重要任务。

本章涵盖了主要的 DAO 种类，并详细讲解了它们的运作原理。同时，对目前构建

DAO 的主要工具进行了说明。

7.1　为什么是 DAO

为什么 Web 3 会采用 DAO 的形式进行治理和协作，而不采用公司制？这是因为，公司制是中心化机制的产物，它与 Web 3 的去中心化、公开透明精神格格不入。

7.1.1　公司制濒临黄昏

自 17 世纪东印度公司诞生至今，公司制已经运作了 400 多年。这段历史是人类社会生产力高速发展的历史，也是人类社会协作方式从分散式向中心化演进的历史。公司凝聚了众多生命个体，是强于个人分散劳动的经济动力，使得血缘、地缘联系之外陌生人之间的合作成为可能。可以肯定地讲，公司制是迄今为止最为高效的经济组织形式，为推动人类社会发展做出了突出贡献。

但是，随着社会化效率的大幅度提升，人们对公平的需求日益突出。公司制所具有的中心化弊病逐渐显现，公司制建立的信任正在走向崩溃的边缘。

公司本质上是一个受各方信任的法律实体，这个"信任"由公司章程、股东名册、营业执照等契约文书，公司法等法律文件，银行、市场监督机构等第三方机构共同发挥作用而形成。股东为公司出资，员工为公司打工，用户购买公司的产品，这一切都源于对公司的信任。然而，公司却在使用各种手段欺瞒股东、员工和用户。最典型的案例是 2008 年宣布倒闭的雷曼兄弟。

雷曼兄弟的倒闭直接引发了全球金融危机。表面看来，雷曼兄弟倒闭的主要原因是次贷危机。实际上，这是一次信任危机。在 2010 年披露的一份文件《雷曼兄弟破产调查报告》中，可以清楚地看到，雷曼兄弟在倒闭前就长期涉嫌财务造假和亏损隐瞒。

报告显示，雷曼兄弟通过多种方式隐藏公司债务、降低财务杠杆比例，进而维持其信用评级。通过对财务报表进行造假，雷曼兄弟在 2007 年第四季度隐瞒了 390 亿美元问题资产，2008 年第一、第二季度则分别隐瞒了 490 亿美元、500 亿美元问题资产。这些问题资产被掩盖导致了危机集中爆发，进而直接促成了雷曼兄弟的倒闭。

在这个过程当中，负责雷曼外部审计的安永会计师事务所早已意识到雷曼兄弟公司的交易超越会计准则，但却未向任何一方发出警告，甚至对发现问题的报告置之不理，导致风险扩大。

雷曼兄弟的问题并非个例。目前，上市公司财务造假事件屡见不鲜。这不仅是公司运营者本身的问题，而且是包括相关规则和监管制度在内的一整套公司制度的根本问题。从某种意义上说，这也是中心化公司制的先天缺陷。

7.1.2　DAO 的职能和优势

1. DAO 的概念

DAO 的全称是 Decentralized Autonomous Organization，即去中心化自治组织。DAO

是一种新型组织体系,不依赖于管理者的中心化调度,而是基于相同的规则,在公开透明的前提下进行分布式决策和协作。

DAO 的核心在于智能合约,通过将流程写入代码中,实现了透明决策和自动执行。任何人,包括 DAO 成员或其他人都无法对 DAO 的规则或决策结果进行更改,实现了完全的公平公正。

2. DAO 的职能

总体而言,DAO 组织有七种职能,如图 7-1 所示。

图 7-1　DAO 的职能

(1)协议升级

投票决定是否对智能合约进行升级,或者将用户迁移到新版本中,比如 DEX。

(2)参数调整

投票调整 DeFi 应用中的贷款利率,或决定是否在借贷市场添加新的抵押资产等,比如 Compound 等借贷平台。

(3)流程改进

发起流程改进提案并进行讨论,比如改进和优化 DAO 的工作流程等。

(4)资产处理

共同决定 DAO 金库资产的处理方式,比如将 DAO 金库中的奖金发给突出贡献者,或者投资 NFT 等加密资产。

(5)人员变动

投票决定管理者的去留问题,比如对 CEO 人选的最终确认等。

(6)路线制定

制定项目的路选图和未来愿景,共同确定项目的未来发展方向。

(7)其他决策

上述职能之外的其他决策,比如对因协议漏洞导致损失的用户进行赔偿、DAO 成员的分红等。

3. DAO 的优势

DAO 主要有四大优势,如图 7-2 所示。

(1)权力下放

和传统公司不同,DAO 的所有权、经营权和监督权不再集中于股东、管理层、监事等手中，而是下放给所有的 DAO 参与者。

图 7-2　DAO 的优势

DAO 属于每一个在其中创造价值的人，包括用户、开发者、创作者、战略伙伴等。每一个对 DAO 组织做出贡献的人都是 DAO 的拥有者。

DAO 的每一个参与者都可以参与其提案投票，从而参与到经营事务的决策中来。

DAO 的每一个参与者都可以对其进行监督，包括提案执行状况、资金使用状况等。

（2）自我组织

DAO 的运作方式不再是员工按照公司的要求行事，而是由参与者自我发起和组织实施。在遵守 DAO 总方针的前提下，DAO 成员只需要选择自己认为最好的方式为 DAO 组织做出贡献即可。DAO 成员可以发起提案，并从 DAO 获取资源，组织实施。

DAO 成员和 DAO 不再是从属关系，而是平等自愿的合作关系。

（3）流程透明

传统的公司组织流程缺乏透明性，流程是否被完整、准确记录，用户不得而知。而 DAO 的规则基于开源代码，DAO 成员的活动是链上操作，一切都是公开透明且不可篡改的。

（4）开放包容

传统的公司组织需要验证成员身份，成员符合一定条件方可进入，而且在这个过程中成员需要提供必要的个人信息。而在 DAO 组织中则不同，世界上任何一个人只要连上互联网就可以参与协作，而且无须透露身份信息。

DAO 的这种机制带来的好处是可以消除种族、性别、国籍等身份歧视，带来平等、包容的参与体验。

7.2　DAO 的起源

最早的 DAO 思想在区块链诞生之前已经产生，只不过 DAO 概念在以太坊出现之后才被正式提出。The DAO 事件尽管以失败告终，但它是最早的一次 DAO 试验。

7.2.1　DAO 的思想来源

1997 年，德国计算机科学教授维尔纳·迪尔格（Werner Dilger）发表了一篇题为《基于免疫系统原理的智能家居去中心化自治组织》的文章。在文章中，他将 DAO 定义为一个自给自足的自治系统。由此可见，DAO 的思想起源远早于区块链的出现。

类似 DAO 的思想也出现在美国作家丹尼尔·苏亚雷斯（Daniel Suarez）在 2006 年

出版的小说《Daemon》中。在该书中，Daemon 是一个计算机程序，在开发它的程序员去世之后它开始重新构建世界秩序。

Daemon 是一个分布式的、永久存在的计算机程序，它秘密接管了数百家公司，用算法建立了一个全球化的分布式自治组织。这个组织通过激励机制在现实世界招募特工，通过专用网络 Darknet 进行成员之间的信息传递。

Daemon 已经具备了 DAO 的基本特征，比如分布式协作、激励经济等。它不是一个发号施令的中心实体，而是一套去中心化协作的基础设施。遍布全球的 Daemon 成员基于这套公开透明的规则为组织做出贡献，并领取赏金。

7.2.2　DAO 的概念提出

2013 年，BitShares 创始人丹尼尔·拉里默（Daniel Larimer，又称 BM）在播客 Let's Talk Bitcoin 中谈到了接近 DAO 的概念 DAC（去中心化自治公司）。

2014 年，以太坊创始人维塔利克·布特林（Vitalik Buterin）在其发表的文章 DAOs，DACs，DAs and More：An Incomplete Terminology Guide 中对 DAO 及其相关术语进行了深入阐述。这些术语包括 "AA" "DA" "DO" "DAC" 等。

AA 指的是 Autonomous Agent，即自主代理。自主代理属于自动化范畴，在自主代理中，根本不需要特定的人参与。当前最成功的自主代理案例是计算机病毒。病毒在计算机之间自我复制和裂变，甚至能够自我进化和变种。

DA 指的是 Decentralized Application，即去中心化应用，也叫 DApp。DApp 基于区块链开发，是 Web 3 的应用层，直接面向用户提供服务。

DO 指的是 Decentralized Organization，即去中心化组织。DO 将组织进行去中心化，它不是由一些人通过法律体系的约束进行协作并控制财产来管理的层次结构，而是根据开源代码中已经写好的协议在区块链上进行交互。

DAO 相对于 DO 增加了自治（autonomous）。DA 和 DAO 之间的主要区别在于 DAO 具有内在价值。也就是说，DAO 包含价值，而且这些价值可以通过某些机制奖励给参与者。

DO 和 DAO 之间的主要区别在于"自治"一词。也就是说，在 DO 中，做出决策的是某个人或者某一群人，而在 DAO 中则是以某种方式自行做出决定，这个过程无须人为干涉。DAC 指的是 Decentralized Autonomous Corporation，即去中心化自治公司。DAC 本质上是 DAO 的一个细分类别，但是 DAC 包含股份的概念，用户可以某种方式购买和交易股份，股票具有分红权，用户可以获得持续收益。相比之下，DAO 是非营利组织，要想赚钱必须参与生态系统，而不是投资获得股份。

7.2.3　The DAO 事件

说到 DAO 的发展史，不得不提到 The DAO 事件。

The DAO 是最早构建在以太坊上的 DAO，在 2015 年 5 月众筹 1.5 亿美金，获得了意想不到的成功。The DAO 项目的愿景非常宏大，旨在构建一个真正的去中心化组织。

在 The DAO 中，项目成员可以决定项目资金的用途、对重大项目进行决策投票等。

　　但是，The DAO 最终失败了。黑客攻击了 The DAO，盗取了巨额资产。而且这次事件直接导致了以太坊的硬分叉。

　　2016 年 6 月，黑客利用 The DAO 代码里的一个递归漏洞不停地从 The DAO 资金池里分离资产，然后利用 The DAO 的第二个漏洞将分离后的资产转移到其他账号。黑客利用这两个漏洞进行了 200 多次攻击，总共盗走了该项目筹集资金总数目三分之一以上的资金。

　　The DAO 项目被盗的资金巨大，危及整个以太坊网络，引发社区恐慌。以太坊创始人维塔利克、以太坊开发团队和整个以太坊社区心急如焚，展开了针对挽救方案的紧急讨论。

　　最后，大家决定采纳维塔利克的建议，对以太坊实施硬分叉。2016 年 7 月 20 日晚，以太坊硬分叉成功，分叉之后形成了两条链，一条是新的分叉链以太坊（ETH），一条是以太经典（ETC）。

　　虽然 The DAO 失败了，但是对后续人们 DAO 的探索起到了积极的推动作用。

7.3　DAO 的种类

　　DAO 的种类主要有六个，如图 7-3 所示。

图 7-3　DAO 的种类

1. 协议 DAO

　　协议 DAO 的作用是开发和管理 Web 3 协议，是侧重于技术的 DAO。

　　MakerDAO 就是一个典型的协议 DAO，它取代了公司制下的中心化团队，负责全面推动 MakerDAO 协议运营的所有工作，包括调整利率、添加/删除抵押资产以及核心部门成员任免等。经过多年发展，MakerDAO 的运作机制目前已经非常成熟。MakerDAO 由 15 个核心单元组成，每个单元都有对应的任务和预算，由一个或多个协调人管理，对组织的贡献者进行协调和奖励。

　　Compound、Uniswap 和 Sushiswap 等 DeFi 项目也由协议 DAO 进行管理。

2. 资管 DAO

资管 DAO 以投资 DAO 为主，也包括投资 DAO、众筹 DAO 等以资产管理为主要目的的 DAO。

投资 DAO 负责控制 DAO 金库中的资金，并使用这些资金来发起并管理投资。投资 DAO 的主要目的是为成员创造利润，这点与私募基金或对冲基金类似。投资 DAO 可以聚合多个独立投资者的经验和洞察力，从而形成"集体智慧"和"群体智慧"，更准确地做出投资决策。同时，DAO 允许所有利益相关者跟踪资金支出，从而保证资金使用公开透明。

典型的投资 DAO 有 BitDAO 和 MetaCartel 等。在 BitDAO 中，BIT 通证持有者通过投票决定各种投资策略，并为 DAO 金库实现收益。BitDAO 宣称其对 Web 3 项目的投资额已超过 38 亿美元。MetaCartel 则建立了以社区为中心的会员制，并与线下法律实体相结合，提供合规的风险投资服务。

投资 DAO、众筹 DAO 等一般充当其他 DAO 的子项目，承担资产管理功能，并通过多签钱包防止个人舞弊行为。

广义的资管 DAO 也包括保险 DAO、信托 DAO 等。

3. 社交 DAO

DAO 以社交为前提，但是 Meta 等中心化平台建立的是弱社交关系，用户之间主要进行信息交换，而没有价值交换。社交 DAO 旨在让社交关系变得更加紧密，形成强关系。通过加密技术，社交 DAO 可以过滤黏性不高的会员。比如，KarmaDAO 使用通证作为访问其封闭 Telegram 群组的门槛，FWB（Friends with Benefits）的 Discord 也采用了类似的做法。

社交 DAO 负责管理一个共享社交空间，为成员营造文化并组织活动。社交 DAO 围绕艺术、游戏、娱乐等主题展开，类似于俱乐部。比如 BAYC，它通过艺术传递价值观，从而形成具有某种共识的俱乐部。而 BAYC NFT 则是进入这个俱乐部的门票。

4. 服务 DAO

服务 DAO 类似于中介机构的角色，进行资源的对接和匹配，比如人力资源。以 RaidGuild 为例，它将 Web 3 开发者和设计师人才聚集在一起，通过分布式协作的方式，为客户提供 Web 3 产品整体开发服务。

另一个著名的服务 DAO 案例是 PartyDAO。PartyDAO 是一个群体协作的经典范本，它的诞生源于一篇推文，仅仅靠着社区融资的 25ETH，在不到一年的时间里就发展成了一个令人瞩目的 DAO。目前，PartyDAO 已经拿到了 a16z 领投的 1640 万美金融资，估值两亿美金。

5. 收藏 DAO

收藏 DAO 用于集体购买艺术品、PFP 等 NFT 资产。尽管收藏 DAO 也具有投资 DAO 的部分属性，但是收藏 DAO 一般情况下不会出售 NFT 资产。收藏 DAO 的一般目的在于共同持有某个参与者们共同喜爱的艺术品，并对此艺术品进行二次创作或建立圈子等。

以 PleasrDAO 为例，它设置了一个独特的机制将 NFT 进行碎片化，从而让 DAO 成员共同拥有该 NFT 的所有权。PleasrDAO 发行了治理通证 PEEPS，通过该通证对 DAO 旗下的 NFT 进行确权。

收藏 DAO 的知名案例还有 Constitution DAO，该 DAO 组建的目的是参与一份极为罕见的美国宪法副本在苏富比拍卖行的竞拍。

6. 创作 DAO

创作 DAO 的目的是用分布式的方式创造内容，主要包括媒体 DAO 和个人创作 DAO 两种。媒体 DAO 类似于出版物，面向公众，而个人创作 DAO 则以个人创作者为中心，类似于粉丝俱乐部。

创作 DAO 目前的代表项目有 Leaving Records 和 Personal Corner 等。

7.4　DAO 创建工具

围绕 DAO 的建设，市场上涌现出了一系列工具，主要涉及六个方面，如图 7-4 所示。

图 7-4　DAO 创建工具

1. 组织创建

通过一站式 DAO 创建平台，可以快速构建一个 DAO 组织。DAO 创建平台包括会员管理、财务工具、治理设施等常用模块。知名的 DAO 创建平台有 Aragon、Syndicate 等。

（1）Aragon

Aragon 是一套开源基础设施，其中包含丰富的创建和管理 DAO 的工具插件。Aragon 包括 Aragon Court、Aragon Govern、Aragon Voice 和 Aragon Client 等模块，是目前较为成熟的 DAO 创建平台。

（2）Syndicate

Syndicate 是一个专门用于创建投资 DAO 的工具平台，提供社区建立、资本管理和法律支持等功能。个人或者社区通过 Syndicate 可以用很低的成本创建 Web 3 基金。

2. 沟通交流

DAO 成员之间需要充分的交流和讨论，常见的交流工具有 Twitter、Discord 和 Telegram 等。

（1）Twitter

Twitter 是一个典型的 Web 2.0 社交平台，但是 Twitter 也是 Web 3 从业者们发布短消息的一个重要根据地。Twitter 几乎是所有 Web 3 项目的标配。

（2）Discord

Discord 原本是一个游戏交流社区工具，但是随着 NFT 的崛起，Discord 几乎被 NFT 项目社区所使用。

（3）Telegram

Telegram 诞生于 2013 年，几乎伴随了加密行业的发展。它被广泛用于加密项目中，尤其是数字货币类、DeFi 类等非 NFT 的 Web 3 项目中。

3. 身份验证

DAO 管理的前提是对参与者进行角色标记，不同的角色在 DAO 中将承担不同的职能。最常见的角色验证工具是 Collab. Land。

Collab. Land 是向社区聊天平台提供通证访问权限和其他辅助管理的机器人，支持 Telegram 和 Discord。当钱包地址中包含某个 NFT 或通证时，Collab. Land 可以进行链上识别并传递信息给 Discord/Telegram，从而让 Discord/Telegram 为用户匹配对应角色。角色被赋予后，Discord/Telegram 根据角色为用户解锁不同权限。

4. 酬劳发放

DAO 的协作离不开激励机制，而激励机制必然涉及对贡献者的奖励发放问题，因此工资管理工具是 DAO 的一个重要板块。

工资管理工具提供工资托管、记录以及定期发放等功能，对用户来说，相当于一个工资单。目前常用的工资管理工具有 Superfluid 和 Sablier。Superfluid 和 Sablier 都是通证流协议，也就是说，当工资发放者设定好收款人的地址、存款金额和总时长等参数后，流协议将根据这些参数以一定的速率将一小部分令牌从发送者转移到接收者。

5. 提案投票

提案并投票是 DAO 治理的一个重要组成部分，实现这类功能较知名的项目有 Snapshot 和 Discourse。

（1）Snapshot

由于以太坊上高昂的 Gas 费，完全链上治理的成本极高。Snapshot 提供了一种成本低廉且易于使用的链下治理解决方案。DAO 的参与者可以在该 DAO 所创建的 Snapshot 页面查看提案主题并进行投票。

（2）Discourse

尽管在 Discord、Telegram 中也可以讨论提案，但是往往信息比较零散，缺乏针对性。Discourse 采用提案论坛的方式解决了这个问题。Discourse 为 DAO 参与者们提供了一个专题化、系统化且可存档的提案讨论场所。DAO 成员可以针对每个提案开设专属讨论区，对提案感兴趣的其他成员可以在这里进行讨论和投票。

6. 金库管理

绝大多数 DAO 都面临着共同资产保管的问题，也就是所谓的 DAO 金库管理。金库管理主要涉及两方面的问题，一是资产安全问题，二是资产升值问题。

（1）Gnosis Safe

Gnosis Safe 提供的是多重签名钱包服务，可以避免单人保管资产所带来的潜在风险。Gnosis Safe 需要多个签名才可以批准交易，在保障资产安全的同时，也可以防止权力滥用。

（2）Llama

Llama 是一个为其他 DAO 提供资产管理服务的 DAO。目前，使用 Llama 进行资产管理的 DAO 项目有 Uniswap、Aave 和 Gitcoin 等。

第 4 篇

——

技　术　篇

　　Web 3 本质上是一场技术变革，因此，要想真正学习 Web 3 的精髓，必须具备一定的技术知识。我们无须懂得代码编程，但是应当理解 Web 3 基本的技术原理。

　　本篇总体阐述了 Web 3 的技术架构，并对各个技术板块进行了深度拆解，同时还对开发者常用的工具进行了说明。

　　商业未动，技术先行。让我们率先了解技术，比其他人更懂 Web 3！

Clone X ▶

Clone X是 RTFKTStudios 推出的虚拟形象 NFT 集合，由 20000 个随机生成的 3D 头像组成。

Clone X是一个 3D 动漫艺术品，由知名時尚潮流艺术家村上隆 (Takashi Murakami) 操刀设计，画面精美，具有很强的质感。同时，Clone X能够用于未来的 NFT 游戏、AR 设备、Zoom 会议等元宇宙平台。

CloneX #9145
Holder：Jennie.eth

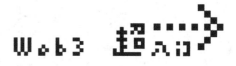

#18036

#2687

#18992

#146

#6808

#3123

#11552

#8871

第 8 章　Web 3 技术架构

从技术实现的层面讲，Web 3 和 Web 2.0 的根本区别在于 Web 2.0 应用从后端数据库调用数据，而 Web 3 应用则是从区块链调用数据。也就是说，在 Web 3 中，后端数据库被区块链替换。同时，由于 Web 3 的"胖协议"特性，中间件技术领域一直被开发者们以及整个加密市场所重点关注。

本章阅读导图

本章阅读指引

Web 3 和 Web 2.0 的架构有什么区别？Web 3 前端如何与区块链交互？Web 3 如何

实现数据存储？Web 3 如何连接链下信息？

本章首先阐述 Web 2.0 技术架构，然后对 Web 3 架构进行解答。

Web 3 和区块链是一场技术驱动的商业革命，因此从业者们必须对技术有一定的了解。尽管不需要懂代码、会编程，但是需要掌握基本的技术原理。只有这样，方能更加准确地对 Web 3 不同赛道进行趋势研判。

本章力求以通俗的语言讲明 Web 应用的技术逻辑，文中辅以大量的自绘插图，目的是让非技术读者也能读懂。

8.1　Web 2.0 架构

要理解 Web 3 的技术架构，必须从 Web 2.0 的技术架构说起。

简单而言，Web 2.0 的应用程序叫作 APP（Application），Web 3 的应用程序叫作 DAPP（Decentralized Application），即去中心化应用程序。虽然同属应用程序，但是 APP 和 DAPP 的技术逻辑完全不同。

以下先对 Web 2.0 的实现方式进行论述。

Web 2.0 的技术架构主要由三部分组成：前端、后端和数据库，如图 8-1 所示。

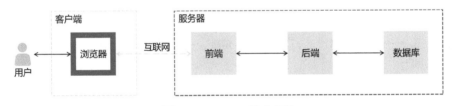

图 8-1　Web 2.0 技术架构

1. 前端

前端指的是用户可见的网站页面，通过移动端或 PC 端的浏览器进行展示，包括文字、图片、视频、音频等内容。前端代码的编写语言包括 HTML、CSS 和 JavaScript 等。

简单来说，前端定义的是 UI，即用户界面。

2. 后端

后端指的是实现前端功能需要的底层代码，是用户不可见的部分，其目的是促成前端与数据库的数据交互。后端代码的编写语言有 PHP、Java、Python、C++等。

简单来说，后端定义的是业务逻辑，其作用就是使网页上的按钮等可以正常工作。

3. 数据库

数据库是一个用于存储、管理和处理数据的系统，它可以帮助应用程序实现数据持久化、数据共享、数据保护和数据分析等功能。常用的数据库有 MySQL、Oracle 等。

关于 Web 2.0 应用程序的运行逻辑可以举一个简单例子：在微博发帖时，用户编辑完帖子并单击发布，这个动作在前端进行；用户动作完成后，动作传递到后端，后端根据代码逻辑得出需要在用户主页显示该帖内容，并告诉数据库进行记录。数据库记录完成后再反馈给后端，后端再报告给前端，前端在用户页面显示帖子内容。

8.2 Web 3 架构

1. Web 3 与 Web 2.0 的架构异同

（1）替换后端部分

Web 3 与 Web 2.0 架构的区别在于将后端和数据库这两部分替换为区块链，如图 8-2 所示。

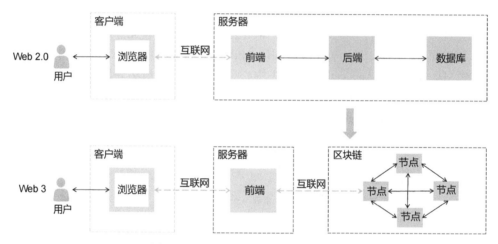

图 8-2 Web 2.0 和 Web 3 架构的区别

DAPP 相对于 APP 而言，前端几乎保持不变。用户仍然通过浏览器与网站页面进行交互，信息交互方式仍然基于 HTTP 协议，客户端和前端服务器之间的连接以及前端服务器和区块链之间的连接仍然通过互联网完成。

（2）增加写入签名

DAPP 和 APP 在前端唯一不同的是，写入区块链网络的事务需要用户在客户端用私钥进行签名，如图 8-3 所示。

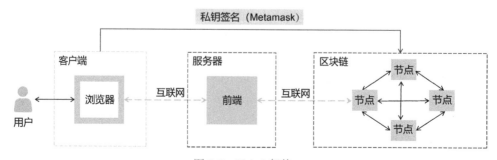

图 8-3 Web 3 架构一

私钥管理工具是钱包，常见钱包有 Metamask，俗称"小狐狸"。Metamask 主要作为浏览器插件使用。

2. 前端与区块链的交互

区块链是一个没有中心的由众多对等节点组成的分布式数据库，每一个节点都不断记录着完整的链上数据，并有权将自己的数据同步到其他节点。前端与区块链的交互包括向区块链写入数据和从区块链读取数据，因此必须要依赖一个节点完成，如图 8-4 所示。

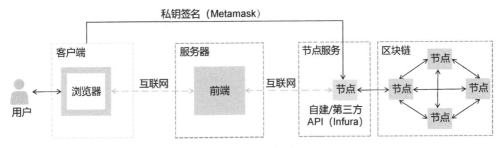

图 8-4　Web 3 架构二

使用节点有两种方式：一种是自建独立节点，另一种是借助第三方提供的节点服务。

自建独立节点的优势是可以完全控制节点的运行状况，劣势是需要投入大量的人力、物力来建设和维护节点。自建独立节点需要购买存储和计算设备、组建专业团队，而且需要大量的时间同步历史数据。如果要使用多链服务，则不同的链要建立不同的节点，投入的资源会翻番。

第三方节点服务商构建了一个庞大的节点集群，并由专业团队进行运营和维护。通过这种方式，节点服务商负责解决建设节点面临的所有问题，提供稳定的 API 给应用开发者使用。

相对而言，使用第三方节点服务是一个性价比较高的方案。因此，在大部分情况下，Web 3 应用均使用第三方节点服务商提供的服务，从而使自己专注于应用端的构建。较为知名的节点服务商有 Infura 等，Metamask 的链上数据便是来自 Infura。

3. 数据存储

链上交易高昂的 Gas 费用，将数据存储在区块链中成本非常高，因此采用分布式存储方案会更加合理。这种情况下，对于大容量的图片甚至视频等数据，前端直接从分布式存储网络调用，如图 8-5 所示。

当前，类似 BAYC 这样的高保真 NFT 图片均采用这种方案，它们只把 TokenID 和对应图片的 IPFS 链接记录在区块链上。

像 Infura 这样的节点服务商同时也提供 IPFS 的接入服务，因此，前端直接与节点服务商的 API 对接便可同时与区块链和分布式存储进行交互，如图 8-6 所示。

从这个意义上讲，区块链和分布式存储同属于 Web 3 的基础设施，而节点服务商是两者的集成接口。所以，节点服务商可以划分到基础设施层，也可以划分到中间件层。

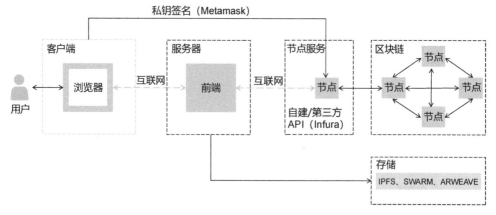

图 8-5　Web 3 架构三

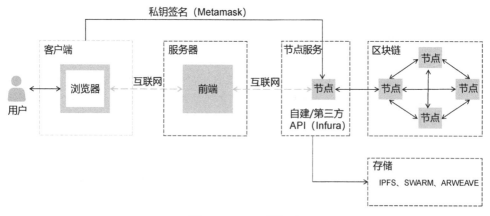

图 8-6　Web 3 架构四

值得说明的是，**DAPP 前端网页数据目前一般存放在中心化服务器上**，比如 **AWS**（亚马逊云服务）。一部分完全追求去中心化的项目也将前端数据存放在 **IPFS** 这样的分布式存储系统上。

4. 数据预处理

Infura 仅仅提供了链上的原始数据封装，而原始数据进行标准化、结构化处理后方可供客户端的应用程序使用。因此，一部分中间件致力于数据预处理工作，为终端的应用程序提供 API，从而使得应用开发者更加专注于用户面的产品构建，而无须理会数据的前期处理工作。

数据预处理包括身份图谱、查询索引、图表分析、隐私安全等领域，如图 **8-7** 所示。

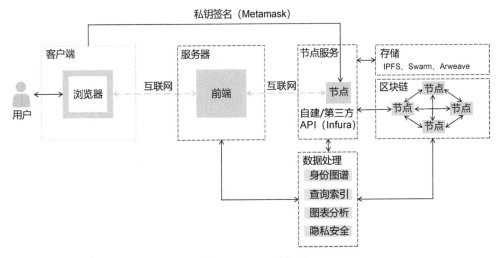

图 8-7　Web 3 架构五

这些不同的领域分别对应不同的 Web 3 应用细分赛道，满足了 Web 3 应用场景多样化的需求。

5. 扩展与跨链

为了解决类似以太坊这样的原生区块链上高额 Gas 的问题，出现了 L2 扩展解决方案。在该方案中，主要的交易在二级区块链上处理和执行，二级区块链和主链进行对接。每隔一段时间，二级区块链就会把这段时间内的区块链聚合起来提交给主链。L2 通过这种方式大幅度提高了交易效率，降低了费用。

由于各个不同的区块链之间是信息孤岛，链与链之间无法互通，所以出现了像波卡这样的跨链解决方案。跨链平台将不同的区块链连接起来，实现了互联的多链生态。

扩展方案和跨链方案都属于底层区块链设施，如图 8-8 所示。

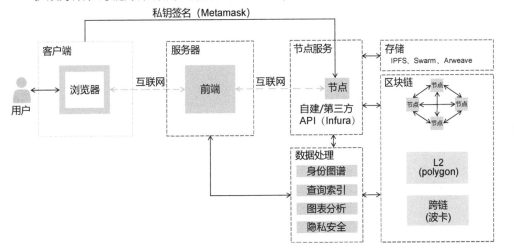

图 8-8　Web 3 架构六

在某些情况下，跨链也被称为 L0。

6. 链下信息处理

相对于现实世界而言，区块链是一个独立的数据系统。区块链上的智能合约只能处理链上的数据，而无法获取链外的数据。以链上足球彩票为例，智能合约可以设定为奖金池中的奖金发放给押注获胜球队的用户。但是，如何将比赛结果输入链上从而触发智能合约执行，是一个非常重要的问题。如果采用人工输入的方式，很显然输入者的作弊风险很大，这种方式是不可信且不可取的。

预言机可以解决此类问题，它把链下数据传递到链上，实现了连接链下与链上的桥梁，如图 8-9 所示。

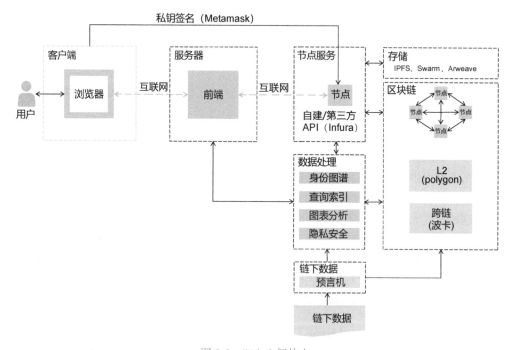

图 8-9　Web 3 架构七

综上，通过对 Web 3 架构的梳理，可以进一步厘清 Web 3 生态中基础设施、中间件和应用程序的层级关系，如图 8-10 所示。

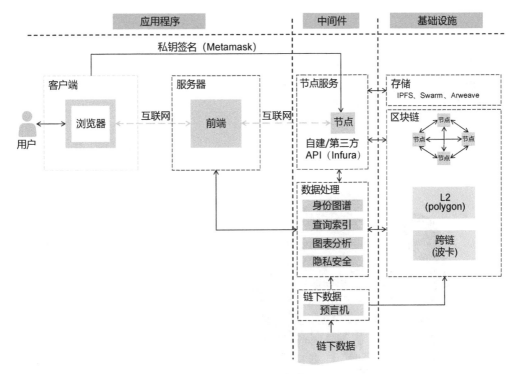

图 8-10　Web 3 架构八

Azuki ▶

Azuki 于 2022 年 1 月发行，是 10000 张东方动漫风格的图片集合。Azuki NFT 用作其社区"The Garden"的会员通行证。"The Garden"是互联网中一个艺术家、建设者和 Web3 爱好者聚会的地方，旨在共同创造去中心化的未来。

Azuki #8252
Holder：郡主

Crystal 1888

Webskater 1105

Kirara 346

0xLeaf. 馃崉 9650

MrDQ 4669

Lucky 璞鳴眗馌珮 7798

galaDAO 642

鍋ユ時 #6752

Irvingpapa 1173

#370　Holder：YukiiQ

第 9 章 底 层 设 施

　　Web 3 的底层设施包括区块链，以及为区块链分担存储功能的分布式存储。区块链和分布式存储分别负责数据的计算和存储，充当"CPU"和"硬盘"角色，相当于承担了 Web 2.0 当中的后端和数据库功能。底层设施是整个 Web 3 行业的基石，对行业发展具有至关重要的作用。

本章阅读导图

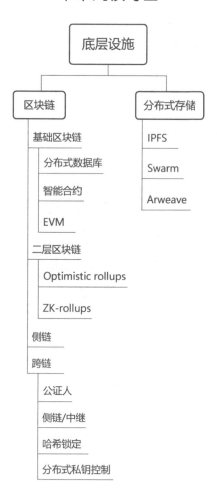

本章阅读指引

Web 3 的底层设施有哪些？为什么 Web 3 需要分布式存储？区块链有哪些种类？区块链的扩展方案有哪些？如何实现链与链之间的互通？如何实现永久存储？

本章就区块链和分布式存储两大方面进行解答。

底层设施是 Web 3 赖以存在的根本，区块链的性能直接决定 Web 3 应用的用户体验，分布式存储直接决定 Web 3 的数据安全性。尤其对于 Web 3 应用创业者而言，区块链和存储方式的选择需要慎之又慎。

9.1　区块链

区块链包括基础区块链以及建立在基础区块链之上的二层区块链、侧链。同时，解决链与链之间互通问题的跨链方案也包括在区块链范畴中。

9.1.1　基础区块链

基础区块链是相对于二层区块链或侧链而言的，二层区块链和侧链都是基于基础区块链构建的。比特币和以太坊都属于基础区块链。基础区块链也称为主链或第一层区块链（Layer1，简称 L1）。

本节以以太坊为例进行介绍。以太坊由三部分组成：分布式数据库、智能合约和 EVM。

1. 分布式数据库

区块链的本质是一个分布式数据库。正是因为这一点，维塔利克当年才有了建立一个应用开发平台的设想。传统的 Web 2.0 应用程序从集中式数据库调用数据，那么对于分布式数据库而言，其上自然也可以承载应用程序。因此，不管是 Web 2.0 还是 Web 3，都是"应用程序" + "数据库"模式，只不过数据库的形式不同而已，如图 9-1 所示。

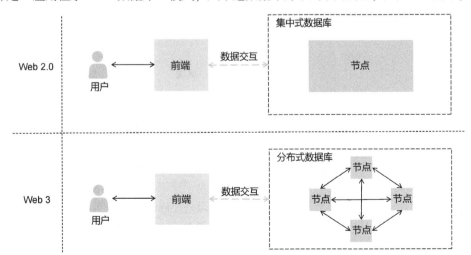

图 9-1　Web 3 与 Web 2.0 的存储方式

分布式数据库相对于集中式数据库有两大好处：第一，保证数据不可篡改，不会发生集中式数据库面临的单点故障或者中心节点作恶问题；第二，保证数据安全可靠，不会发生集中式数据库面临的被恶意攻击的问题。下面介绍区块链中的数据处理。

（1）区块链如何记录数据

简而言之，区块链就是用"区块"组成的"链"。区块就是一个个数据块，其中记录着数据（交易信息）。数据块就好比账簿上的一页纸，每记满一页就"装订"起来，最后形成一份完整的账簿，这个账簿就是区块链。同时，这个账簿由众多节点同步保存更新，每一个节点都会存储一个账簿的"副本"。

区块链中的每一个区块都包括区块主体和区块头两部分，如图9-2所示。

区块主体即记录交易信息。区块头则包含一些标识信息，用于连接上一个区块且被下一个区块连接，如上一个区块的哈希值、本区块的哈希值、时间戳等。所有的区块通过标识信息连接在一起。上一个区块的哈希值连接上一个区块，本区块的哈希值连接下一个区块的哈希值，最后形成由区块连接而成的链条，即区块链，如图9-3所示。

图 9-2　区块内容

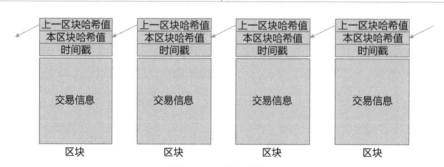

图 9-3　区块链结构

这里的哈希值指的是把任意长度的数据信息通过哈希函数计算所得到的固定长度值。不管目标信息长度是多少，它所生成的哈希值长度固定。

如果某个区块上的交易信息被人恶意篡改，则本区块的哈希值就会改变。由于区块链中下一个区块包含了上一个区块的哈希值，为了让下一个区块依然能连到本区块，就需要修改下一个区块。以此类推，后续区块必须全部修改，如图9-4所示。

由于区块链的加密设计，计算一个区块的哈希值已经非常困难，修改多个区块的哈希值更是难上加难。

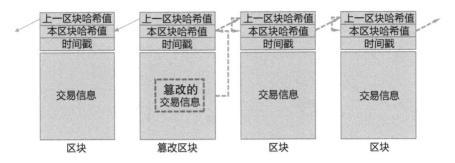

图 9-4　区块链篡改示意

另外，区块链网络中的所有节点都在同步同一个区块链数据，因此，所有节点都需要"串通"修改，这几乎是不可能实现的。这就保证了区块链上交易信息的不可篡改性。

（2）区块链如何加密数据

加密是区块链的重中之重，是区块链得以存在的前提条件。目前，区块链主要采用的加密方法为非对称加密算法。

要说明非对称加密算法，需要先从对称加密算法说起，如图 9-5 所示。

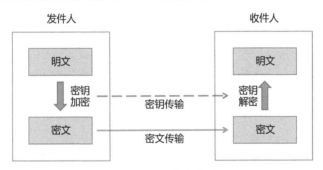

图 9-5　对称加密算法

对称加密（也叫私钥加密）指加密和解密使用相同密钥的加密算法。发件人将明文（原始数据）和加密密钥一起经过特殊加密算法处理后，使其变成复杂的加密密文并发送出去。收件人收到密文后，若想解读明文，则需要使用加密用过的密钥及相同算法的逆算法对密文进行解密。在对称加密算法中，使用的密钥只有一个，发件人和收件人双方都使用这个密钥对数据进行加密或解密，这就要求解密方事先知道加密密钥。

对称加密算法的最大问题在于，一旦密钥在传输过程中被截获，即意味着算法彻底失效。因此，非对称算法旨在解决这一问题。与对称加密算法不同，非对称加密算法由加密和解密两组密钥构成，它们之间是不同的，如图 9-6 所示。

发件人通过加密密钥将信息进行加密，而收件人则会用解密密钥进行解密。加密密钥可以公开发送，称为公钥，解密密钥私下保管，称为私钥。

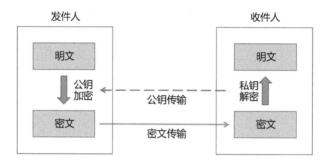

图 9-6   非对称加密算法

收件人先生成一对密钥，包括一个公钥和一个私钥。收件人先将公钥传输给发件人，发件人用公钥对明文加密生成密文，然后将密文传输给收件人，收件人用私钥解密。注意，在这个过程当中，私钥一直由收件人保存，未进行传输，保证了安全性。另外，在非对称加密算法中，公钥无法导出私钥，因此，公钥可以采用任意途径传输，甚至完全公开。

当然，为了维持这个分布式数据库的正常运行，还需要共识机制、UTXO（未消费交易输出）等相关技术。

2. 智能合约

从本质上讲，智能合约是一种可自动执行的数字协议。这个协议可以写入计算机的可读代码，只要参与方达成协议，明确了智能合约建立的权利和义务，该合约就由计算机网络自动执行。

从比特币到以太坊，区块链的架构发生了重大改进，如图 9-7 所示。

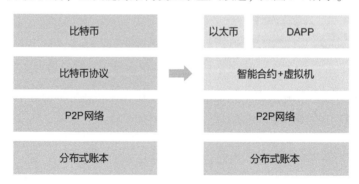

图 9-7   区块链架构改进

由于增加了智能合约和虚拟机，以太坊不只是一个记录交易的数据库，而是变成了一个图灵完备的操作系统平台。智能合约是一个在以太坊区块链上运行的程序，它定义了区块链上发生的状态变化的背后逻辑。智能合约的运行原理如图 9-8 所示。

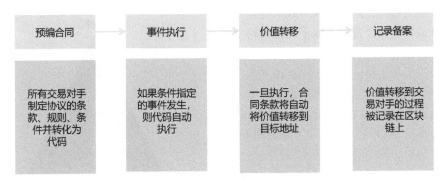

图 9-8　智能合约运行原理

　　智能合约让以太坊上的去中心化应用具有无穷的想象空间。智能合约可以处理各种业务逻辑，使得以太坊具有很强的扩展性，从而让以太坊发展成为目前世界上最大的区块链开发平台。人们可以将智能合约应用到各种各样的场景，比如金融衍生品、保险、房产、法律等。

3. EVM

　　EVM 的全称是 Ethereum Virtual Machine，即以太坊虚拟机。虚拟机提供了智能合约的执行环境。

　　所谓虚拟机，其实就是一个计算机系统操作的仿真器，可以提供一个具有真实操作系统功能的虚拟系统，例如 Windows、macOS 系统。简单理解就是，智能合约是一个程序，运行在 EVM 提供的操作系统上。

　　EVM 是以太坊协议运行的核心所在，它用来处理智能合约的部署和执行。EVM 不理解像 Solidity 和 Vyper 这样的用于编写智能合约的高级语言，因此，必须将高级语言编译成 Bytecode，EVM 才可以执行。

　　从本质上说，整个以太坊系统就是一个大型的虚拟机，只不过它是一个点对点的去中心化虚拟机。也可以认为，**以太坊虚拟机是由全世界的节点组成的世界级超级计算机**，这个超级计算机能够支持一切去中心化应用的开发和运行。

　　在公链领域，除以太坊之外，还有诸多针对不同细分领域的项目，比如主打速度的 Solana、侧重分片的 NEAR、专注于 NFT 的 FLOW 等。

9.1.2　二层区块链

　　由于区块链受制于不可能三角（见图 9-9），在保证去中心化和安全性的前提下，势必会牺牲可扩展性。

　　可扩展性包括交易速度、费用等，直接关乎用户体验。可扩展性差将严重制约Web 3 应用程序的大规模商业应用，亟待解决，而二层区块链（Layer2，简称 L2）便是解决这个问题的首选方案。

　　二层区块链的原理是将日常业务放在主链之外的二层网络上进行，然后将最终结

果提交到主链上，通过这种方式来提升效率
和降低成本。整个过程类似于高速公路上的
高架桥，当主路拥堵时，从上方的高架桥通
行，最终又在主路汇合，如图 9-10 所示。

比特币上的闪电网络和以太坊上的 Rol-
lups 都属于 L2 方案。本节重点介绍 Rollups。

Rollups 将数百个交易打包发送到 L1 的
单个交易中，其中的交易费用将分配给每一
笔交易，从而大幅度降低了 Gas 费。Rollups
交易在 L2 执行，最后将数据发布到 L1。由
于数据最终会上链到 L1，所以这种方式拥
有和以太坊一样的安全性。

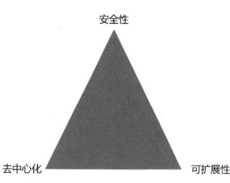

图 9-9　区块链不可能三角

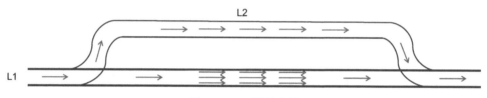

图 9-10　L2 原理示意

Rollups 有两种方法：Optimistic rollups 和 ZK-rollups。两者的主要区别在于数据的
上链方式不同。

1. Optimistic rollups

在 Optimistic rollups 方案中，所有链下交易都是有效的，将全部被打包至 L1 上。
对于可能存在的交易不正确的情况，Optimistic rollups 通过欺诈证明方案来检测。在以
太坊上提交 Rollups 批次后，有一个质询期。在质询期内，任何人都可以通过提供欺诈
证明来质疑 Rollups 交易的结果。如果欺诈证明成功，则 Rollups 协议重新执行交易并
相应更新 Rollups 的状态。此时，负责将错误执行的交易打包到区块内的排序器会受到
惩罚。质询期过后，如果 Rollups 仍未受到质询，则证明所有交易均已正确执行，
Rollups 即被视为有效并在以太坊上被记录。

2. ZK-rollups

ZK-rollups 使用 Zero-knowledge（零知识证明）技术，不需要像 Optimistic rollups 一
样将所有交易数据发布到链上，只需要提供有效性证明即可在以太坊上完成交易。

ZK-rollups 的状态由部署在以太坊上的智能合约维护。为了更新这个状态，
ZK-rollups 节点需要提交一个有效性证明进行验证。这个有效性证明相当于一种加密保
证，保证 Rollups 提出的状态更改确实是执行该批次事务的结果。

另外一个 Optimistic rollups 和 ZK-rollups 的区别是提取资产的时效性。从 Optimistic
rollups 中提取资产会出现延迟情况，因为需要为提供欺诈证明来退出交易的用户留出

时间。ZK-rollups 则不同，一旦合约验证了有效性证明，就会立刻执行，因此资产提取不会出现延迟。

目前，基于 Optimistic rollups 的 L2 项目有 Optimism、Arbitrum One 和 Boba Network 等，基于 ZK-rollups 的 L2 项目有 zkSync、Loopring、ZKSpace 和 Aztec 等。

9.1.3　侧链

侧链（Sidechain）也是解决基础区块链扩展性的重要方案，与 L2 不同的是，L2 继承了主链的安全性，而侧链依赖于自己的安全性。侧链拥有独立于主链的区块参数和共识算法，它的交易数据存在于自己链上，不会发回给主链。

以以太坊为例，其侧链独立于主链运行，并通过双向桥连接到主链，可以通过桥与主链交互和转移资产。侧链类似于和主链高速公路并行的另外一条高速公路，这条高速公路与主链高速公路之间建立了桥梁，如图 9-11 所示。

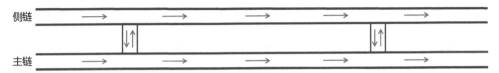

图 9-11　侧链原理示意

需要注意的是，在上一节中，L2 被比作高架桥，高架桥位于主链高速公路上方，与主链高速公路共用地基。而侧链类似于一个新的高速公路，拥有自己独立的地基，它与主链只是通过桥梁进行连接而已。

侧链的特性详述如下。

1. 不同的区块链参数

为了实现更高的交易吞吐量，提升交易速度并降低交易费用，侧链通常会设置比以太坊主链更快的区块时间和更大的区块容量。这种方式增加了运行完整节点的难度，使得链倾向于只能由"超级节点"维护，从而降低了链的去中心化程度。

2. 不同的共识算法

与以太坊一样，侧链拥有验证节点，用于验证和处理交易、生成块并存储区块链状态。验证者还负责维护整个网络的共识并保护其免受恶意攻击。同样是基于提升性能的目的，侧链往往采用比主链更加有利于区块链性能的共识算法，比如 POS（权益证明）、DPOS（委托权益证明）、BFT（拜占庭容错）等。

3. 兼容 EVM

大部分侧链与 EVM 兼容，也就是说，为以太坊主网编写的智能合约也可以在侧链上运行。以太坊主网上的 DAPP 如果想在侧链上使用，直接将智能合约部署到侧链上即可。开发者使用 Solidity 编写合约，并通过 PRC（远程过程调用）与链交互。部署在侧链上的 DAPP 可以享受更快的速度和更低的交易费用。

9.1.4　跨链

不同的公链是相互独立的信息孤岛，这种状况严重制约了区块链的网络价值，跨链技术旨在解决这个问题。跨链技术的目的是实现链与链之间的互通，提升区块链网络的价值转移能力，满足了区块链技术发展的迫切需求。

跨链最重要的是实现不同链之间的资产转移，这类似于现实生活当中的跨行转账，在同一标准下，在资产总额不变的情况下，将一条链上的资产转移到另一条链上。除了资产转移，跨链还可以实现不同链之间的数据共享、应用互通等。

目前，主要的跨链技术有以下四种。

1. 公证人

公证人机制和传统的交易所模式类似，即引入一个共同信任的第三方作为中介，由此中介进行跨链消息的验证和广播。公证人机制原理示意如图 9-12 所示。

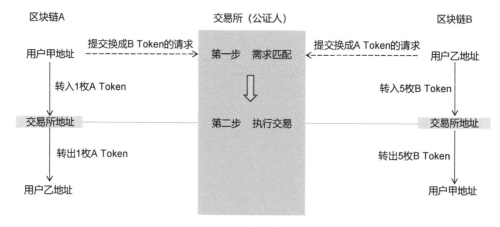

图 9-12　公证人机制原理

2. 侧链/中继

侧链能够读取和验证所依赖主链上的数据，从这个意义上讲，侧链实现了和主链之间的跨链。比如，通过 BTCRelay 这个项目，可以把以太坊作为比特币的侧链，同时也相当于实现了比特币到以太坊的跨链。BTCRelay 是以太坊上的一个智能合约，通过存储比特币区块头使得 BTCRelay 充当了一个比特币轻节点，这一点可以通过 SPV（简单支付验证）进行验证。BTCRelay 验证原理如图 9-13 所示。

中继器是从侧链实现技术中提取出来的一个独立的跨链中间层，是一个单独的数据结构，它与其连接的链没有主从关系。两条不同的区块链通过中继器进行交互，自行验证另一条链上的数据而不需要依赖其他第三方。

因此，从本质上讲，中继器也是一种公证人，只不过这个公证人是代码组成，去中心化的。如果中继器本身也是区块链，那么可以称之为"中继链"，比如波卡、Cosmos 等。

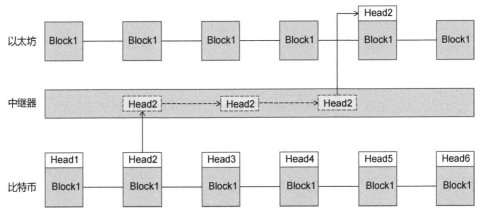

图 9-13 BTCRelay 验证原理

3. 哈希锁定

哈希锁定全称为哈希时间锁定合约（Hash timelock contract），其本质上是一种智能合约。哈希锁定最早应用在闪电网络当中。

哈希锁定包括两把锁：哈希锁和时间锁。哈希锁用于锁定智能合约中的待交换资产，由原始值通过哈希计算生成。同时，哈希锁需要原始值方可解锁。时间锁用于限定解锁的时间，如果超时则无法打开。

假设用户 A 想用其持有的一定数量的 A 链资产 A Token 与用户 B 持有的 B 链资产 B Token 进行交换，则操作过程如图 9-14 所示。

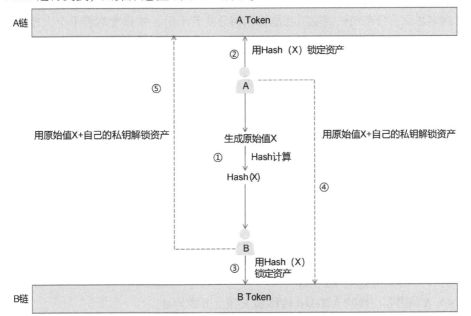

图 9-14 哈希锁定资产交换过程

1）A 用原始值 X 生成哈希值 Hash(X)，然后将 Hash(X)发送给 B。

2）A 在 A 链上用 Hash(X)将 A Token 锁定在智能合约中（哈希锁），并设置解锁时间点 Ta（时间锁）。

3）B 在 B 链上用 Hash(X)将 B Token 锁定在智能合约中（哈希锁），并设置解锁时间点 Tb（时间锁）。

4）A 用原始值 X 在时间 Tb 前解锁 B Token，获得资产（A 解锁成功后，B 自动观察到原始值 X）。

5）B 用原始值 X 在时间 Ta 前解锁 A Token，获得资产。

如果在步骤 2）之后，B 未进行操作，则 A Token 在到达时间点 Ta 后自动返回 A 的钱包。

如果在步骤 3）之后，A 未进行操作，则 B Token 在到达时间点 Tb 后自动返回 B 的钱包。

注意：

1）打开 A Token 的哈希锁需要 Hash(X)和 B 的钱包私钥，打开 B Token 的哈希锁需要 Hash(X)和 A 的钱包私钥；

2）时间锁设置需遵循 Tb<Ta。如果 Ta<Tb，则交易失败导致 A 的资产自动返回后，A 仍然有时间使用 Hash(X)去解锁 B Token，此时 B 将遭受损失。因此，在交易失败时，B 的资产必须在 A 之前返还。

哈希锁定巧妙利用了哈希锁和时间锁的设计，在无需公证人的情况下解决了不同链之间的资产交换问题。

4. 分布式私钥控制

顾名思义，分布式私钥控制就是将私钥分成若干份，并分发给若干个人持有。当一定人数的部分私钥集齐之后，方能恢复完整的私钥并解锁资产。这种方式实现跨链资产转移的原理是将两条链的资产分别锁定在一组分布式节点的控制下，当双方的资产锁定完成后，系统会从多节点提取私钥并给到交易双方，从而完成资产交换。这相当于一种由多节点组成的资产交换中介。同时，这种方式还可以在原链上锁定一定量的资产，然后在新链上映射发行等值的资产，从而实现两条链上资产的交互。

下面以分布式私钥控制代表项目 Fusion 进行说明。

Fusion 是一条公链，分布式节点可以控制不同链上的资产私钥，这样不仅可以将各种区块链通证映射到它上面，还可以实现跨链智能合约的功能。假设 A 用户和 B 用户要进行 A 链和 B 链资产的交换，Fusion 的实现原理如图 9-15 所示。

1）A 用户向 Fusion 发起资产交换请求。

2）Fusion 生成私钥和公钥，公钥即 B 的地址（该地址中的资产由多个节点共同保存的私钥控制）。

3）将该地址发送给用户 A。

4）A 将需要交换的 A Token 转移到 A 链上 B 的地址。

5）B 用户向 Fusion 发起资产交换请求。

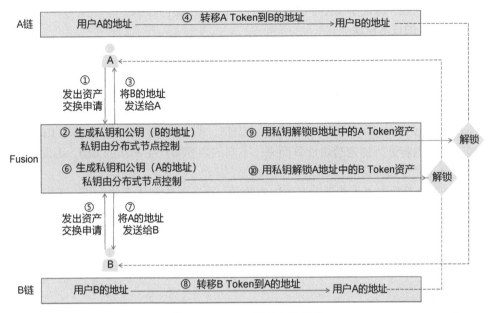

图 9-15 Fusion 资产交换原理

6）Fusion 生成私钥和公钥，公钥即 A 的地址（该地址中的资产由多个节点共同保存的私钥控制）。

7）将该地址发送给用户 B。

8）B 将需要交换的 B Token 转移到 B 链上 A 的地址。

9）A 和 B 的资产均转移完毕后，Fusion 中的分布式节点用私钥解锁 B 地址中的资产，用户 B 得到资产。

10）Fusion 中的分布式节点用私钥解锁 A 地址中的资产，用户 A 得到资产。

9.2 分布式存储

分布式存储用于辅助解决区块链的存储问题，相当于区块链的外接"硬盘"。当前，主流的分布式存储解决方案有 IPFS、Swarm 和 Arweave 三种。

9.2.1 IPFS

1. 什么是 IPFS

IPFS 的全称是 Inter Planetary File System，中文名为星际文件系统。目前，**IPFS 是 Web 3 领域应有最广的分布式存储平台**。

IPFS 是一种用于点对点存储和内容共享的协议。与区块链的原理一样，IPSF 中每个用户都在运行自己的节点。节点之间可以相互通信并交换文件，从而形成了一个去中心化的点对点开源文件共享网络。这种网络避免了集中式服务器可能出现的被审查和单点故障问题，保证了文件存储的安全性、自由性和开放性。

2. IPFS 的技术原理

（1）内容寻址

寻址指的是在存储服务器中找到需要的文件。传统存储是基于文件位置进行寻址的，比如："C:\Users\Public\Music"或"https://play.google.com/store/apps"。而 IPFS 与此不同，它采用的是基于内容寻址的方式。

IPFS 协议为存储的内容打上了内容标识符，即 Content Identifier，简称 CID。CID 通过对存储内容进行加密哈希计算而来。不同的内容将产生不同的 CID，因此，IPFS 通过 CID 来寻址目标文件。

CID 的字符数取决于基础内容的加密哈希，而不是内容本身的大小。不同内容经过同样哈希处理之后会形成字符数相同的哈希值。例如对 Meebit 图片和"hello，world！"进行 SHA256 哈希计算，可以得到长度相同，但内容不同的哈希值，如图 9-16 所示。

010ffd45bab3c25805e4d88dfdda3ef582f5ce1ac7b9972f8220c8cfa4e21deb

hello，world！　　　　cff322ff78f6791c5d39c510ef6f27d5721a5666f68ec9d97892070c9aa5addb

图 9-16　哈希值生成示意

CID 在实际使用时，一般采用多哈希（Multihash）格式并进行 Base58 编码。多哈希格式的字符串由三部分组成：哈希算法编码、哈希值的长度和哈希值。由于多哈希格式的字符串很长，为了便于传播会再进行一次 Base58 编码。

因此，IPFS 对数据进行 CID 标识有四个步骤：原始数据封装、SHA256 计算、多哈希转换和 Base58 编码。四个步骤完成后，原始内容便拥有了独一无二的 CID，用户只要跟踪 CID 就可以定位文件，访问到原始数据。

著名的 NFT 项目 BAYC 便是将图片文件存储在了 IPFS 上，如图 9-17 所示。

以图中 Token ID 为 1147 的 BAYC NFT 为例，单击该图的 IPFS 哈希"QmdUX-VtRxKhdVhjPXCUxZGyXNHn5e2oS6pt8enPXo7X4Hk"，即可看到相应的图片，如图 9-18 所示。

图 9-17 BAYC 图片的 IPFS 哈希

图 9-18 存储在 IPFS 上的 BAYC 图片

"QmdUXVtRxKhdVhjPXCUxZGyXNHn5e2oS6pt8enPXo7X4Hk"即为该图片文件在 IPFS 中的 CID。

（2）有向无环图

有向无环图全称 Directed Acyclic Graph，简称 DAG，是 IPFS 的数据结构形式。所谓"数据结构"指的是数据的存储、组织和管理形式，目的是提升数据的更新和访问效率。在传统的存储硬件中，数据结构以一种名为"链表"的形式存在，这是一种中心化的数据结构。

在分布式存储系统中，由于没有中心化的调度节点，所以必须采用一种更加有效的方式将数据链接起来，以便验证其完整性，这种方法便是去中心化的数据结构 Merkle DAG（默克尔有向无环图）。这种数据结构广泛用于分布式存储系统当中，目的是连接系统中存储的内容。

Merkle DAG 在 Merkle tree（默克尔树）基础上构建。所谓"有向"指的是数据中的节点之间仅有一条线关联，且箭头只指向一个方向，所谓"无环"指的是节点无法通过箭头导向回到自身，如图 9-19 所示。

有向无环图　　　　　有向无环图　　　　　有向有环图

图 9-19　有向无环图示意

IPFS 网络在存储文件时，首先会将文件切割成 256KB 大小的文件块（每一个块都会打上 CID 标识符），然后通过循环调用的方法构建文件的 Merkle DAG。切块的目的是让文件来自不同的存储源，并且可以快速进行验证。

（3）分布式哈希表

分布式哈希表的英文全称是 Distributed Hash Table，简称 DHT，它提供了 IPFS 内的文件查找方式。

DHT 的原理是把文件索引名、关键属性的哈希值等索引信息组成一张类似于字典的巨大文件索引哈希表，然后将这张大表按照一定规则分割成很多小块，并将小块分散到网络节点中。每个节点负责存储一小部分数据，并负责某个局部区域的资料检索。

查询信息时，只需知道文件索引的关键值，便可以通过分布式哈希表找到文件，而不需要知道文件保存在哪一个节点中。事实上，分布式哈希表拥有大量的分布式节点，允许部分节点加入和离开。

这种方式保证了 IPFS 网络在没有中心化节点调度的情况下，也可以快速、准确地检索目标文件。

3. 应用状况

目前，IPFS 在 Web 3 项目中的应用最为广泛，具有代表性的有 Filecoin、Pinata、

OpenBazaar 等。其中，Filecoin 是 IPFS 网络上的激励层，通过一套奖励机制鼓励节点运营商提供文件托管服务。Pinata 是一个 NFT 托管服务商，它使用 IPFS 为 Rarible 和 Sorare 等 NFT 市场存储文件。OpenBazaar 则是一个基于 IPFS 协议的去中心化电子商务平台。

9.2.2 Swarm

1. 什么是 Swarm

Swarm 是专门针对以太坊的分布式存储解决方案。Swarm 的概念来自维塔利克·布特林（Vitalik Buterin）和加文·伍德（Gavin Wood）在早期对以太坊的讨论，维塔利克在其后来的文章中对此进行了描述。维塔利克在文中描绘了以太坊作为世界计算机的三部分架构：计算、存储和通信。计算是以太坊，通信是 Whisper，存储是 Swarm。

Swarm 最开始是以太坊的内部项目，由以太坊基金会资助，后来拆分成为一个独立项目。Swarm 类似于 IPFS，也是一种点对点数据共享网络，通过内容哈希对文件寻址，并可以同时从多个节点获取数据。但是，与 IPFS 不同的是，Swarm 专门服务于以太坊，而 IPFS 服务于所有区块链网络。

Swarm 早于 IPFS 出现，当时互联网上流行的分布式文件存储协议是 Bittorrent。Swarm 在 Bittorrent 基础上利用区块链的智能合约建立了激励机制，实现了去中心化、永不停机的存储方式。Swarm 旨在和以太坊的 devp2p 多协议网络层以及以太坊区块链进行深度集成，以实现域名解析（ENS）、服务支付和内容可用性保证等目标。

2. Swarm 技术原理

Swarm 采用模块化设计，共有四层，如图 9-20 所示。

在四层架构中，不可变存储网络和数据访问 API 是 Swarm 的技术核心。

（1）不可变存储网络

不可变存储网络是 Swarm 的底层存储模型，由提供数据的节点组成。任何具有多余存储空间和贷款的人，都可以参与不可变存储网络。当用户安装 Swarm 客户端软件时，它就会创建一个新的节点，这个节点属于 Swarm 网络的一部分。

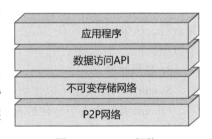

图 9-20 Swarm 架构

1）连接方式。不可变存储网络的目的是建立并维护一个节点网络，使得所有节点都可以相互发送消息。消息交互基于 P2P 网络协议 Libp2p（一个点对点应用网络框架）进行。

2）块的存储。Swarm 中的标准存储单元称为块（chunk），块的容量最高可达 4000字节。每个块附有一个地址，该地址与节点的地址来自同一地址空间。块存储在节点当中，但是节点不能自己决定存储哪些块。

3）隐私安全。在 Swarm 中，消息路由的实现算法具有两个特征，一是请求提出者是匿名的，二是会随着需求增加而自动扩展。在这个过程中，发起请求的节点发送的消息和转发请求的节点发送的消息是相同的，因此可以保证发起人的隐私不受侵犯。

4）记账协议。记账协议的目的是确保节点运营者在对消息进行路由时会主动协作，同时对网络提供保护。当节点转发请求和响应时，协议会跟踪参与的每个节点之间的带宽消耗。

在一定限度内，节点间可以以服务换服务。也就是说，用户建立了节点，为他人免费提供存储服务，也可以免费享受他人提供的存储服务。但是，当用户需要的存储服务量超过贡献量时，就承担了存储债务，该债务需要 Swarm 协议的激励通证 BZZ 进行支付。

这种方式可以保证那些上传和下载少量数据的人，以及愿意等待的人能够免费使用 Swarm。或者是，用户自己的节点在为他人提供服务获得足够的信用后，也可以免费使用 Swarm。如果需要上传或下载更大容量的数据，则需要付费。

5）容量优化。在 Swarm 网络中，当节点中存储的数据持续增加导致节点容量快被耗尽时，节点需要对存储的内容进行优化。也就是说，节点需要一种策略来删除一些"垃圾块"，为新块腾出空间。

每个 Swarm 节点的本地存储包括 Reserve（储备）和 Cache（缓存）两个子系统。Reserve 是一个固定大小的存储空间，负责存储节点邻域的块。决定一个块是否应该保存在 Reserve 内的是它上面的 Postage Stamp（邮戳）。Postage Stamp 的价值会随着时间的推移而减少，一旦价值不足，对应的块就会被从 Reserve 移除，进入 Cache。

当容量达到限度时，Cache 就会被定期清理。那些时间最长的未被访问的块将被删除，而多次被访问的块会被优先保留。

（2）数据访问 API

Swarm 拥有高等级的数据访问 API，比如文件、消息传递以及各种数据文件的分层集合等。这些 API 对那些已经在 Web 上使用的 API 进行镜像，从而建立起更具多样性的数据机构。

3. 应用状况

Swarm 被广泛使用于以太坊生态的项目中，如 Etherna、Dapplets 和 Copyright Delta 等。Etherna 是一个去中心化的视频平台，鼓励抗审查和言论自由。Dapplets 提供了一种网络增强服务，可以将网络中的不同信息源无缝组合在一起呈现给用户。Copyright Delta 构建了一个数字版权交易平台，用户有权决定谁可以访问并使用他们的数据。

9.2.3 Arweave

1. 什么是 Arweave

相对于 IPFS 和 Swarm，**Arweave 最大的特点是永久存储**。Arweave 通过具有矿工节点的计算机网络分发数据，直接把数据写入区块进行存储。

Arweave 拥有自己的激励经济体系，用户通过 AR 通证购买存储服务，只需要一次费用支付，便可以享受永久存储服务。用户支付永久存储费用后，该费用将被暂时保管在 Arweave 协议中，并通过智能合约无限期地缓慢释放奖励给矿工，从而实现了永久存储。

同时，Arweave 还建立了一个开源社区，所有用户都可以参与其迭代过程。用户还可以对 Arweave 中的内容进行审核，并对非法内容进行标记。

2. Arweave 技术原理

（1）数据结构

与比特币、以太坊这样记录交易的传统区块链不同，Arweave 中的区块机构采用了特殊的形式。在传统区块链中，每个区块只与上一个区块相连，形成一条链式结构。但是，在区块图中，每个区块都与之前的两个区块相连，形成了一种区块交织（Block-weave）的网状结构，如图 9-21 所示。

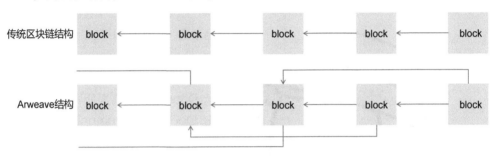

图 9-21　传统区块链与 Arweave 结构对比

在 Arweave 结构中，每个区块除了指向前一个区块之外，还会随机指向一个前面的记忆块。所以，严格来说，Arweave 的结构不是区块链而是区块网。这种结构具有分片属性，能够大幅度提升 TPS 并降低存储成本。

（2）共识机制

Arweave 所采用的共识机制是 SPoRA，全称 Succinct Proofs of Random Access，中文意为随机访问的简洁证明。SPoRA 是对 PoA 共识机制的升级优化。

PoA，即 Proof of Access，意为访问证明。也就是说，如果矿工想要获得记账权，不是像 PoW（Proof of Work，工作证明）那样去竞争算力，而是需要访问之前的任一个区块。这种方式可以激励矿工去多存储一些区块，从而提升存储的持久性。

SPoRA 相对于 PoA 增加了对数据访问速度的考虑，避免了矿工们为了成本而把数据扎堆存储在费率低的节点。这使得矿工们更加专注于维护本地硬件节点，促进了节点地理位置的多样化和去中心化。

除了 PoA，Arweave 也需要 POW 机制保证去中心化。因此，矿工出块的概率可以表示为：出块概率=最快找到 Hash 的概率×拥有随机记忆块的概率。

3. 应用状况

Arweave 在 NFT 领域得到了广泛的应用，NFT 数据对价格不敏感，只需要数据能够永久保存。Arweave 契合了这一点。因此，Arweave 尽管费用较高，但是仍然被 NFT 项目大量使用，比如 Opensea、Mirror 等。此外，很多 DeFi 的前端也存储在 Arweave 上，比如 Uniswap、MakerDAO 等。

Doodles ▶▶

Doodles 是一个社区驱动的收藏品项目，以 Burnt Toast 的艺术为特色。Doodles 有各种令人愉悦的颜色、特征和大小，集合大小为 10000。每个 Doodle 都允许其所有者投票选出由 Doodles Community Treasury 支付的体验和活动。

Doodles #7349

#9366

#7306

#5785

#6394

#8974

#8039

#1960

#4598

#210

#4860

第 10 章 中 间 件

中间件建立在底层设施之上，为 Web 3 应用程序（DAPP）提供服务。中间件提供了一系列应用程序接口（API），降低了应用程序使用区块链的复杂性，并节约了成本。通过中间件，Web 3 应用可以模块化、定制化地使用区块链上的数据，大大提升了开发效率。

本章阅读导图

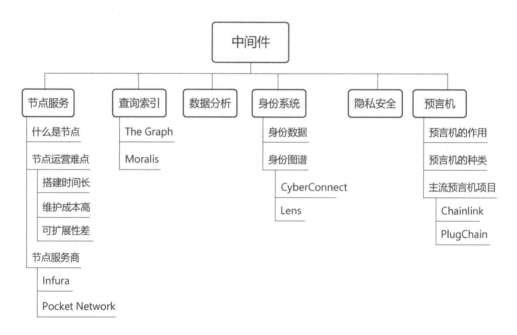

本章阅读指引

Web 3 中间件是什么？包括哪些板块，有哪些代表项目？为什么需要 Web 3 中间件？本章从节点服务、查询索引、数据分析等六个维度进行解答。

中间件是连接 Web 3 底层设施和应用层的纽带，也是 Web 3 技术创业者们争相涉足的领域。根据"胖协议"原理，中间件是捕获 Web 3 价值的重要领域。

本章从技术原理的层面详细解读了 Web 3 中间件的实现方式，并列举了各个中间件领域的代表项目。

10.1 节点服务

使用节点服务是 Web 3 应用与区块链交互最具性价比的方式。节点服务商通过专业的区块链节点运营团队提供便捷的 API，供 Web 3 应用开发者使用。

10.1.1 什么是节点

众所周知，区块链是由一系列分布在不同计算机上的客户端组成的，这些客户端是运行验证区块和交易数据的软件，也就是节点。节点与节点相连，形成去中心化的区块链网络。

因此，在区块链网络中，有且只有节点可以贡献信息、验证交易并将数据存储在区块链上。**要想与区块链进行数据交互，必须通过节点来完成。**

在以太坊网络中，客户端可以运行三种类型的节点：全节点、轻节点和归档节点。

1. 全节点

全节点指的是存储全部区块链数据的节点。全节点的功能包括以下五个方面。

- 保存完整的区块链账本。
- 追踪新块，验证其合法性。
- 同步最新区块数据。
- 监测新交易，验证交易合法性。
- 将已验证过的交易广播至全网。

每一个全节点相当于一个数据备份，所以网络中的全节点数量越多，代表该区块链越稳定。

值得说明的是，对于矿工而言，必须要运行全节点才能及时进行交易验证，再将验证通过的交易进行打包。因此，矿工节点都是全节点。

2. 轻节点

轻节点只保留区块头（区块的摘要信息），而不是下载全部区块链数据。轻节点可以根据区块头中的状态信息进行独自验证，其所需信息从全节点请求。

因此，轻节点运行所需的硬件和带宽配置远低于全节点，并且可以在手机等微型设备中运行。

通过轻节点可以访问区块链网络，实现与全节点一样的功能。但需要注意的是，轻节点不能作为矿工节点。

3. 归档节点

归档节点除了保存全节点中的所有内容外，还保存了所有区块高度的区块状态，比如账户余额等信息。归档节点相当于对区块链的所有历史状态进行了存档，类似于"互联网档案馆"，可用于链上历史数据的检索查询。

10.1.2 节点运营难点

1. 搭建时间长

如果要搭建全节点，则需要下载区块链上从创世块开始到最新区块的所有数据。对于以太坊而言，目前已经有超 1000 多万个区块和数十亿笔交易，这个同步过程需要耗费数周的时间。

即使是搭建轻节点，也需要下载区块头、检查端口、配置变量等操作，这需要耗费几天的时间。

2. 维护成本高

节点建立之后，必须定期进行管理和维护。升级频率需要几周一次，甚至在遇到硬分叉或客户端升级的情况下需要从头开始更新。

在特殊情况下，某些查询需求可能要遍历数百万个区块，这会导致节点超时甚至崩溃。因此，节点需要 24 小时监测，一旦出现问题，需要立刻调试。

另外，由于网络等问题，节点的数据同步可能延迟。如果没有及时发现，应用端收到的将是过时的数据，会严重影响用户体验。

3. 可扩展性差

当单个节点难以满足需求时，涉及节点扩展问题。如果将单个节点扩展到多个节点，则会出现更多的问题。运维工作除了随着节点数量成倍增加之外，还面临负载平衡的新难题。

即使是运行两个节点，它们之间也需要设置负载平衡器。否则，当一部分节点的同步速度领先于其他节点时，将会导致数据不一致的问题。

10.1.3 节点服务商

节点服务商提供一种无须自建节点就能访问区块链的方法，开发者只需要使用节点服务商的 API，就可以使用区块链服务。节点服务商也属于 IaaS（Infrastructure as a Servic，基础设施即服务），通过提供稳定可靠的区块链底层服务，让开发者可以专注于应用端的开发。

节点服务商运营的是与区块链完全同步的 7×24 小时节点，其提供可以写入和读取区块链的应用程序接口 API 密钥给开发者，使用该密钥便可与节点进行通信。

通常情况下，节点服务商会运行各种各样的节点客户端，开发者可以通过一个应用程序接口访问各种类型的节点。

以下介绍几种常见的节点服务商。

1. Infura

Infura 以可动态扩展的微服务驱动架构为依托，通过提供 API 服务，为 Web 3 开发人员提供了一套具有高度可用性、可扩展性和安全性的后端系统。通过 Infura，开发者可以快速且低成本地连接到以太坊、二层网络（Arbitrum、Polygon 和 Optimism）以及 IPFS。

Infura API 套件始终保持最新的网络动态，并在网络变动期间保持稳定的可用性。Infura 通过配置一个新的虚拟服务器，使得节点之间的同步时间比自建节点更快。使用 Infura，应用程序开发者通过 HTTPS 和 WebSockets 可以快速连接到以太坊和 IPFS（见图 10-1），大大提升了请求响应时间。这种方式可以让开放者把主要精力聚焦在应用端的产品构建和用户沟通上。

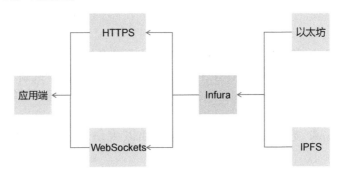

图 10-1　Infura 连接示意

Infura 使用弹性块存储（Elastic Block Storage，EBS）的方式将数据直接写入快照，并对快照时间的差异进行监控。当同步时间超过特定阈值时，系统将判定为时间过长而启动一个新的节点，以确保 Infura 服务不停机。

Infura 的流量请求分为三种：Near-Head、Archive 和 Full。Near-Head 指的是用户可以通过直接访问数据缓存区域来获得快速响应；Archive 是通过额外存储历史状态节点来增加查询的深度；Full 则是直接访问全节点数据。其中，70% 的流量请求属于 Near-Head 类型。

同时，Infura 还使用各类索引器和缓存等来应对频繁的调用请求。比如，通过创建重组跟踪器来监测新块数据的重组状况；通过构建 Log Indexer 来解决传统以太坊客户端响应速度过慢的问题；通过节点监控系统来监控节点关键数据，适时重启；通过使用 Vipnode 服务来创建按各种属性分组的单独内部节点拓扑，从而更好地控制节点的块传播时间和带宽利用率等。

目前，Infura 已经为 MetaMask、Uniswap、MakerDAO 等知名的钱包、DeFi 协议等提供了节点服务。

值得注意的是，Infura 采用的是中心化解决方案，这带来了一些弊端。比如曾经发生的 Infura API 服务中断事件，直接导致多家交易所无法充提，MetaMask 钱包出现余额异常等状况。

2. Pocket Network

Pocket Network 是一个去中心化的远程调用协议，它并非直接提供节点服务，而是提供了一个节点端和应用端的连接平台，如图 10-2 所示。

Pocket Network 类似于一个交易市场，为节点和应用这两个供需方提供对接服务。

Pocket Network 建立了一套激励机制，可以激励 RPC 节点为 DAPP 开发者提供区块链访问服务。

图 10-2　Pocket Network 连接示意

Pocket Network 的架构由一条主链和众多节点运营商组成。主链采用 PoS（Proof of Stake，股权证明）机制，所有参与数据处理任务的运营商在这个机制下以节点形式参与到网络中。Pocket Network 主链的目的不是实现高 TPS，不是运行智能合约，而是运行质押、激励和转账系统。

Pocket Network 支持多个区块链网络，如以太坊、比特币、Polygon、Solana、Harmony 等。

10.2　查询索引

区块链是分布式账本，相当于无结构数据组成的"数据库"。而且，以太坊这类 EVM 区块链的 EVM 数据和 Solana 这类非 EVM 区块链的数据结构也存在很大不同。因此，链上数据要经过一定的处理，方能被应用程序便捷地查询和索引。实现这类功能的，便是查询索引类中间件。

例如，应用端的 Token、NFT、ENS 等业务场景如果想查询 EVM 链上的 ERC-20、ERC-721 等协议级数据，就需要先对区块链上的数据进行解码和结构化处理，然后提供 API 结构供最终的应用端调用。数据处理的基本过程如图 10-3 所示。

图 10-3　数据处理基本过程

查询索引类中间件的代表项目有 The Graph、Moralis 等。

1. The Graph

The Graph 是一种索引协议，通过对区块链数据进行结构化和分类处理，使得应用开发者能够高效地对区块链数据进行检索。在 The Graph 上，任何人都可以构建称为

"子图（Subgraph）"的 API。通过该 API，链上数据访问变得更加快速和高效。The Graph 的运行原理如图 10-4 所示。

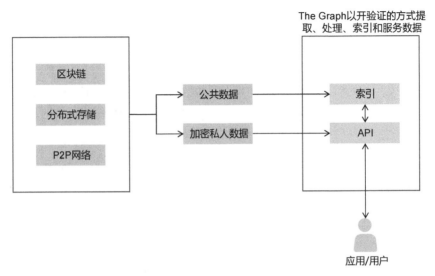

图 10-4　The Graph 运行原理

The Graph 的去中心化架构包括六大角色：终端用户、索引器、委托人、策展人、渔夫和仲裁员。其中，索引器负责运行节点和处理查询；委托人借出生态通证获得收益；策展人预测子图对网络的价值大小；渔夫负责保护网络；仲裁员解决争议。这六种角色在激励机制的协调下，互相配合和制约，共同维护了 The Graph 的稳定运行。

The Graph 提供的解决方案核心是索引器。索引器由运行节点充当，它监控着以太坊，根据子图请求提取和加载数据，并以 GraphQL 的 API 形式为其服务。

（1）索引器

The Graph 索引器与以太坊中的 Parity、Geth 等节点一起通过使用子图来精确调用在每个区块中提取的信息。在 The Graph 网络中，索引器节点会因提供了索引服务而获得生态通证奖励。

The Graph 发布了一套全面的文档标准，可以从其网站访问到子图表清单、映射等信息。

（2）GraphQL

GraphQL 是一种数据查询和操作语言，用户可以通过使用节点的 GraphQL 终端来查询数据。

GraphQL 是一种以开源形式发布的用来描述数据的语言，通过它可以建立查询数据的 API。这种方式在满足用户需求的同时也能最大限度减少网络数据堵塞。而且，建立在 GraphQL 上的 API 可以兼容不同类型的存储引擎。

GraphQL 查询快速稳定，能够返回可预测的结果。而且，GraphQL API 按照类型和字段进行建立，用户可以从单个端点访问数据的全部功能。

（3）子图

子图是基于 GraphQL 建立的索引模块，是 The Graph 生态的重要组成部分。简单而言，The Graph 的目标就是构建一个能够创建子图的引擎，并且为这个引擎提供动力系统。子图是参与 The Graph 生态系统的主要机制，任何人都可以创建子图并将其作为索引器运行。

子图定义了 The Graph 将从以太坊索引哪些数据以及如何存储这些数据，并提前进行了计算。因此，子图可以提供快速的查询响应和精准的查询结果。同时，子图还可以执行复杂查询，并可以从任意区块高度开始索引。

运行在以太坊上的每个项目或应用程序都可以创建子图。子图公开后，允许任何其他应用程序和用户查询其中的索引数据。因此，多个应用程序可以利用同一组子图来减少复制和冗余开发的时间。

最重要的是，子图将通过 The Graph 冗余的去中心化网络保持永久在线，而不依赖于任何一个索引器。这样一来，开发者们可以在任意时间进行数据查询。

2. Moralis

Moralis 是 The Graph 的主要竞争对手。Moralis 为 DAPP 提供可以跨链运行的后端托管服务，除了构建索引之外，还可以设置链上警报、观看智能合约事件等，所有功能都是通过 SDK 调用的。

Moralis 几乎支持所有的区块链，包括以太坊、BSC、Polygon、Solana、Elrond 等。即使有新公链诞生，Moralis 也会快速实现兼容。因此，基于 Moralis 开发的应用基本上是一个全链应用。

Moralis 的核心是 Moralis 服务器，它包括以下组件。

（1）数据库

数据库是存储应用程序数据的地方，用户的钱包余额以及与智能合约的历史交互记录都保存在数据库中，以备应用端调用。

（2）云代码

使用云代码功能，开发者可以对 DAPP 中的后端代码进行执行，并对数据进行聚合和过滤。同时，基于云代码，开发者还可以在 JavaScript 中编写函数，通过 DAPP 调用来触发。

（3）SDK

SDK 将 Moralis 中的所有组件联系在了一起。SDK 是 DAPP 和 Moralis 服务器的交互方式。通过 SDK，开发者可以对用户进行身份验证，还可以获取用户的 NFT 列表、交易事件等。

10.3 数据分析

链上数据的可视化分析拥有巨大应用场景。尤其对于加密投资者而言，他们需要利用链上数据制作各种趋势图表、比例图表作为决策参考。

如果把图表看成终端产品，那么像 Dune Analytics 这样的图表制作和分享平台便相当于一个中间件。

Dune Analytics 既是一个数据分析工具，也是一个数据索引服务商，它把区块链上的数据进行解析，填充到 PostgreSQL 数据库中。用户无须编写脚本，只需要简单的 SOL 语句就可以对数据进行可视化配置。从数据库结构来看，以太坊区块链是键值数据库，而 Dune Analytics 把它变成了关系数据库，SQL 语句便是这个数据库的接口。

简单来说，Dune Analytics 对区块链底层的复杂性进行了简化，提供了一个人人可以创建可视化图表的平台。并且，在这个平台上，用户制作的内容可以像产品一样分享给他人使用，同时制作者还可以获得奖励。

Dune Analytics 可以提供的数据有：

- 原始交易数据，提供区块链上所有活动的详细记录。
- 项目级数据表，返回预处理后数据。
- 聚合型数据表，返回相关行业/主题的聚合数据。
- 与选定的组织合作以获取链下社区数据。
- 来自第三方数据提供商的价格数据。
- 用户自己生成的数据等。

通过 Dune Analytics，用户可以将难以理解的数据转换成易读的表格，包括原始表、项目表和聚合表；可以针对单一项目进行分析，也可以对某个板块进行全面分析。这些功能都是模块化的，可以集成到看板中。同时，Dune Analytics 还提供了柱状图、面积图、折线图、饼图等多种可视化图表。

以下为用户@ caseycaruso 在 Dune Analytics 制作的 CryptoPunks NFT 的数据图表，如图 10-5 所示。

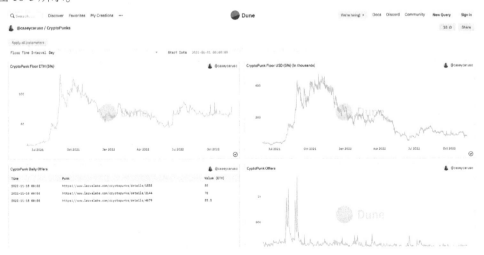

图 10-5　CryptoPunks NFT 数据图

简单而言，Dune Analytics 是一个 UGC 平台，它自己不制作图表，只是为用户提供一个了构建可视化图表的工具。

与 Dune Analytics 类似的项目还有 Footprint Analytics 等。

10.4 身份系统

身份系统中间件对社交类应用意义重大，它们对链上身份信息进行识别、简化、聚合等操作，建立起了 DID 和身份图谱，从而使得社交类应用的开发运营更加容易。

DID 是去中心化身份系统中最重要的一环，最具代表性的是域名项目，比如 **ENS**，它是一种以太坊域名服务，能将复杂的区块链地址变成人类可读的简单标签。

当然，域名只是一种表层应用。身份系统为社交网络服务，需要从数据层进行针对性的创新。此外，身份标签是孤立的，需要身份图谱将之关联才能形成真正的身份系统。

1. 身份数据

社交网络往往会产生海量的低价值信息，比如点赞、关注和分享等。这些信息如果存储在以太坊上就会面临高昂的 Gas 费和缓慢的读写效率。因此，**Web 3 社交需要解决的核心问题是如何以去中心化的形式存储动态数据**。只有社交网络能够支持动态数据存储，才能支持 DID 以及其他社交媒体和应用。

Ceramic 在 IPFS 上建立了一个新的数据层来解决这个问题，它不仅是一个去中心化、可跨链、能管理动态内容数据的数据库服务，还是一个以此动态数据库为基础的公链生态 Ceramic Network。Ceramic 解决了身份系统的底层数据问题。

Ceramic 网络有三个核心组件：数据基础设施、数据模型市场和开放 API。

（1）数据基础设施

Ceramic 的基础层是可扩展的去中心化数据网络，网络中的节点协同工作，为网络上所有的存储状态提供数据可用性，并对新交易达成共识。

Ceramic 专门为社交、游戏这种高吞吐量的场景设计，不同于服务金融场景的传统 L1 区块链。在 Ceramic 中，每一个数据状态由创建它的账户所拥有，其他账户无法修改，只可以引用。这种账户对应的可变数据对象的集合称为"流"，只有流的所有者可以写入。这种架构方式使得数据块可以进行水平扩展，类似于分片的概念。

（2）数据模型系统

Ceramic 的数据模型系统由社区创建，实现了应用程序数据的可组合性。数据模型对同一类型的应用程序如何检索和存储用户状态进行了统一定义。比如，在某个去中心化设计应用中，它运行在这个共享数据模型上，其中包括用于帖子的模型、用于社交图谱的模型、用于即时聊天的模型等。通过这种相同的模型，分布式节点才可以进行互操作。

Ceramic 允许开发人员调用其他开发人员的数据模型，每一个应用程序都自动获得网络中存储在这些模型里的所有数据的访问权限。社交应用的开发者们不用再担心应用早期的用户数据获取问题。

（3）开放 API

开放 API 用于在 Ceramic 网络中检索、修改和存储数据。通过这些标准化的 API，开发者可以轻松地在 Ceramic 网络上建立自己的应用程序。

从本质上来讲，Ceramic 就是一个专为 DID 而生的底层数据协议。除了 Ceramic 外，Tableland 也是解决类似问题的项目。

2. 身份图谱

身份系统不仅有身份标识，更重要的是身份之间的关联，即身份图谱。身份图谱也可以称为社交图谱，对于社交网络的建立至关重要。阅读、点赞、私聊、转推等用户操作都涉及用户与用户之间的关联，这些关联构建了一个庞大、交错的社交网络。一些中间件协议试图建立公共的社交图谱，进一步为社交应用的开发提供便利，比如CyberConnect、Lens 等。

（1）CyberConnect

CyberConnect 是一个去中心化社交图谱协议，基于前文所述的 Ceramic 数据层构建。CyberConnect 中的社交关系以数据库的形式进行沉淀，并存储在 Ceramic 上。开发者可以在 CyberConnect 上轻松开发面向用户的社交类应用。

CyberConnect 有两个核心组件供应用开发者使用：社交数据网络和兴趣图谱引擎，如图 10-6 所示。

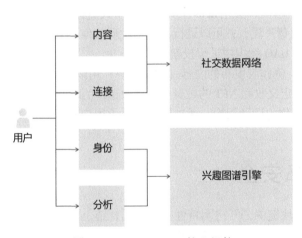

图 10-6 CyberConnect 核心组件

1）社交数据网络。CyberConnect 构建了一个庞大的社交数据网络，其中包括用户身份、用户之间的关系、用户创作的内容三部分。CyberConnect 是一个基础架构，无Gas 费、可组合、可扩展。开发人员在 CyberConnect 上构建应用程序时，只需聚焦用户获取、用户体验以及内容审核，而无须担心如何建立和维护基础架构。

依托 Ceramic，CyberConnect 具有足够分散的数据存储系统，确保了社交数据的完整性和可用性。CyberConnect 上的每个连接和内容都必须由用户掌控的加密密钥对签名，保障了社交数据的所有权。

CyberConnect 开发了一个部署在 EVM 兼容区块链上的智能合约协议，该协议使内容创建者能够构建其链上社交网络，并通过高度可定制的中间件将其社交数据货币化。

2）兴趣图谱引擎。CyberConnect 的兴趣图谱引擎用于索引、聚合与身份及其活动相关的链上和链下数据源。开发者使用兴趣图谱引擎提供的索引数据和推荐算法可以轻松获取用户。兴趣图谱引擎包括索引系统、推荐引擎和用户身份三大部分。

索引系统可索引的数据源很广，不仅包括区块链、分布式存储，还包括链下社交媒体。推荐引擎包括社交联系推荐、内容和项目推荐、信息流排名，可以帮助开发者进一步降低社交类 DAPP 的启动门槛。用户身份通过链下个人资料和链上地址数据生成，推特、ENS、NFT 等身份信息都会映射到一个整体的 DID 标识当中。

（2）Lens

Lens 是一个基于 NFT 构建的社交图谱协议，为社交应用提供一系列模块化的基础功能组件。通过 Lens，社交应用中的用户可以把自己的个人资料、发帖点赞等互动行为和社交关系变成 NFT，从而使得社交数据资产化，即用户真正拥有自己的社交数据。

在 Lens 中，所有的用户行为都会标记为 NFT 的形式，主要包括三大类：个人资料 NFT、粉丝 NFT、收藏 NFT。

1）个人资料 NFT。个人资料 NFT 是 Lens 协议的核心，通过该 NFT，用户可以控制自己创作的内容。个人资料 NFT 包括用户发布的帖子、转载、评论和其他内容。

2）粉丝 NFT。当用户关注 Lens 上其他人的个人资料时，他们会获得粉丝 NFT。粉丝 NFT 可以设置付费关注，并可以进行流通来发现价值。另外，粉丝 NFT 还具有治理功能，比如可以在 DAO 组织中进行投票等。

3）收藏 NFT。创作者发布的内容（如文章等）可以变成收藏 NFT，供粉丝进行购买。创作者可以自定义收藏 NFT 的数量或者开放销售的时间等。

Lens 采用模块化的设计架构，通过货币化赋予用户权利，让 Web 3 社交具有了无限扩展的可能性。

10.5　隐私安全

隐私安全与区块链的公开透明特性并不矛盾，链上公开的是公共数据库，而隐私是用户自己的数据。Web 3 隐私安全赛道包括多种解决方案，从 L1 底层解决、从应用端解决和从中间件层解决，本节仅讨论中间件层部分。

1. Aztec Network

在隐私安全方面，L2 方案也可以认为是中间件解决方案的一种，代表项目是 Aztec Network。Aztec Network 的目的是为以太坊上的交易增加隐私性。Aztec Network 使用了零知识证明技术，既可以对以太坊上的逻辑事务进行验证，又可以保证用户地址的匿名性。通过 Aztec Private Rollup 提供的隐私保护功能，用户采用何种协议、在何时交易了何种资产，都无法被追踪。

此外，Aztec Network 结合了同态加密、域证明等独特方案，可以快速、有效地验证零知识范围证明，降低了以太坊的 Gas 费。比如，Aztec DeFi 桥接器能够在每个 Rollup 中批量处理数千笔交易，而且这些操作可以将费用降低到原 Gas 费的十分之一。

2. Automata Network

Automata Network 是一个典型的隐私中间件，它可以为不同区块链上的应用程序提供去中心化隐私服务。

AutomataNetwork 将 TEE（可信执行环境）硬件与 Oblivious RAM 算法相结合，并创建了一个保证用户数据无法被第三方访问的安全空间，从而实现了用户隐私的高度保密性。

Automata Network 由三层架构组成，分别是控制层、安全层和服务层。控制层是第一层，负责状态转换、证明验证以及 Geode 节点之间的协调；安全层是第二层，是提供安全空间的 Geode 节点进行运算的地方；服务层是第三层，直接为开发者提供服务，通过该层，开发者无须自己运行 Geode 节点即可直接与其他应用程序集成。

此外，Automata Network 还提供了一种名为 Witness 的链下投票治理方案，可以让不希望透露身份的用户匿名参与。Witness 支持以太坊、BSC 等 EVM 兼容链，同时还提供零 Gas 费、链上执行、隐私级别调整、委派他人代投等功能。

3. Tornado Cash

Tornado Cash 是建立在以太坊上的基于零知识证明的隐私交易中间件，同时也是一款隐私应用。Tornado Cash 可以作为其他应用程序的隐私组件，也可以直接为用户提供隐私交易服务。

通过 Tornado Cash，用户能以不可追踪的方式将 ETH 以及 ERC-20 通证发送到任何地址，从而不暴露自己的资金来源。

Tornado Cash 实现匿名交易的核心原理是阻断寄款人和收款人地址的链上关联，如图 10-7 所示。

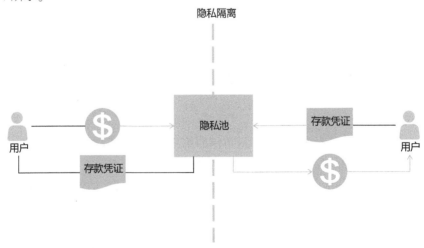

图 10-7　Tornado Cash 匿名交易原理

总体流程是：用户先将加密资产存入隐私池中，并获得一个存款凭证。未来，持有存款凭证的人随时可以从隐私池的任意地址中提取等量的加密资产。在这个过程中，存款凭证的生成和使用都不会出现在链上的转账数据中，因此保证了存款和提款的完全独立。如果用户想要切断资产的来源记录，可以将资产存入 Tornado Cash，然后将资产再提取到一个完全空白的新地址。

10.6 预言机

简而言之，预言机的作用是将区块链外部的信息传递到区块链上。

1. 为什么需要预言机

在区块链这样的分布式系统中，为了保证稳定运行，需要多个节点统一执行结果。因此，区块链不能接收外部动态数据，只能作为封闭系统而存在。

但是，随着区块智能合约的广泛应用，区块链与现实世界的连接需求越来越强烈，比如在一些体育赛事竞猜类领域，DAPP 需要获知比赛结果，才可以依此执行一系列链上操作。在这种情况下，预言机应运而生，扮演了连接链下与链上的关键角色。预言机的工作原理如图 10-8 所示。

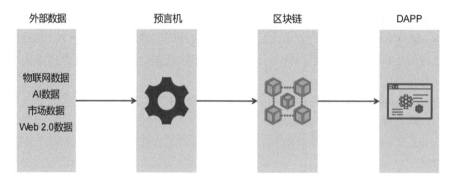

图 10-8 预言机工作原理

预言机解决了将链下数据导入链上过程中存在的问题，比如如何保证数据的真实性、时效性以及在调用过程中的安全性等。

2. 预言机的种类

（1）中心化的预言机

中心化预言机的逻辑很简单，即从可信的第三方机构获取数据，如政府、机构或大型企业等。国内的联盟链大多使用中心化预言机。

Oraclize 是中心化预言机的代表，它的思路是使用 TEE（可信执行环境）和可审计的虚拟机这种软硬相结合的方式，在信息源和区块链之间建立加密传输通道，实现可靠传输。

Oraclize 使用 TLS（Transport Layer Security，传输层安全）协议实现网络数据的可

靠传输，并通过 SGE（Software Guard Extension，软件防护扩展）保证本地数据的安全。同时，Oraclize 为 DAPP 提供了 API，开发者可以直接调用。

尽管中心化的预言机可以实现为区块链"喂"数据的功能，且具有高性能和高效率的优势，但是也带来了单点故障风险。区块链及智能合约的初心在于采用去中心化的方式来达到公平、公开的效果，如果数据输入的源头仍然依赖中心化的方式，那么区块链的应用效果将大打折扣。同时，单点模式可能会存在宕机或网络故障情况，这将导致数据输入失效，应用端的服务将被迫暂停，极大地影响用户体验。

（2）去中心化预言机

去中心化预言机是一个分布式网络，网络由众多预言机节点组成，它们同步运行，通过互相验证来保持数据一致性。

相对于中心化预言机的单点模式，去中心化预言机增加了可靠性和稳定性，但是带来了新的效率问题。分布式节点之间如何高效地达成一致，是去中心化预言机致力于解决的问题。

去中心化预言机一般分为链下和链下两部分，链下组件负责数据获得和传输，链上组件负责与智能合约交互。其工作原理如图 10-9 所示。

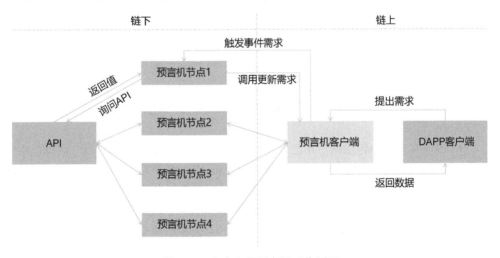

图 10-9　去中心化预言机工作原理

它的工作流程为：

1）需要链下数据时，智能合约触发事件。

2）链下组件监听事件日志。

3）链下组件接口处理事务，并以交易方式返回智能合约。

3. 主流预言机项目

（1）Chainlink

Chainlink 是去中心化预言机中的代表项目，它创建了一个分布式预言机网络，可以为智能合约提供喂价等服务。Chainlink 目前已经在 DeFi 等知名 Web 3 应用中得到广泛应用。

Chainlink 网络由多个数据节点组成，每个节点都会收集数据，在节点达成共识后，再将数据传给区块链上的智能合约。这种方式规避了中心化节点输入数据带来的风险。这里的共识方式不同于 PoW 或 PoS，是中位数共识模式。这种模式好比在唱歌比赛中对评委打分进行统计时去掉最高分和最低分，然后对剩余的分数取平均值。

Chainlink 的架构包括节点、合约和适配器三大部分，如图 10-10 所示。

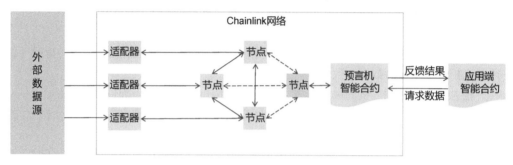

图 10-10　Chainlink 架构

其中，Chainlink 节点是一个链下中间件，它负责对数据进行共识建立，将最终数据传递给预言机合约。预言机合约部署在区块链网络上，它向 Chainlink 节点分发事件。适配器是 Chainlink 节点连接外部数据源的软件，执行收集数据的任务。

Chainlink 提供以下服务。

1）Chainlink Data Feeds。Data Feeds 是 Chainlink 提供的数据喂价服务，为智能合约提供价格服务。

Data Feeds 业务中包括两个角色，一是数据提供商，二是预言机节点。数据提供商会将自己的数据或者从第三方获取的数据输入 Chainlink 预言机网络中的一个节点，每个提供商输入的数据都会在预言机网络中进行共识建立。共识达成后，预言机网络会随机选取其中一个节点，由该节点将数据提交给区块链。

2）Chainlink Keepers。Chainlink Keepers 是一个去中心化合约执行工具，可以实现链上合约的自动化执行。

众所周知，智能合约不会在无条件的情况下执行指令，而是在被触发后方可执行指令。同时，智能合约本身无法实现自我触发，也就是说，它必须由外界进行触发。当前一些小型项目一般采用的是手动触发方式，这种方式存在中心化风险。

Chainlink Keepers 的解决方案是用去中心化的方式实现自动触发合约。开发者只需要创建一个与 Keeper 兼容的合约并注册 Upkeep，每个区块中就会自动去检测其监控的合约状态，如果符合预设条件，就调用函数。这样便实现了在不需要任何进一步输入的情况下，让智能合约完全自动化地执行。

3）Chainlink VRF。Chainlink VRF 是一种去中心化的可验证随机数。

随机数在区块链中起着极为重要的作用。当前，主流的随机数生成方式为，先根据当前区块中的交易生成哈希，再以该哈希作为种子生成随机数。这种方式会带来 MEV（Miner Extravable Value，矿工可提取价值）问题，即矿工可能会通过选择性打包的方式产生想要的随机数，从而获得高额利润。

　　Chainlink VRF 通过去中心化的预言机网络产生随机数。首先，用户将种子传递给 VRF 合约，VRF 节点会使用种子和节点私钥生成随机数，同时还会生成一个"证明"返回 VRF 合约，然后，VRF 合约会使用该"证明"验证随机数的真实性。如果验证通过，则将随机数发回给用户。这种方式可以对随机数的生成过程进行验证，使其更加安全可靠。

　　（2）PlugChain

　　PlugChain 是基于 Cosmos 打造的跨链去中心化预言机，相对于 Chainlink，它具有更强大的跨链框架。PlugChain 采用多链聚合的协作方式，除了以太坊之外，还可以服务于其他多条主流公链，如 BSC、Solana、Cosmos、Polkadot、Heco、Polygon 等。

　　PlugChain 的架构包括四个模块，如图 10-11 所示。

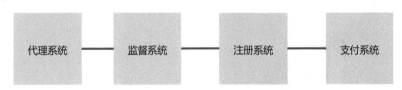

图 10-11　PlugChain 架构

　　其中，代理系统用于调用用户合约；监督系统用于确保链上记录的真实性；注册系统负责外链加入验证节点；支付系统相当于一个使用门槛。

　　PlugChain 创新性地采用了异构分片技术，实现了不同区块链间直接的跨链数据交换。通过该技术，不同链上的 DAPP 可以进行无缝沟通和互动。

　　尽管目前 PlugChain 的生态发展不及 Chainlink，但是基于多链的架构带来了更多的成长可能性。

TheirSverSe ▶

Theirsverse #66
Holder:EasonLau

Theirsverse 创造了一个连接Web 2.0和Web 3的品牌,包括 NFT 艺术品、时尚玩具和 DTC 美妆等。Theirsverse 正在建立一个全球青年艺术家基金,以推动更多艺术家进入蓬勃发展的 NFT 世界。

#1703

#63

#5291

#3014

#1742

#3578

Theirsverse #3078

第 11 章　Web 3 开发工具

Web 3 开发工具专门为 Web 3 开发者服务。使用开发工具，Web 3 开发者无须从零开始构建项目，而是可以用现成的代码模块直接进行组合。同时，开发人员还可以借助辅助开发工具对智能合约进行监控和安全测试。此外，一些无代码开发平台甚至支持没有任何开发经验的人员通过拖放操作简单快速构建 DAPP。

本章阅读导图

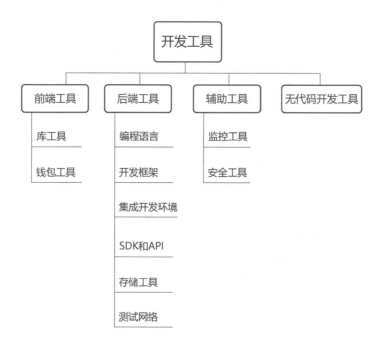

本章阅读指引

Web 3 有哪些开发工具？如何监控智能合约的运行状况并检测其安全性？不懂代码如何开发 Web 3 应用？

本章从前端工具、后端工具、辅助工具、无代码工具四个维度进行解答。

开发工具对于 Web 3 开发者而言非常重要，同时，为了更深了解 Web 3 应用的开发流程，Web 3 投资者们也需要对其有所了解。此外，一些开发工具平台已经获得资本投资。

　　本章列举了前端和后端开发的一系列常用工具，以及用于监测智能合约运行状况和安全性的辅助工具。同时，还介绍了目前较受欢迎的无代码开发工具。

11.1　前端工具

　　Web 3 与 Web 2.0 的差别主要在于用区块链替换了后端资料库，对于前端而言变化并不大，只是增加了钱包功能。在 Web 2.0 中，客户端直接提交需求到后端服务器和数据库触发数据更新，而在 Web 3 中，操作需要经过用户的批准和确认。Web 3 这个操作需要用户在前端连接钱包，并通过钱包实现。

　　因此，**Web 3 前端开发仍然需要 React、Vue、Angular 等主流 Web 2.0 前端工具。**同时，Web 3 前端开发主要解决的问题是如何更加快捷、简单地将钱包连接到 UI 界面以及如何在网站上与智能合约交互的问题。以下介绍一些解决这些问题的 Web 3 前端启动工具。

11.1.1　库工具

1. Web 3. js

　　以太坊节点只能识别一种叫作 JSON-RPC 的语言，无法直接与前端的 JavaScript 界面进行交互，Web 3. js 解决了这个问题。

　　Web 3. js 是一个库集合，是前端与以太坊区块链交互的主要 JavaScript 库，它允许开发者使用 HTTP、IPC 或 WebSocket 与本地或远程以太坊节点进行交互。

2. Ethers. js

　　Ethers. js 也是一个用来实现 JavaScript 程序与以太坊区块链交互的库。但是，相比 Web 3. js，Ethers. js 小而紧凑，拥有更少的代码量、更加简单的接口、更好的易用性。

3. Web 3Modal

　　Web 3Modal 由 Wallet connect（可以连接所有 Web 3 钱包的开源协议）团队开发，它构建了一个可以连接任何 Web 3 钱包的框架。使用 Web 3Modal，开发者可以一站式连接所有 Web 3 钱包，无须纠结连接哪个钱包且无须逐个配置。

4. Moralis

　　Moralis 由 Ivan on Tech 团队开发，不仅可以帮助开发者将应用连接到钱包，还可以将全栈应用连接到其他后端系统。

5. Web 3-React

　　Web 3-React 是 Uniswap 工程负责人 Noah Zinsmeister 开发的一个软件包，被 Uniswap、Compound 和 Aave 等知名 DeFi 项目广泛使用。Web 3-React 包含了上下文管理器、强大的 Hooks（钩子）以及 Web 3 钱包内置连接，使开发者能够快速上手。

6. Web 3Auth

Web 3Auth 是一种简单的非托管身份验证解决方案，它希望通过传统社交账户来实现 Web 3 客户端的无缝登录。

11.1.2 钱包工具

要创建 DAPP，钱包是一个必不可少的环节。用户在客户端用钱包签署交易后，方可与区块链智能合约互动。

1. MetaMask

MetaMask 是目前应用最广的钱包，它主要作为浏览器插件使用。MetaMask 可以嵌入 Web 3. js API 到网站中，支持用户直接在浏览器端与 DAPP 互动。同时，作为钱包，MetaMask 还有管理私钥、读取区块数据等其他功能。

2. WalletConnect

WalletConnect 是一种开源协议，通过扫描二维码可以实现 DAPP 与其他钱包的连接。开发者只需要配置 WalletConnect 即可实现与几乎所有钱包的连接。

11.2 后端工具

后端工具包括一系列用于智能合约开发的工具，如编程语言、集成开发环境以及存储和测试工具等。

11.2.1 编程语言

智能合约是一种可自动执行的计算机程序，需要编程语言进行编写。以下列举几种常用的编程语言。

1. Solidity

Solidity 是一种面向对象的高级编程语言，是当前智能合约开发中最流行的语言。Solidity 为开发智能合约而创建，借鉴了 C++、JavaScript 和 Python 的特性，其主要目的是能够运行在 EVM（以太坊虚拟机）上。同时，Solidity 也可以在其他兼容 EVM 的区块链上运行，比如 BSC、Polygon、Tron、Avalanche 等。

Solidity 是静态类型语言，支持继承、库和复杂的用户定义类型等特性。

（1）Solidity 的优势

1）社区强大。Solidity 是第一个为智能合约设计的编程语言，同时也是服务于当前最大的可扩展公链以太坊的编程语言，因此 Solidity 开发社区非常庞大，新手开发时所遇到的问题往往很快能找到答案。

2）易于学习。Solidity 语言中的绝大部分语法规则来自 C++、Python 和 JavaScript 这些流行的编程语言，因此 Solidity 的学习对于有 Web 2.0 编程基础的开发者来说非常容易。

3）工具齐全。Solidity 拥有丰富的集成工具、插件等，比如 Remix、IntelliJ IDEA

plugin、Visual Studio Extension 和 Etheratom 等。这些工具大大提升了 Solidity 的易用性。

（2）Solidity 的劣势

1）Solidity 仅用于 EVM 环境，不具有通用性。

2）Solidity 伴随以太坊的诞生而诞生，相对于以往的编程语言来讲，还非常年轻，有一定的不成熟之处。

2. 其他编程语言

除了 Solidity 之外，还有其他几个编程语言也在区块链智能合约领域有着广泛的应用。

（1）Vyper

Vyper 也是一个基于 EVM 的智能合约编程语言，类似于 Python。Vyper 为解决以太坊安全问题而设计，对 Solidity 起补充作用。

Vyper 在功能上进行了简化，它拥有自定义全局变量、事件通知器等特定的合约功能，但是不支持修改器、内联汇编、递归调用等功能。

Vyper 的优势是安全、易操作和可读性强。因此，对于追求安全和熟悉 Python 语言的开发人员来讲，Vyper 是比 Solidity 更理想的选择。

（2）Rust

Rust 是一种可以编写智能合约的低级静态类型语言，它的存储效率高，简单可靠。但是，Rust 不兼容 EVM，只可以在 Solana、NEAR、Polkadot 这样的新区块链上运行。

Rust 是一种多范式语言，专注于提高性能和安全性。它的实时编译器可以添加和重构检查代码，相比其他语言大大提升了速度和稳定性。

Rust 可以为开发人员（包括项目方团队以及志愿者）提供一个高效的协作方式。同时，支持程序员最大限度地把握开发细节。因此，Rust 也被称作当前最有效的智能合约编程语言。

（3）Yul

Yul 是一种可以编译到各种不同后端的中间语言，它是 EVM 操作码语言上的一个薄抽象层，可以在独立的 Yul 合约中使用，也可以通过 assembly 块在 Solidity 合约中使用。

目前，Yul 已经可以用于 Solidity 内部的"内联汇编"，并且在 Solidity 编译器的未来版本中，Yul 将被用作中间语言。

Yul 的优势是简单灵活，对初学者友好，缺点是由于需要编译成字节码，导致开发时间较长。

（4）JavaScript

JavaScript 是一种在 Web 2.0 传统领域广受欢迎的通用型编程语言，也可用于智能合约的编程。Lisk 的侧链开发组件就是用 JavaScript 编写的，开发者可以使用该组件在 Lisk 区块链平台上构建 DAPP。

JavaScript 是非常成熟的编程语言，有大量社区支持，因此可以很快地进行开发。

但是，JavaScript 的劣势是它属于动态类型，而 Web 3 开发者为安全考虑往往倾向于静态类型的编程语言。

11.2.2　开发框架

开发框架包含一系列用于创建、部署和测试代码的工具，由经验丰富的开发者开发。

举例说明，开发框架就好比盖楼房时用钢筋柱子、梁、承重墙做成的混凝土结构，人们在这个基础上可以快速建造不同类型的房屋，而不是从地面开始一块砖一块砖地砌造房子。这种混凝土结构的房子不仅建造时间快、效率高，而且结构扎实、质量过硬。

使用开放框架，在构建 DAPP 时不必从头开始，只需要在现成程序包的基础上进行添加或优化即可。同时，开发框架还可以帮助开发者部署并测试他们的智能合约，大大减轻了开发者的工作量。

以下介绍几个受开发者推崇的智能合约开发框架。

1. Truffle

Truffle 是针对以太坊 Solidity 语言的开发框架，基于 JavaScript 开发。Truffle 拥有现成的库，提供从智能合约创建工具到区块链测试环境等一系列功能，可用于 DAPP 的一站式开发、测试和部署。

Truffle 是目前最常用的智能合约框架之一，它具有以下主要特色。

（1）客户端集成

Truffle 对客户端进行了深度集成，无需复杂的配置更改，开发、测试和部署整个过程只需要一行命令就可以全部完成。

（2）合约抽象接口

Truffle 通过基于 Web 3. js 封装的 Ether Pudding 工具包提供了合约抽象接口，极大地简化了开发流程。

（3）控制台

为便于测试，Truffle 提供了控制台。DAPP 构建完成后，可以直接在命令行调用并输出结果，极大地简化了测试流程。

（4）自动更新

通过监控合约，Truffle 能够第一时间发现配置变化，并进行自动发布和部署，而不是每次微调都要走全部流程。

2. Hardhat

Hardhat 与 Truffle 一样，也是一个基于 javaScript 的框架，服务于以太坊。

Hardhat 上可以抽象出绝大部分与区块链开发相关的底层通用功能，还可以直接集成 OpenZeppelin 的可升级智能合约插件。因此，Hardhat 是一个相对来说更加全面的工具。

此外，Hardhat 还有内容简洁、运行速度快的特点。而且在操作方面，Hardhat 非常容易上手，对新人更加友好。

3. Embark

Embark 旨在成为一个完整的全栈区块链平台，支持开发者同时构建 DAPP 的前端和后端。它在为 DAPP 提供存储、测试和智能合约部署的同时，还可以访问 Etherscan 等插件。

如何 DAPP 开发者想集成一个全栈开发方案，那么 Embark 是一个不错的选择。

4. Brownie

Brownie 服务于熟悉 Python 语言的开发者，它相当于一个 Python 版本的 Truffle。

Brownie 在 Truffle 的功能上进行了一些改进和优化，用 Python 编写，从而避免了开发者不熟悉 JavaScript 语言带来的麻烦。

Brownie 得到了 Python 开发社区的广泛欢迎。

11.2.3　集成开发环境

集成开发环境（Integrated Development Environment，IDE）是一种用于编程的软件，它把开发者常用的工具（源代码编辑器、编译器、解释器和调试器等）整合到一个图形用户界面（GUI）中。开发人员可以通过图形用户界面访问这些工具，并实现整个代码编译、调试和执行的全过程。同时，IDE 还提供一些有助于提高开发者编程效率的高级功能，比如语法高亮显示、语法错误提示、代码补全提示、断点调试、函数追踪等。

从本质上讲，以太坊上的应用程序与 Web 2.0 中的应用程序相同，因此传统的集成开发环境也适用于以太坊。在本节，仅介绍为以太坊等区块链上的应用定制的集成开发环境。

1. 网络 IDE

（1）Remix

Remix 是开发者眼中的区块链 IDE 行业标准。Remix 使用 JavaScript，可以在浏览器或本地计算机上使用。

Remix 提供了一整套全面的库、插件和其他相关功能，开发智能合约所涉及的所有操作，如编译、测试和调试等都可以在 Remix 提供的图形用户界面（见图 11-1）中完成。

（2）EthFiddle

EthFiddle 是一款由 Loom 开发的浏览器 IDE，可用于编写和调试 Solidity 代码。使用 EthFiddle，开发者除了可以轻松地编辑之外，还可以在演示文稿中与他人共享代码，进行远程协作。

EthFiddle 在功能数量方面不及 Remix，但是它的贡献功能被很多开发者所青睐。EthFiddle 的操作界面如图 11-2 所示。

（3）ChainIDE

ChainIDE 是纯白矩阵研发的基于多链的 IDE，支持以太坊、BSC、Conflux、Dfinity、Nervos、Polygon、Flow 等十余种不同的公链或联盟链。ChainIDE 支持 Windows、 macOS、Linux 等多个操作系统，其操作界面如图 11-3 所示。

图 11-1　Remix 图形用户界面

图 11-2　EthFiddle 操作界面

图 11-3　ChainIDE 操作界面

2. 桌面 IDE

（1）Visual Studio Code

Visual Studio Code 简称 VS Code，是微软开发的支持跨平台的免费源代码编辑器。VS Code 是一款软件，可以下载到桌面使用。

VS Code 拥有语法高亮、代码自动补全、代码重构等功能，且内置了命令行工具和 Git 版本控制系统。开发者可以在 VS Code 上进行更改主题、添加快捷方式等个性化设置，也可以通过内部商店安装扩展软件。

VS Code 的操作界面如图 11-4 所示。

图 11-4　VS Code 操作界面

（2）Atom

Atom 是一个由 GitHub 开发的免费开源文本和源代码编辑器，支持用 JavaScript 编写的插件和嵌入式 Git 控件。Atom 是一款桌面软件，大部分扩展包都有免费软件许可，由社区建立和维护。

Atom 的操作界面如图 11-5 所示。

图 11-5 Atom 操作界面

11.2.4 SDK 和 API

SDK 是 Software Development Kit（软件开发工具包）的简称，是在平台上建立应用程序的软件集合。API 是 Application Programming Interface（应用程序接口）的简称，通过 API 可以请求数据，实现不同软件之间的交互。

1. Otherside SDK

Yuga labs 旗下的元宇宙项目 Otherside 旨在打造一个开放式多人游戏互动平台，它为开发者提供 SDK 工具。通过 SDK，开发者可以在 Otherside 上制作角色、道具、服装、建筑，甚至游戏等，同时也可以在市场上交易它们。

2. Thirdweb SDK

Thirdweb SDK 提供了一个很方便的 Web 3 应用集成方式。使用 Thirdweb SDK，开发者可以轻松创建 NFT，在不编写代码的前提下发行 NFT 项目，并对 NFT 的版税进行自定义。

3. Alchemy NFT API

使用 Alchemy 推出的 NFT API，开发者可以在 UI 界面中展示 NFT 元数据。同时，Alchemy NFT API 隐藏了 NFT 智能合约交互的技术细节，让买卖双方无须阅读合约，只要简单操作即可进行交易。

11.2.5 存储工具

存储工具类似于节点服务商，它们构建在像 IPFS 这样的分布式存储网络上，为 Web 3 项目提供简单易用的存储服务。开发者无须搭建 IPFS 节点，甚至无须进行 API 设置，就可以使用分布式存储服务。

1. Web 3. Storage

Web 3. Storage 是基于 IPFS 和 Fliecoin 的免费存储服务，由 Protocol Labs 推出。Web 3. Storage 提供了一个简单界面，使应用开发者无须进行复杂设置即可使用 Fliecoin 存储服务。

2. NFT. Storage

NFT. Storage 是专为链下 NFT 数据（如元数据、图像等）而设计的长期存储服务，每次可上传文件容量高达 31GiB。

3. OrbitDB

OrbitDB 是一种没有服务器的分布式 Web 数据存储网络，它使用 IPFS 作为数据存储介质，在节点之间通过 IPFS Pubsub（Publish - subscribe pattern，发布订阅模式）自动同步数据。

4. Spheron

Spheron 是一个去中心化网络托管服务商，支持多链部署，只需要简单几步，即可在 Arweave、Skynet、IPFS 和 Filecoin 多个平台实现存储。

11. 2. 6 测试网络

智能合约是不可篡改的，一旦部署到区块链上，就无法做任何修改。因此，开发者在正式发布合约前，往往会使用测试网络对合约进行测试。

1. 本地测试网络

Ganache 是一个本地区块链的典型代表，它专门服务于以太坊开发，可以作为桌面程序或者命令行工具使用。Ganache 界面友好，可以轻松部署智能合约并执行测试，同时，还可以配置区块时间等其他元素，满足多样性的开发需求。

2. 公共测试网络

公共测试网络有 Ropsten、Goerli 和 Rinkeby 等，相对于本地网络，它们可以更准确地模拟区块链的行为。以 Ropsten 为例，它使用了类似于以太坊主网的工作证明共识，可以更加贴切地模拟以太坊网络。

11. 3 辅助工具

辅助工具用来辅助后端开发，比如监控智能合约运行、监测智能合约安全性等。

11. 3. 1 监控工具

在 DAPP 运行过程中，需要及时掌握用户使用状况、API 调用状况或响应时间等相关数据，以便对 DAPP 进行及时调整和改进。这需要借助相关的监控工具来实现。

1. Alchemy Monitor

Alchemy Monitor 是一个专门用于监控 DAPP 节点和用户活动状况的工具，提供 DAPP 监控状况的实时更新，并显示 API 调用、错误率和响应时间等指标。

Alchemy Monitor 还拥有自动报警系统，可以在 DAPP 运行出现重大故障之前发出警报。

2. Alchemy Notify

Alchemy Notify 提供交易提醒、Gas 价格警报等为终端用户服务的实时信息推送服务，让用户也可以及时获知最新的链上信息。

11.3.2 安全工具

智能合约安全问题一直是一个非常值得重视的问题，它是一切的基础。如果智能合约被黑客攻击甚至盗取资金，那么它将遭受重大打击，不仅流失用户，而且可能导致整个项目失败。

1. Octopus

Octopus 是一个用于对智能合约代码进行详细分析的解决方案。Octopus 提供了符号执行、调用流分析和控制流分析。使用 Octopus，开发者可以在智能合约运行错误出现之前找到并修复它们。

2. Mythril

Mythril 用于分析 EVM 字节码，并使用污染分析、符号执行和污染解决来发行智能合约中的漏洞。

3. Securify

Securify 由以太坊基金会支持，可以检测多达 37 个不同的智能合约漏洞，并为 Solidity 智能合约提供上下文分析功能。

11.4 无代码开发工具

除了上述库工具外，还有一些无代码开发工具平台试图提供更简单的方法来构建 Web 3 前端。它们将前端工程师从大量标准化、低门槛的重复性代码编写中解放出来，以下简单列举。

1. Directual

Directual 是一款能无代码构建 Web 3 应用的全栈工具平台，只需要设计 UI、连接钱包等简单几步就可以建立一个具备完整功能的 DAPP。

2. SettleMint

SettleMint 提供成熟的"区块链平台即服务"解决方案，拥有一整套简单易用的工具、框架、模板和 API。即使没有任何开发经验的用户，也可以快速启动 Web 3 应用项目。

3. Nftlaunchkit

Nftlaunchkit 是一个零门槛建立 NFT 应用程序的工具，用户只需要使用网站构建器进行拖放操作，就可以快速创建一个 NFT 铸造网站，并通过仪表板对网站功能进行管理。

第 5 篇

———

应 用 篇

　　一切技术最终还是要体现在应用上，Web 3 应用是终端用户直接参与 Web 3 的窗口。从 Web 3 应用的落地情况可以看到 Web 3 当前的落地情况，以及未来的增长机会。

　　本章从艺术、社交、游戏等热门领域详细分析了当前 Web 3 的落地状况以及主流应用的实现方式。

　　坚持应用导向，以应用落地来拉动技术向前发展，这才是 Web 3 行业真正的发展之道。

ZombieClub ▶

Zombie#4570

ZombieClub 是亚洲第一个专注于 Metaverse 的区块链粉丝俱乐部，致力于创建 Web 3数位扶轮社；创始人团队均为区块链狂热者，包括传统基金经理人、科技顾问、早期投入 Crypto 专家等，皆属于 PunkDAO 的成员。

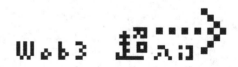

#324 #853 #995 #1221 #1587
#1847 #1987 #2136 #2327 #2846
#2917 #2956 #2976 #3049 #9591
#3640 #5054 #5294 #5331 #5523
#5674 #5924 #6154 #6999 #7245
#7818 #8087 #8790 #8831 #9130

#9137

第 12 章　Web 3 与艺术

全球来看，Web 3 在艺术领域的发展如火如荼。同时，艺术也是当前 Web 3 最出圈的领域。传统艺术家们争相入场，数字艺术家们更是屡试不爽。此外，在 NFT、DeFi、DAO 等赋能下，Web 3 艺术的形式也在不断推陈出新，其中，生成艺术尤其受到关注，并且正在引领未来数字艺术的新浪潮。

本章阅读导图

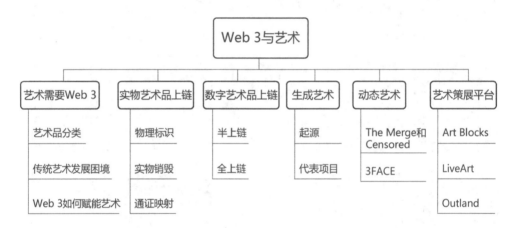

本章阅读指引

Web 3 如何赋能艺术？实物艺术品如何上链？生成艺术有前景吗？什么是动态艺术？艺术策展是什么？有哪些平台？

本章从艺术与 Web 3 的关系、艺术品上链方式、生成艺术等维度进行解答。

艺术是 Web 3 最出圈的领域，尤其以 NFT 的形式最多。艺术几乎充斥着整个 Web 3 行业，Web 3 创业者最常用的 PFP 头像就是一种典型的艺术形式。

本章从传统艺术面临的困境说起，讲解了艺术上链的具体实现方式，并对生成艺术、动态艺术这些创新的艺术形式进行了展望。

12.1　艺术需要 Web 3

当前，传统艺术发展面临困境，而 Web 3 中的 NFT、DeFi、DAO 等工具可以为艺术带来新的赋能。同时，链上生成艺术、动态艺术这些新的艺术形式也为艺术行业注入了新的活力。

12.1.1　艺术品的多维分类

从广义角度看，只要具有观赏性的东西都是艺术，像 CryptoPunks、BAYC 这样的 PFP 是艺术，像 Meebits 这样 3D 数字化身是艺术，一些设计精美的虚拟土地，如 Decentraland、Sandbox、Otherdeed 也是艺术。但是，本节仅讨论狭义的艺术，即纯粹由艺术家们所创造的艺术，包括绘画、音乐、电影等。

首先对艺术进行解构，从不同维度去拆分一下。

1. 艺术存在的介质

从艺术存在的介质维度来分，艺术可以分为物理艺术和数字艺术。

物理艺术存在于物理世界，以碳基的形式而存在，比如存放在博物馆里的蒙娜丽莎。而数字艺术存在于数字世界，是以硅基的形式存在，它们存储在数字博物馆服务器上、分布式存储网络里或者链上。

2. 艺术创作的方式

从艺术创作的方式来分，可以分为手绘艺术和生成艺术。

手绘艺术指的就是艺术家用手画的艺术品，不管是用物理画笔还是用连接计算机的数位板。生成艺术是用计算机程序生成的艺术，艺术家设置一定的规则，然后由软件或代码自动生成艺术作品。

生成艺术又分为链下生成和链下生成两种。

链下生成指的是在图片生成之后再把它上链。CryptoPunks 最开始就是用了这种方法，它把 10000 个已经生成的头像放在一张大图上，然后把这个大图的哈希值存了以太坊上。

链上生成指的是把生成艺术品的程序代码也放在区块链上，整个生成过程全部在链上完成。目前大家所说的生成艺术主要指的就是这一种，从艺术家设置算法到输出 NFT 都是 100% 在链上完成的。艺术家只创造某些生成规则并添加在代码中，然后链上程序根据艺术家设定的规则，通过随机组合图像或图案来自动创建链上艺术品。在作品被铸造之前，包括艺术家本人在内的任何人都不知道作品的最终模样。最知名的链上艺术生成平台是 Art Blocks。在这个平台上，诞生了一些很知名的生成艺术作品，比如 Fidenza。

3. 是否存储在链上

从是否上链的角度来分，可以把数字艺术品分为半链上艺术和链上艺术。

对于存储在像数字博物馆这种中心化平台的非 NFT 艺术品，必定存储在链下。同时，对于 NFT 艺术品来讲，也可以分为半链上艺术和全链上艺术。

尽管目前很多 NFT 项目宣传其为 Web 3 项目，但是它们中的很多（尤其是高清图片）其实并非全部存储在链上，而是把艺术品文件存储在链下。众所周知，以太坊主要是用作计算平台，要实现高清图片这样大容量的存储是不太现实的。所以，大部分的 NFT，比如 BAYC 这些项目，都是在以太坊上记录 Token ID 和一个指向 IPFS 的文件链接，真正的图片文件会保存在 IPFS 上，NFT 持有者真正拥有的只是一个编号而已。这类艺术品只能称为半链上艺术。

真正的全链上艺术指的是所有的 NFT 数据都保存在链上。当然，由于存储容量的关系，链上只能存放一些像素类的低保真项目，具有代表性的是 Larva Labs 开发的 Autoglyphs。

4. 艺术品的形态

从艺术品的形态分，可以把链上艺术分为静态艺术和动态艺术。

静态艺术指的就是画面不会改变的作品。现在的大部分 NFT 艺术都是静态的，这个静态不仅仅指的是静止不动，而是指形态不会改变。比如，动画类的艺术品虽然画面在动，但它总是同样的画面，所以也应把它叫作静态艺术。

动态艺术指的是 NFT 艺术品会不断根据链上或链下的一些数据变化而发生变化，比如 3FACE 这个项目，它会根据用户钱包地址上的一些交易行为发生画面变化。还有一种动态 NFT 可以将多个 NFT 合为一体，比如知名艺术家 PAK 的 The Merge 项目，里面的每个 NFT 都是一个小球，当同一个钱包里有两个小球的时候，这两个小球就会融为一体，成为一个大球。这些都属于动态艺术。

12.1.2 传统艺术的发展困境

在世界上的任何国家，艺术发展的历史都源远流长。艺术是人类的通用语言，在各个国家的社会发展中都扮演着重要角色。艺术发展至今，取得了伟大的成就，同时也面临着诸多问题，如图 12-1 所示。

图 12-1　传统艺术的问题

（1）保存难度大

传统的物理艺术品不可避免地具有保管问题。随着岁月流逝，一些古老的艺术品材质发生老化、破损，直接影响艺术品的价值。另外，物理艺术品还要防止失窃发生，需要花费大量的安保成本。

（2）价格不透明

传统艺术品的定价权由艺术画廊或其他同类机构把持，没有标准规则且不透明，这不利于艺术品的价值发现和价格规范。

（3）依赖第三方

艺术家展示或出售艺术品必须依赖第三方机构，如美术馆和拍卖行。正因如此，艺术品出售的大部分利润被第三方机构所占有，艺术家只能赚取利润的一小部分。对于数字艺术品，则更需依赖第三方数字博物馆进行保管和确权。

（4）鉴真成本高

传统艺术品难以鉴定真伪，即使经验丰富的专家或高科技仪器也存在鉴定失误的可能。而且，赝品制作时也往往利用高科技达到以假乱真，这往往导致在正规渠道流通的艺术品中也可能存在赝品。

（5）持续收益难

完成首次销售后，艺术家将无法继续从作品的后续流通中获利，只能依靠版权许可的方式获得授权费用。但是，通过版权许可对于一般艺术家而言机会很少。

（6）版权争议多

版权法规定，版权在艺术品创作完成的那一刻便产生，并归属于其创作者。但是，对于传统艺术品而言，其创作时间无法被公开可信地记录下来。因此，在出现版权纠纷时，双方往往各执一词，仲裁机构也无法做出合理裁决。

12.1.3　Web 3 如何赋能艺术

针对艺术发展的困境，Web 3 主要从 12 个方面进行赋能，如图 12-2 所示。

图 12-2　Web 3 赋能艺术的方式

（1）提供所有证明

传统艺术品需要权威机构的证书或者通过物理手段来保证所有权。而在 Web 3 中，基于区块链的 NFT 技术在无需第三方中心机构的前提下，就可以为数字艺术品提供所有权证明。对于 NFT 艺术品，谁拥有私钥，谁就拥有了它的所有权。

（2）建立唯一特性

数字艺术品的唯一性同样需要 NFT 来实现。NFT 为艺术品打上了时间标签，这个时间标签公开、透明、不可篡改，是艺术品的唯一性标志。由于区块链的特性，任何复制品都无法复刻出一模一样的时间标签，从而保证了链上艺术品的独一无二。

（3）增加流通媒介

在 Web 3 中，加密资产可以充当流通媒介，人们可以用其买卖艺术品，这进一步增加了艺术品的流动性，促进了艺术品向加密领域发展。同时，用加密资产交易可以有效保护买卖双方的隐私。

（4）消除艺术中介

画廊或拍卖行本质上是一种艺术品中介，尤其是拍卖行，它充当了一个买卖撮合市场，为买卖双方提供中介服务。在 Web 3 中，区块链提供了信任机制，不再需要第三方可信实体。

（5）赋能线上画廊

传统线上画廊仅可进行艺术品展示，而 Web 3 画廊不仅可做展示，而且可以直接销售艺术品。参观者单击艺术品链接，就可以进入交易平台直接购买。

（6）保障存储安全

对于数字艺术品而言，如果存储在中心化的数字博物馆，除了确权等问题还面临着安全性问题。如果被黑客攻击并篡改数据，那么艺术品将面临毁灭性打击。

（7）促进资产流动

通过 NFT 碎片化，艺术品可以分割成很多份，由一群人共同持有。同时，每一个细分的 NFT 碎片还可以自由交易。这种方式可以使艺术品以类似众筹的方式进行发行，由众多粉丝共同持有。同时，艺术品碎片的流动性远远胜于分割前的完整艺术品。

（8）赋予金融属性

尽管传统艺术品也可以抵押典当，但是仅限于高价值艺术品，普通艺术品很难实现这一点，同时，典当流程也很复杂。使用基于区块链智能合约的 DeFi 功能，任何数字艺术品都可以很方便地进行抵押借贷、清算等流程。这种方式使得艺术品金融属性得以爆发。

（9）增加创作收入

通过区块链上的智能合约，NFT 艺术品可以实现永久版税收入，即 NFT 每交易一次，艺术家就会获得一定比例的版税。这种方式可以使艺术家获得源源不断的创作收入，同时也促使艺术家放开版权。

（10）提高粉丝热度

通过 NFT 碎片化、通证发行以及 DAO 组织的建立，艺术家可以与自己的粉丝增加更多深度互动。粉丝可以提前帮助艺术家筹集创作资金，可以参与作品设计，还可以帮助艺术家进行推广，这些方式让艺术家和粉丝的距离变得更近。

（11）助力生成艺术

链上生成艺术真正发挥出了生成艺术的特性。生成艺术的原始脚本可以全部存放在区块链上，而且在 Mint（铸造）之前，包括艺术家在内的任何人都不知道艺术品的真实面貌。生成艺术在区块链智能合约的加持下，具有广阔的发展前景。

（12）衍生新型艺术

基于 Web 3 的特性，艺术品可以进行新形态的尝试，比如动态艺术。动态艺术品颠覆了大家对传统静态艺术品的认知，艺术品的内容可以随着某些外界因素或者持有者的相关信息变化而变化。这种新的艺术形式为艺术发展带来了更多的想象。

12.2 实物艺术品上链

尽管数字艺术蓬勃发展，但是，实物艺术品仍是当前艺术品的主要形式，毕竟它们累积了数千年人类文明的成果。因此，解决实物艺术品上链问题是推动艺术向 Web 3 发展的重要一环。实物艺术品上链后，便具有了链上资产的一切特性。

以下介绍当前解决实物资产上链问题的主要方法。

12.2.1　物理标识

物理标识方法指的是在实物艺术品上打上可读取的物理标识，从而建立与链上数据对应关系的上链方式。物理标识中存储的数据（作品 ID、加密哈希、艺术家信息等）能够被手机等移动设备读取，从而进行链上校验。

目前，常用的物理标识形式有条码和芯片两种。

1. 条码

条码包括一维码和二维码两种。一般情况下，"条码"或"条形码"指代一维码，常用于商品标识、医药监管、超市收银等场合。一维码承载信息较为单一，只能是字母或数字，而二维码可以承载更多的信息量，比如文字、图片、网址等。因此，艺术品的上链标识一般采用二维码。

根据艺术品材质和工艺的不同，二维码以不同方式固化在艺术品上，不可损坏或替换。以瓷器工艺品为例，二维码的标记可以与上色工艺同步进行，这样可以把作品本身的彩绘和二维码融为一体。这种方式不影响观赏，同时还可以支持手机扫描。对于一些金属工艺品，可以采用激光雕刻的制造工艺，同样以巧妙的方式把二维码固化在艺术品上。

在鉴定真伪时，用户只需用手机扫描艺术品上的二维码，即可通过区块链服务平台查看该艺术品对应的详细信息，比如作品名称、艺术家、创作时间、流转记录等。所有这些信息都存储在链上，公开透明，不可篡改。

我国的一些瓷器艺术品就采用二维码的形式进行链上认证，与链上数据建立了一一对应关系，从而实现了实物艺术品的上链。

2. 芯片

芯片可以直接植入艺术品内部，比条码更安全。因为如果要对艺术品上的条码标识进行更改，只需要破坏表面，破坏后尚有复原的可能。而如果要替换或更改芯片，则不可避免地会对艺术品造成结构性的整体破坏，这种破坏将无法完全复原。

NFC 芯片是目前应用最广的艺术品防伪芯片技术，也是与区块链结合的首选技术。NFC 的全称是 Near Field Communication，即近距离无线通信技术，它可以实现电子设备之间在不接触的情况下实现点对点数据传输。NFC 技术由 RFID（Radio Frequency Identification，非接触式射频识别技术）演变而来，同时向下兼容 RFID 技术。

艺术品上链时往往采用 NFC+NFT 技术，让每一个艺术品实物都会对应一个唯一的区块链 ID，从而实现防伪和溯源。用户只需要打开手机 NFC 功能，并靠近艺术品，即可读取艺术品内置 NFC 芯片中存储的加密数据，并在链上验证关于艺术品的所有信息。

区块链应用服务商 Zertifier 推出了一套 NFC+NFT 的艺术品上链解决方案，它提供一个 25mm×50mm 的 NFC 芯片，如图 12-3 所示。

该芯片可植入艺术品画作中，如图 12-4 所示。

用户手机开启 NFC 功能，靠近艺术品，可显示艺术品的链上信息，如图 12-5 所示。可显示艺术品名称、ID、创作者、时间戳、交易记录、尺寸、材质等认证信息。

著名 NFT 项目 Azuki 的开发团队 Chiru Labs 推出了一个名为 PBT（Physical Backed Token，实物绑定 Token）的开源项目，用户可以通过一组生成非对称密钥对的 NFC 芯片对实物滑板进行扫描确权。如果实物滑板被出售或赠予他人，后来的所有者只需扫描就可以拥有该滑板的链上所有权。

图 12-3　NFC 芯片

艺术品正面　　　　艺术品背面（透视图）

图 12-4　NFC 芯片植入艺术品画作

图 12-5　手机读取 NFT 芯片后显示界面

Azuki 推出的这个 NFC 芯片也可以安装在任意实体物品上，用户透过手机连接 NFC 芯片，即可完成对应 Token 的绑定。这种方案也是典型的 NFC+NFT 形式。

另外，随着芯片技术的发展，一些微型 NFC 芯片甚至可以直接用颜料覆盖在油画作品中。

综合来看，NFC+NFT 是目前 Web 3 艺术领域使用最多的实物艺术品上链方案，同时也是奢侈品、收藏品等其他实物资产的上链解决方案。

12.2.2　实物销毁

实物销毁方法指的是在链上发行资产的同时销毁物理世界的实物资产，也就是说，当在链上发行一个实物艺术品的 NFT 版本时，必须把实物艺术品进行毁灭性处理，从而确保艺术品的唯一性。

2021 年 3 月，英国街头艺术家 Banksy 的作品 Mornos（白痴）被其持有者烧毁，烧毁过程进行了全程视频直播。该事件在网络上引起了轰动。

在烧毁之前，该作品的电子版本在区块链上发行成了 NFT。实物销毁后，该作品仅有 NFT 版本存在，变得独一无二。最终在 Opensea 以 38 万美元的高价出售，相当于实物价格的 4 倍。

2021 年 10 月，另一名英国艺术家 Demien Hirst 也发起了一次作品销毁行动。Demien Hirst 将其在 2016 年创作的一些波点油画制作成了 NFT。用户购买 NFT 之后有两个选择，第一是将 NFT 换成实物油画，第二是保留 NFT 版本，同时对应的实物油画将被销毁。最终，有接近一半的用户选择了销毁实物画作，保留 NFT 版本。

由此看来，销毁也是被部分用户所接受的一种实物艺术品上链方式。

12.2.3　通证映射

通证映射的方式是将艺术品所有权映射到总量恒定的同质化通证上，通证持有者按照持有通证的数量比例拥有艺术品对应比例的所有权。这种方式需要可信的第三方机构对所有权的兑付进行背书。

通证映射的方式相当于对艺术品进行碎片化处理，在上链的同时，既提升了艺术品的流动性又降低了准入门槛。用户可以购买艺术品的一小部分，也可以随时卖掉它们。

2021 年 7 月，瑞士的加密银行 Sygnum 将毕加索 1964 年的画作 Fillette au béret（戴贝雷帽的女孩）进行了通证化。Sygnum 将艺术品分割成 4000 个 AST 通证，以每个 1000 瑞士法郎（约 1040 美元）的价格出售给了 50 多名投资者。

这个通证化方案中，每一枚 AST 通证代表这个艺术作品所有权的 1/4000。同时，AST 通证可以在 Sygnum 的资产交易平台进行交易。Sygnum 承诺，如果用户持有 4000 枚 AST 通证，可对该幅作品进行兑换。在此之前，艺术品绝不会被出售，且保存在安全的设施中。

通过通证映射实现艺术品上链的核心在于第三方机构的信用背书，这个背书必须足够强大，让用户相信通证真的能够兑换艺术品所有权。这个第三方不仅指资产发行方，更包括监管和立法机构。只有这样，才能真正保证链上的通证和实物资产所有权的映射关系，才能得到用户支持。

12.3　数字艺术品上链

对于数字艺术品，上链即记录其发行的方式，因此不会遇到实物艺术品上链那样的双花问题。

12.3.1　半上链

由于以太坊性能和成本的制约，高清版的数字艺术品往往采用链上记录 ID+存储地址、链下存储文件的方式实现上链。这种方式没有将艺术品全部上链，因此称为半上链。

下面以曾在佳士得拍卖行拍出近 7000 万美金天价的知名数字艺术家 Beeple 的作品 Everydays：the first 5000 days 为例进行说明。

在佳士得官网可以看到这幅作品的链上相关信息，如图 12-6 所示。

图 12-6　Everydays：the first 5000 days

现在利用信息中的智能合约地址 "0x2a46f2ffd99e19a89476e2f62270e0a35bbf0756" 和 TokenID "40913" 来寻找这个图片的存储位置。

打开以太坊浏览器（Etherscan），输入智能合约地址，可进入图 12-7 所示界面。

单击 "Contract" 进入智能合约查询页面，在 tokenURI 栏输入 TokenID，即可查询出艺术品文件的保存地址为 "ipfs：//ipfs/QmPAg1mjxcEQPPtqsLoEcauVedaeMH81WXD-PvPx3VC5zUz"，如图 12-8 所示。

通过 ipfs. io 登录到文件页面，如图 12-9 所示。

从该页面可以看到文件的 URL 为："https://ipfsgateway. makersplace. com/ipfs/QmZ15eQX8FPjfrtdX3QYbrhZxJpbLpvDpsgb2p3VEH8Bqq"，单击进入，即可看到艺术品文件，如图 12-10 所示。

图 12-7　智能合约页面

图 12-8　智能合约查询页面

　　由此可见，Everydays：the first 5000 days 的图片源文件存储在 MakersPlace 所提供的 IPFS 服务器上。

← → C   🔒 ipfs.io/ipfs/QmPAg1mjxcEQPPtqsLoEcauVedaeMH81WXDPvPx3VC5zUz

{'title': 'EVERYDAYS: THE FIRST 5000 DAYS', 'name': 'EVERYDAYS: THE FIRST 5000 DAYS', 'type': 'object', 'imageUrl': 'https://ipfsgateway.makersplace.com/ipfs/QmZ15eQX8FPjfrtdX3QYbrhZxJpbLpvDpsgb2p3VEH8Bqq', 'd single day from May 1st. 2007 - January 7th, 2021. This is every motherfucking one of those pictures.', 'attributes': [{'trait_type': 'creator', 'value': 'Beeple'}], 'properties': {'name': {'type': 'string', 'description': {'type': 'string', 'description': 'I made a picture from start to finish every single day from May 1st, 2007 - January 7th, 2021. This is every motherfucking one of those pictures.'}, 'preview_ 'https://ipfsgateway.makersplace.com/ipfs/QmZ15eQX8FPjfrtdX3QYbrhZxJpbLpvDpsgb2p3VEH8Bqq'}, 'preview_media_file_type': {'type': 'string', 'description': 'jpg'}, 'created_at': {'type': 'datetime', 'description 'int', 'description': 1}, 'digital_media_signature_type': {'type': 'string', 'description': 'SHA-256'}, 'digital_media_signature': {'type': 'string', 'description': '6314b55cc6ff34f67a18e1ccc977234b803f7a5497b 'description': 'https://ipfsgateway.makersplace.com/ipfs/QmXkxpwAHCtDXbbZHDwqtFucG1RME56T87vi1CdvadfL7qA'}}}

图 12-9　IPFS 文件页面

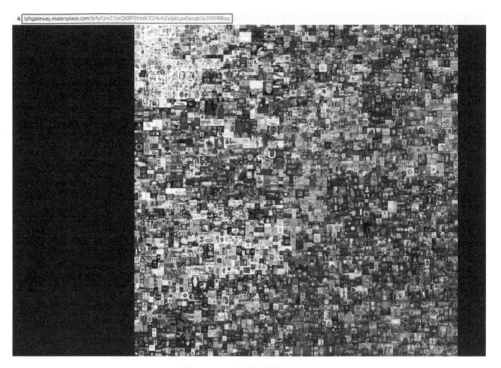

🔒 ipfsgateway.makersplace.com/ipfs/QmZ15eQX8FPjfrtdX3QYbrhZxJpbLpvDpsgb2p3VEH8Bqq

图 12-10　艺术品图片页面

这种半上链的方式具有一定风险，那就是存储服务一旦发生故障或停止服务，NFT 源文件就会无法访问。到时候，NFT 只剩记录在区块链上的一个 ID，图片将不复存在。

当然，在去中心化存储赛道，也有像 Arweave 这样的永久存储平台试图解决这一问题。

12.3.2　全上链

如前文所述，区块链上无法存储大容量文件，但是，一些低保真的像素艺术容量较小，完全可以实现全部链上存储。

CryptoPunks 是低保真像素艺术的代表，每一个 NFT 由 24×24 个像素块组成，每一个像素块可以用一个颜色编码表示。最早的时候，CryptoPunks 的存储方式是将一万张头像图片的大图生成一个哈希值，然后将该哈希值存储在以太坊上。在 2021 年

8 月，经过开发团队和社区的努力，每个 CryptoPunks 头像的颜色编码都实现了上链。

以下对其全上链方式进行简述，以 Cryptopunk#1778 为例，其图像如图 12-11 所示。在 Excel 中对其进行像素化分割，如图 12-12 所示。

图 12-11　Cryptopunk#1778

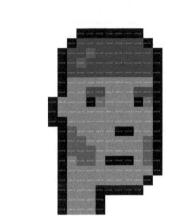

图 12-12　Cryptopunk#1778 像素化分割

对于每一个像素格，都有一个 RGBA 的十六进制颜色编码，包括透明部分。把头像全部用颜色代码表示，则可以得到一个 24×24 的颜色编码表（共计 576 个颜色码），如图 12-13 所示。

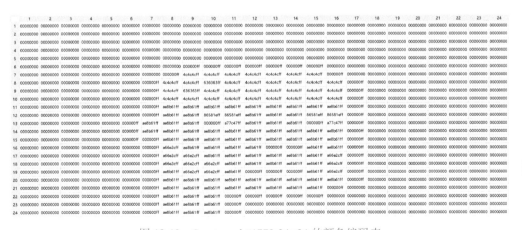

图 12-13　Cryptopunk#1778 24×24 的颜色编码表

将表中的颜色编码统一提取成文字，则如下所示：

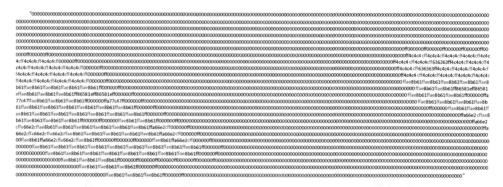

也就是说，对于每一个 CryptoPunks 头像，都可以用类似的一段字符表示。这段字符与 CryptoPunks 头像呈一一对应关系，只需要将这段字符存储在区块链上，就意味着 CryptoPunks 头像已上链。

在以太坊浏览器页面打开合约地址 "0x16F5A35647D6F03D5D3da7b35409D-65ba03aF3B2"，进入阅读合约页面，输入编号 "1778"，即可看到链上存储的颜色编码，如图 12-14 所示。

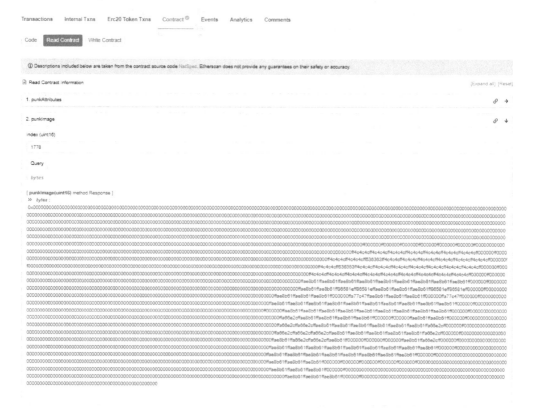

图 12-14　Cryptopunk#1778 链上颜色编码

由此可以，Cryptopunk#1778 已经完全存储在了链上。其他编号的 CryptoPunks 头像均以同样方式进行上链。

除了 CryptoPunks，还有 Mooncats 等像素化 NFT 项目都是采用类似的逻辑将颜色转换为编码进行链上记录的。

12.4　生成艺术

生成艺术指的是艺术家通过设定不同的计算机程序或算法自动生成的数字艺术品。

12.4.1　生成艺术起源

生成艺术是技术和艺术的结合，一些思想前卫的科学家和艺术家们进行了积极的跨界探索。

20 世纪 50 年代，美国数学家 Ben Laposky 使用电子示波器制作了世界上第一批计算机艺术图形，如图 12-15 所示。

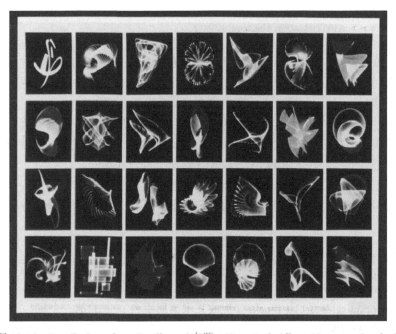

图 12-15　Ben F. Laposky, Oscillons（来源：Victoria & Albert Museum, London）

Laposky 将这些数学曲线从科学和技术背景中提取出来，并将它们置于美学背景中。第一个 Oscillons 于 1953 年在切罗基的桑福德博物馆展出，被称为 Electronic Abstractions。

同一时期，另一位生成艺术先驱、物理学家 Herbert Franke 在他的实验室里进行了独特的摄影实验。他用计算机在示波器上生成图像，然后用大光圈的移动摄像机拍摄图像。Herbert Franke 的早期代表作品 Analoggraphik，negativ 如图 12-16 所示。

除了科学家们对艺术进行探索，艺术家们也在尝试将技术融入到艺术创作中。匈牙利女性艺术家 Vera Molnár 是最早在艺术实践中使用计算机的艺术家之一，她的作品是用早期的编程语言 Fortran 和 BASIC 生成的，其代表作 Gouache on carton 如图 12-17 所示。

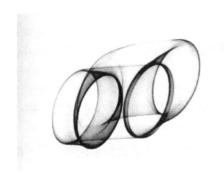

图 12-16　Analoggraphik，negativ

（来源：Sprengel Museum Hannover）

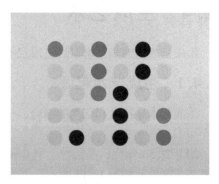

图 12-17　Gouache on carton

（来源：Artsy. net）

到了 20 世纪 60 年代，计算机得到了大量普及，越来越多的艺术家进入生成艺术领域，将计算机科学融入到自己的艺术创作中。同时，各种新编程语言的出现丰富了程序内容并降低了技术门槛，生成艺术迎来了蓬勃发展的契机。

如前文所述，NFT 的上链有两种形式，一种是将图像、声音等数据文件的哈希或者 IPFS 链接存储在区块链上，另一种是将全部数据文件存储在链上。区块链的容量有限，难以存储图像等文件，因此大多数 NFT 以第一种方式存储。

在生成艺术中，使用生成软件或算法得到图像文件后通过第一种方式进行上链的方式，在此不予讨论。本节所讨论的生成艺术指的是将 NFT 数据完全保存在区块链上的方式。

12. 4. 2　生成艺术代表项目

1. Chromie Squiggles

Chromie Squiggles 是 Art Blocks（生成艺术策展平台）上的第一个项目（Art Blocks 项目#0），是 Art Blocks 创始人 Erick Calderon 自己在多年前制作的一套生成艺术作品，如图 12-18 所示。

在 Squiggles 中，哈希散列中的十六进制代码控制着起始颜色、渐变的变化率、点数，以及一些其他特性。这些控制属性的代码被称作生成艺术的参数。

2. Fidenza

Fidenza 是生成艺术界的经典作品，2021 年 6 月由生成艺术家 Tyler Hobbs 在 Art Blocks 发布，当时引起了市场轰动。Fidenza 由 Hobbs 设计的算法随机生成，包括丰富多彩的曲线和方块，如图 12-19 所示。

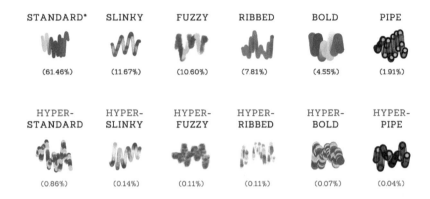

图 12-18　Chromie Squiggles

图 12-19　Fidenza

　　Fidenza 系列共发行了 999 件作品，上线不到半小时就被抢购一空。Fidenza 系列的火爆使得 Art Blocks 知名度大增。2021 年 6 月，知名拍卖行苏富比对 Art Blocks Curated 系列艺术家的 19 件作品进行了拍卖并大获成功。

3. Autoglyphs

　　Autoglyphs 是以太坊区块链上的第一个链上生成艺术，由 Larva Labs 于 2019 年推出。Autoglyphs 采用了一种高度优化的生成算法，生成了 512 张由字符组成的艺术品，如图 12-20 所示。

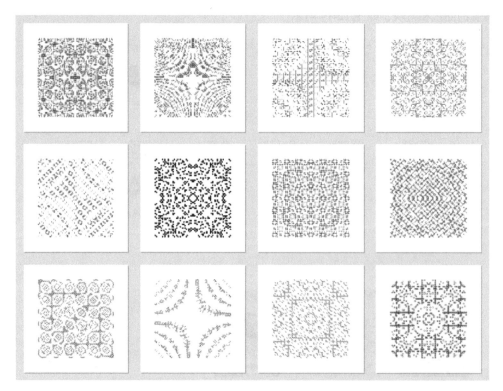

图 12-20　Autoglyphs

Autoglyphs 艺术品的数据存储在合约本身之内，是真正的"区块链上的艺术"。生成 Autoglyphs 的 Solidity 合约代码很小，并且经过优化，可以在以太坊节点上高效运行。

Autoglyphs 的创作灵感来自 Sol LeWitt 的壁画，是概念艺术和极简主义在区块链上的完美呈现。

4. Terraforms by Mathcastles

Terraforms 是每个动态生成的 3D 世界的链上土地，每个 Terraforms NFT 代表 20 层虚拟空间上的一块土地，如图 12-21 所示。

Terraforms 可以看作具有扩展空间的高级土地 NFT，而不仅仅是一个图片类型的艺术品。Terraforms 持有者在欣赏艺术的同时，也可以成为一个 3D 虚拟世界的参与者和建设者。

每个 Terraforms 都是一个链上生成的迷你应用程序绘画程序，持有者可以通过其制作链上艺术品。如果持有者将整个系列的艺术品拼凑在一起，那么可以构成一个巨大的 3D 超级城堡。

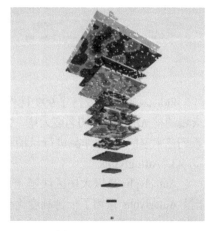

图 12-21　Terraforms

因此，Terraforms 不仅是一个可以自定义的生成艺术品，而且是一个元宇宙虚拟世界中的虚拟城堡，具有超越艺术品的可能性。

12.5　动态艺术

动态艺术指的是随着链上或链下数据变动而不断变化的链上艺术。**动态艺术是对链上艺术和生成艺术的巨大创新。**

1. The Merge 和 Censored

The Merge 和 Censored 是著名加密艺术家 Pak 的两大代表作品，也是动态艺术领域的标志性作品。Pak 是一名匿名加密艺术家，曾创造了加密艺术领域的多项奇迹。

（1）The Merge

The Merge 发布于 2021 年 12 月，拍卖总价值高达 9180 万美金。正是因为这个作品，Pak 也跻身为作品最贵的在世艺术家。

The Merge 是一种具有合并功能的 NFT，它的最初图像是黑色背景中的白色圆球，代表质量，如图 12-22 所示。

每个钱包地址中只能拥有一个这样的 NFT，如果有更多的 NFT 存入进来，它们将合并在一起，圆球将变得越来越大，代表质量越来越大，如图 12-23 所示。

图 12-22　The Merge
（来源：Nifty Gateway 官网）

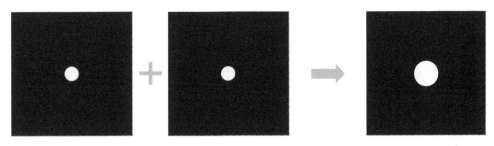

图 12-23　The Merge 合并示意图

除了合并功能，The Merge 还有不同的视觉属性，比如质量大小排名前 100 的球体以黑底黄色显示，质量最大的球体以白底黑圈显示等。

（2）Censored

Censored 是 Pak 为阿桑奇辩护筹款而发布的动态 NFT 作品。该作品由两部分组成：1/1 版本和开放版本。

1/1 版本只有一份，它的画面是黑底白字的英文字母，如图 12-24 所示。

图 12-24　Censored 1/1 版本

英文内容表示的是阿桑奇在狱中的时间，每过 24 小时会自动调整一次。

开放版本不限总量，任何人都可以输入任意字符，生成自己的 NFT 作品。作品生成后，字符上方会自动打上删除线，象征着被审查，如图 12-25 所示。

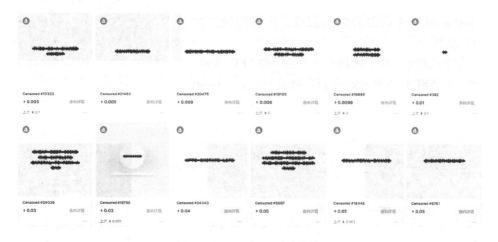

图 12-25　Censored 开放版本

目前，该 NFT 已经被铸造 29765 份。这些 NFT 铸造之后将锁定在钱包中，直至阿桑奇被释放时方可进行交易。

2. 3FACE

3FACE 是由美国艺术家 Ian Cheng 和艺术平台 Outland 合作发行的动态艺术品，它可以根据链上数据来实现动态变化。其画面如图 12-26 所示。

每个 3FACE 作品通过读取所有者的钱包和公共交易数据来做出相应变化，当它被转移到不同地址或者同一地址下的数据发生变化时，它的元数据、组合机构、视觉内容也会相应发生改变。

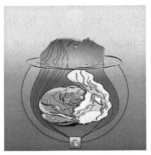

图 12-26　3FACE

Ian Cheng 称，3FACE 是收藏者共生的"能量生物"，它吸收了收藏者的钱包数据并将他们的人格或个性用可视化的方式反映出来。收藏者钱包地址中的交易历史代表着某种行为表现，能够反映出收藏者的心理状态。

3FACE 背后有一个人格模型框架，它会对用户的链上数据进行解析，并采用可视化艺术的形式进行表达。这种方式同时也在某种意义上满足了现代人对于自身心理反省的渴望。

12.6　艺术策展平台

艺术策展，顾名思义就是对艺术的策划和展览。策展不仅仅是宣传和销售艺术品，而是创造氛围感，将艺术作品背后的文化和观众的情感匹配起来。从本质上讲，策展在艺术家/艺术作品和观众之间起到了一种中介作用，该作用至关重要。

传统艺术界尚且如此，在 Web 3 艺术领域，由于艺术家并不懂加密行业的各项规则，艺术策展显得更加重要。Web 3 的艺术策展需要策展人在了解艺术的同时，也要深谙加密行业的发展逻辑，这对策展人带来了更高的要求。

对于传统艺术家而言，他们需要技术方面的支持，如智能合约等；需要运营支持，如推特、Ddiscord 等；甚至也需要整个 Web 3 艺术项目的叙事设计。对于加密收藏者而言，他们对传统艺术了解不深，无法识别优秀作品，需要在大量良莠不齐的作品中进行筛选。

因此，Web 3 艺术策展平台为双方提供服务。首先，Web 3 艺术策展平台可以为艺术家提供包括叙事设计、运营宣传、技术开发、售后管理等全方位的支持，同时，还可以为收藏者提供潜力艺术家推荐、优秀作品识别等服务。

以下介绍三个较为知名的 Web 3 艺术策展平台。

1. Art Blocks

Art Blocks 是一个专注于链上生成艺术作品的策展平台，是该领域的龙头。Art Blocks 在 2020 年 11 月由生成艺术专家 Erick Calderon 创办。

Art Blocks 上的作品主要使用 p5. js 进行编程。p5. js 是一个支持自定义编码的

JavaScript 库，脚本全部存储在链上。当新艺术品被铸造时，会使用脚本随机生成一个独一无二的"种子"，从而对应生成一件独一无二的 NFT 艺术品。

除了上文提到的 Chromie Squiggle 和 Fidenza，Art Blocks 还发行了包括 Cherniak、Hideki Tsukamoto 和 Stina Jones 等生成艺术家的作品，均获得了不俗的成绩。尽管 Art Blocks 尚未完全进入传统艺术界，但是在生成艺术领域已经处于绝对领先的地位。

尽管生成艺术已经发展了几十年，但是，生成艺术家的作品一直被传统艺术界所低估。很多人不理解生成艺术家们用代码创造的东西，他们认为生成艺术没有艺术家的感情投入，而且容易同质化。事实上，生成艺术代码背后仍然是人，生成艺术仍然是人的思想表达。Art Blocks 致力于为生成艺术布道，帮助生成艺术家们扩大作品受众，进而推动生成艺术的发展。

Art Blocks 包括三个板块：Curated（策展）、Playground（游乐场）和 Factory（工厂）。

Curated 板块的作品由 Art Blocks 官方策展团队精心策划，并严格把控质量。这个板块的作品最正统，每季度发布一次。

Playground 板块为那些曾经在 Curated 板块发布过作品的艺术家提供进一步的创新服务，他们可以在这个板块尽情发挥创造力。这个板块的作品侧重玩乐性质，它们的质量把控程度不如 Curated 板块严格，但并不意味着质量降低。

Factory 板块专门为新人提供机会，目的是让好的作品可以更快面世。由于 Curated 板块申请量过大，排队时间很长，所以 Factory 板块专门为新的创作者服务，发布在这里的作品只要不涉嫌抄袭，很快就可以获得审核，与用户见面。但是，作品需要用户自行推广。Art Blocks 官方一般不会对该板块的作品进行重点宣传。

获得 Art Blocks 平台的作品有两种方式：第一种是在 Art Blocks 官网初始铸造，这种机会一般较难抢到；第二种是在二级市场（如 Opensea）上进行购买。

2. LiveArt

LiveArtX 是一个综合性的艺术平台，面向所有艺术形式、所有类型的创作者和各种收藏家。一方面，它为艺术品收藏者提供 AI 驱动的数据工具，帮助他们对艺术家和市场趋势进行详细分析，从而更好地把握投资机会；另一方面，为艺术家们提供了 NFT 发行的全套解决方案。

具体来讲，LiveArtX 提供以下三种产品。

（1）LiveArt 分析

LiveArt 分析采用 AI 技术，可以对艺术市场的实时数据和情报进行智能分析，使得收藏者能够准确判断艺术品的价值。

（2）LiveArt NFT

LiveArt NFT 提供一系列 Web 3 技术套件，包括可配置的智能合约、SDK、API、Web 组件和 UI 组件等，可以帮助艺术家或品牌方快速启动项目。

（3）LiveArt 交易大厅

LiveArt 交易大厅是一个去中心化的点对点艺术交易平台，支持公开拍卖、安全支付、隐私对话等功能，让艺术品交易既安全又高效。

3. Outland

Outland 是一个高品质数字艺术平台，致力于促进新兴数字技术及其与当代艺术的批判性对话。Outland 的目标是对未来的艺术世界提出富有洞察力的观点。

迄今为止，Outland 平台已经发布了多个经典的数字艺术品。

（1）Fragments By James Jean

Fragments By James Jean 是 Outland 与美国艺术家 James Jean 合作的知名项目。这个项目是行业内第一个形成自己独特电影宇宙的叙事、迭代和互动的 NFT 作品系列。Fragments 的灵感来自 James Jean 即将建成的名为"宝塔"的大型发光建筑展馆，该展馆将由 7000 块彩色玻璃组成。这些碎片被发行为 7000 个 NFT（见图 12-27），用以映射将于 2023 年建成揭幕的实体展馆。

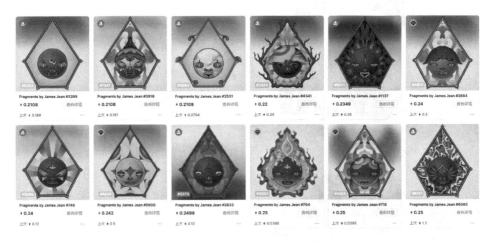

图 12-27　"Fragments By James Jean" NFT

Fragments 完全手绘而成，是从艺术家的想象力中提炼出来的一系列奇幻人物。这些人物造型独特，与宝塔玻璃面板的花瓣形状相呼应，而且其中包含了艺术家整个职业生涯中出现的视觉元素。

（2）3FACE

3FACE 是 Outland 和美国著名艺术家 Ian Cheng 合作的大型动态 NFT 艺术项目，该项目在前文已经介绍。

Angrycat ▶

Angrycat#5870

Angrycat 是一种文化认同，它是 10000 只不同猫的集合，以建立一个有趣的品牌和猫城。

#259

#2820

#4619

#4895

#5327

#7809

#8034

#8446

#8873

#8907

第 13 章　Web 3 与社交

不管是物理世界还是数字世界，社交都是人们永恒的刚需。但是，在用户自我数据权日益觉醒的今天，Web 2.0 的社交平台越来越被人们所诟病。与此同时，Web 3 社交平台以一种全新的方式从底层逻辑上对社交模式进行了彻底重构，带给用户前所未有的社交体验。

本章阅读导图

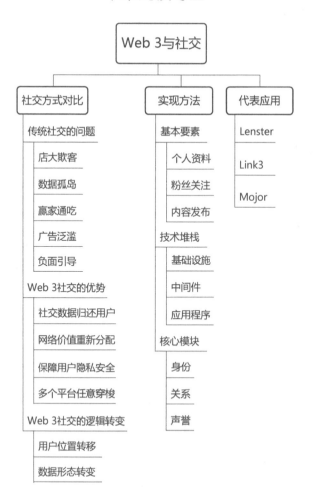

本章阅读指引

Web 3 如何改变社交？Web 3 社交和传统 Web 2.0 社交有什么不同？Web 3 社交如何实现？有哪些核心模块？目前，Web 3 社交的代表应用有哪些？

本章从 Web 3 与传统社交方式对比、Web 3 社交实现方法、代表应用三个维度进行解答。

社交是传统互联网的一个重要领域，同时，社交也是人类社会的一个刚需。尽管用 Web 3 来改变社交方式仍然具有很大困难，但是，这一领域已经出现曙光。Web 3 社交有望成为 Web 3 领域最重要的应用场景之一。

本章解构了社交应用的核心要素，并从根本上分析了 Web 3 社交的实现方式，包括技术堆栈和核心模块。同时，还列举了几个目前初具规模的 Web 3 社交应用。

13.1　传统社交与 Web 3 社交对比

尽管目前 Web 3 社交应用的用户体量远不及传统社交，但是 Web 3 社交具有明显的优势，可以改变当前 Web 2.0 社交应用所面临的困境。

13.1.1　传统社交的问题

传统的 Web 2.0 社交平台主要面临五大问题，如图 13-1 所示。

图 13-1　传统社交平台问题

1. 店大欺客

传统社交平台牢牢占据了互联网时代的流量入口，已经形成强大的规模效应，变得一家独大。在这种情况下，它们可以对违反规则的用户进行限制或封禁，这往往导致用户无法正常发布内容，甚至辛苦积累的数万粉丝化为乌有。对于惩罚用户的规则，这些平台往往含糊不清，一部分用户被误判，但申诉无门。在这个过程当中，用户和平台方存在严重的权利不对等。

2. 数据孤岛

传统 Web 2.0 平台之间的数据是相互割裂的。举例说明，假如在平台 A 中发布了

100 个帖子，拥有 10000 个粉丝，那么在平台 B 上开设账户时，还是需要从头开始发帖并积累粉丝。用户在平台 A 中积累的所有数据与平台 B 无关，因为平台 B 的数据库和平台 A 的数据库之间是相互独立的。这种不互通的社交生态，使得用户在多个社交平台建立社交网络的时候需要不停地重复操作和切换。这种方式极大地降低了社交效率。

3. 赢家通吃

在 Web 2.0 中，对于小型的社交赛道创业者而言，不可避免地会面临被互联网巨鲸吞并的结局。一旦社交细分赛道涌现出优质的社交项目，巨头便会采用投资甚至收购的方式进行收编，并入自己的生态。某些情况下，在收编之后，巨头甚至会把项目束之高阁，任其自生自灭直至解散，从而达到消灭竞争对手的目的。如果无法收购，巨头则会在内部扶植同类项目，倾斜大量资源，一举击溃竞争对手。

4. 广告泛滥

利用广告盈利，是 Web 2.0 社交平台的典型特征。当社交平台用户量达到一定规模时，投放广告获得收入来回馈股东，这是互联网产品的典型运作逻辑。但是，充斥屏幕的大量广告势必与用户体验相冲突。

5. 负面引导

基于广告的收入模式对内容创作者也会产生负面影响，因为创作者为了迎合平台的推送规则，不得不创造吸引广告商的内容。在这种模式下，为了获得更多的推荐量和曝光度，创作者不愿意发布那些有深度的内容，而是只发布吸引眼球的内容。

13.1.2 Web 3 社交的优势

相对于 Web 2.0 社交，Web 3 社交具有诸多优势，如图 13-2 所示。

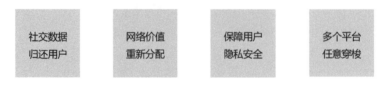

图 13-2　Web 3 社交的优势

1. 社交数据归还用户

数据所有权是 Web 2.0 社交与 Web 3 社交最核心的区别。Web 2.0 社交平台中的数据归平台所有，平台使用用户数据来获取利润。Web 3 中的社交数据存在于链上，由用户自行控制，Web 3 应用只起到一个前端展示的作用，不拥有用户数据。

2. 网络价值重新分配

数据所有权的变化从根本上改变了社交网络的价值分配方式。由于用户拥有自己的链上社交数据，所以绝大部分的数据收益也归用户所有。例如，在 Web 3 网络中，创作者发帖，获得读者的点赞和转发，协议或应用程序根据内容传播数据给予用户 NFT（或 Token）奖励。SocialFi 让 Web 3 社交网络变得金融平权，从而普惠每一个参与者。

3. 保障用户隐私安全

Web 2.0 社交平台注册时都需要用户的真实身份信息（至少需要手机号码），这导致了大量用户隐私泄露事件的发生，之前的 Meta 用户数据泄露都是一个典型案例。在 Web 3 社交平台中，用户只需要一个钱包地址就可以登录。

同时，Web 3 中的隐私信息传输通过加密技术来保障安全，抵抗第三方的审查。

4. 多个平台任意穿梭

由于 Web 3 社交的数据层位于链上，社交应用都从链上调取数据，因此，用户只需要一个钱包地址就可以访问多个 Web 3 社交应用，而无须逐个重新登录。用户只需要一个身份，就可以在多个 Web 3 平台之间来回穿梭。

13.1.3　Web 3 社交的逻辑转变

Web 3 社交的逻辑完全不同于 Web 2.0，这是一种全新的自下而上的构建模式。

1. 用户位置的转移

Web 3 相对于 Web 2.0 而言，用户所在的生态位置发生了转移，如图 13-3 所示。

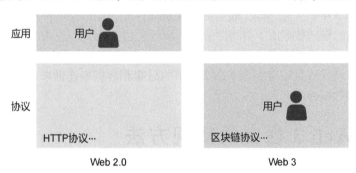

图 13-3　用户位置转移

在 Web 2.0 中，用户在应用端注册，他们的信息存在于应用（包括后端数据库）中，而不是存在于 HTTP 这些互联网底层协议中。

在 Web 3 中则不同，用户直接存在于协议上，比如用户的地址、用户交易行为等这些数据都存在于区块链协议上。

用户的转移也意味着社交方式发生了根本性的变化，因此，Web 3 社交应用必须以一种全新的方式来构建。Web 2.0 应用几乎掌控着用户的所有数据，而 Web 3 社交应用只能对用户的数据进行优化并更好地呈现。Web 3 社交应用相当于一种数据服务，可以使用户更好地使用社交数据。如果用户对某个社交应用不满意，随时可以切换到另一个应用，在此过程中自己的社交数据不会受到任何影响。

2. 数据形态的转变

简单而言，从 Web 2.0 到 Web 3，数据的形态发生了从纵向到横向的转变，如图 13-4 所示。

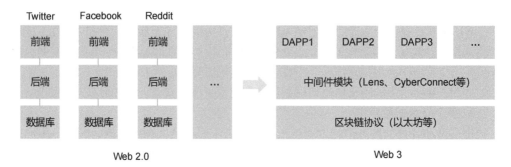

图 13-4　Web 2.0 到 Web 3 的数据形态转变

在 Web 2.0 中，不同社交平台之间是完全封闭的，呈现一种纵向割裂的状态。比如用户在 Twitter 中的发布内容、粉丝、关注等是无法同步到 Meta 和 Reddit 中的。这种情况情有可原，因为 Web 2.0 公司的核心是其用户数据，用户数据是利润的核心来源，一旦共享则代表着利润共享，这是不现实的。

而在 Web 3 中则完全不同，底层的区块链协议和中间的中间件模块都是可以被所有 DAPP 共用的横向数据库。中间件位于区块链协议之上，而应用程序构建于中间件上。用户的社交数据都存储在区块链协议和去中心化存储网络中，完全由用户掌控，且不可篡改。这种状况相当于把 Web 2.0 中的后端和数据库连通起来，形成一个庞大的分布式共用数据库。

13.2　Web 3 社交的实现方法

区块链的初衷是用作记录交易的数据库，那么，如何在上面建立社交应用呢？下面从社交的基本要素、技术堆栈和核心模块三方面展开论述。

13.2.1　社交平台的基本要素

1. 个人资料
个人资料包括昵称、性别、简介、职位等资料。这是社交平台最基本的要素，不过在 Web 3 中，个人资料的核心是一个链上地址。

2. 粉丝关注
关注是对某个人感兴趣，包括两种数据：你关注了谁和你被谁关注。这种关注形成了一种相互交织的关注网络。

3. 内容发布
内容指的是用户所发布的消息。用户创造内容，吸引其他人来关注自己。关注者之所以关注某人，是因为对某人感兴趣，想看到某人发布的内容。

用户发布内容之后，其关注者（粉丝）会在第一时间看到。看到的人可以点赞、转发，从而让更多的人看到。同时，内容板块还会涉及一个内容分发机制，即根据用户兴趣（或内容点赞数等）进行的推送机制。用户除了看到自己关注的人发布的内容外，还可以看到系统推送的内容，这些内容根据用户的喜好进行推送。

在 Web 3 中，用户发布的个人资料、用户关注的人和用户的关注者、用户发布的内容及其转发状况，都会记录在链上，这些内容可以在不同应用程序中展示，不会因应用程序不同而改变。

13.2.2　Web 3 社交的技术堆栈

Web 3 社交的技术堆栈分为基础设施、中间件、应用程序三部分，如图 13-5 所示。

1. 基础设施

社交基础设施指的是构建在区块链或分布式存储网络上的数据层，从 Web 3 总体的角度来看，这个数据层也可以称为中间件。

由于社交网络自身的特性，它会产生大量低价值的交易内容，比如点赞、关注、转发等，而要在以太坊上存储这些内容非常困难。因此，为了满足社交应用层的需求，还需要一种能够专门存储动态数据，并提升交

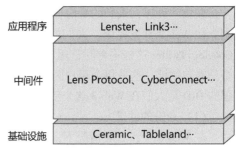

图 13-5　Web 3 社交技术堆栈

易效率的解决方案。这种方案就是在分布式存储网络或者区块链网络上增加一个数据层，由这个数据层来专门管理社交应用产生的文本、图像甚至视频等海量动态数据。

目前，提供数据层解决方案的项目有 Ceramic、Tableland、Livepeer 和 Lit Protocol 等。

2. 中间件

社交堆栈的中间件包括去中心化身份、社交图谱、声誉等。中间件的主要目的是提供一些模块化服务，使得社交应用构建更加简单。中间件对基础设施的功能进行了加强，使其能够更加便利地为应用程序端服务。

目前的中间件项目有 Lens Protocol、CyberConnect 等。

3. 应用程序

应用程序直接为终端用户提供服务，拥有面向用户的使用界面。用户通过应用程序和中间件以及基础设施进行数据交互。

目前知名的应用有 Lenster、Link3、Orbis 和 Cent 等。

13.2.3　Web 3 社交的核心模块

Web 3 社交包括身份、关系、声誉三大核心模块。

1. 身份

身份是社交的基本前提，在人类从物理世界向数字世界转移的过程中，身份存在的形式一直在转变，如图 13-6 所示。

名字/身份证/护照 → 用户名/头像/ID → 钱包地址/DID

物理世界　　　　　　Web 2.0世界　　　　　　Web 3世界

图 13-6　身份形式的转变

在物理世界，人们的身份标识是名字，这一点通过官方颁发的身份证、护照来证明。在 Web 2.0 世界中，人们的身份是用户名、头像和用户 ID 这些个人资料。登录 Google、Twitter 这些平台时，用户名就是人们的身份证明。在 Web 3 世界中，身份的核心是钱包地址，这是每个用户区别于其他人且可以自己控制的东西。以钱包为基础构建的 DID 是人们在 Web 3 这个新世界中新的身份证明。

（1）身份的种类

在 Web 3 中，一般情况下，一个用户会拥有多个钱包地址。这些不同的钱包地址往往用于不同的目的：有的地址用于存储大额资产，有的地址专门用于和应用程序交互，有的地址专门用于匿名活动。因此，在 Web 3 中，身份是多重的，需要进行适当分类。

1）主身份。主身份在所有身份中拥有最高权限，可以对其他身份进行授权。主身份钱包地址用于存放大仓位的加密资产，应当以最高安全级别进行保管。

2）影子身份。影子身份实现了应用程序与主身份的隔离，用于和社交、游戏等 DAPP 交互时使用。影子身份钱包地址可存放小额资产，仅用于链上交互时的 Gas 费支付。使用影子身份，可保护主身份钱包中的资产安全。

3）公开身份。公开身份指的是用于在社交网络中凸显个人品牌的专属标识，比如 V 神的 ENS 名称 vitalik.eth。公开身份在一般情况下可以与影子身份重合使用，但是如果要从事链上匿名活动，则需要另行使用影子身份。

（2）身份的认证

1）链下身份认证。链下身份认证指的是以物理世界的社交关系为依托，在链上搭建社交网络。这种方式希望绕过物理身份证件，通过社交关系来证明身份的唯一性。

以 BrightID 为例，用户无须提交身份证明文件，只需要参加一个验证会议就可以完成初级的身份识别，获得徽章。如果想要升级身份等级，则需通过添加好友、创建群组等方式提升分数。

BrightID 的初级验证就好比一个简化版的 KYC 验证过程，但是它不搜集个人数据。BrightID 通过人与人之间的面对面交流建立初始信任，然后依托社交关系为信任加分。

2）链上身份认证。链上身份认证通过分析、整合链上的行为来实现。链上身份认证主要有两种，第一种类似于 BrightID，通过抓取社交关系来进行验证，另外一种则不依赖社交关系，只是分析用户的个体行为。

① 链上社交验证。链上社交的验证原理将身份与钱包地址关联，从而实现验证目的。首先，用户在关联钱包后，获得一个初始认证。然后，用户每完成一项社交活动就可以再次获得 NFT 凭证，一步一步提升认证等级。

② 链上行为验证。链上行为主要指用户钱包的链上历史记录，比如交易 NFT 和某些智能合约交互记录等。这种验证方式主要通过对钱包地址上的行为进行收集和分析，建立起可识别的用户个人身份。

2. 关系

各个不同"身份"之间的"关系"即构成了所谓的"社交图谱"，如图 13-7 所示。

在社交平台中，最直接的关系就是你关注了谁，谁关注了你。当前的 Web 2.0 社交网络就是由这种用户与用户之间的关系组成的。

社交图谱是一种用来表示社交网络中用户与用户之间相互关系的图表。当前的 Web 2.0 社交平台把这种图谱作为盈利的核心工具，它们不断地利用用户行为数据来优化广告算法，从而牟取最大化的利润。因此，社交图谱是 Web 2.0 平台的商业机密，是它们赖以生存的根本，绝对不可能相互共享。同样的道理，当用户离开平台时，他们无法带

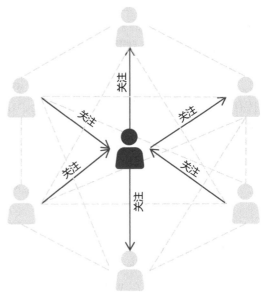

图 13-7　社交图谱

走自己的社交图谱。比如，一个在 Twitter 上拥有数万粉丝的用户如果在 Meta 上新注册一个账号，他需要从零开始。因为，他在 Twitter 上的社交图谱无法迁移到 Meta 上来。

Web 3 社交旨在解决这个问题，它把社交图谱完全开放，并交由用户自行掌控。用户不仅拥有身份，而且拥有自己身份和他人身份之间的关系。Web 3 社交把时间图谱记录在智能合约上或铸造成 NFT，使其变得透明、开放。

典型的 Web 3 社交图谱中间件是 Lens Protocol，这是一个可组合的模块，它支持开发者利用其现成的社交图谱来构建社交应用。

3. 声誉

声誉即用户在链上的信誉，在某种情况下可以用量化的分值进行衡量，这一点类似于传统社交平台中的信用分。当然，广义来讲，声誉有诸多指标可以衡量，比如，粉丝数就是声誉的一个基础指标。

声誉依赖于身份和社交图谱而存在。在 Web 3 中，已经实现了无需第三方支持的点对点交易功能。但是，对于链上无抵押贷款等基于个人信用衍生出的服务面临实现

困难。其中，链上声誉是一个亟待解决的问题。

同时，声誉也是社交的重要基础。基于信用的社交才是高价值的社交，否则，在一个充斥着虚假行为和恶意行为的社交网络中社交是没有意义的，甚至是有害的。

建立声誉的主要方式如下。

（1）借贷记录

根据借贷记录建立声誉的方式是对某个地址上的 DeFi 历史活动记录进行打分，并通过相关学习模型对清算仓位进行测算，最终建立链上记录与信用之间的关联性。

如果借款人在链上没有清算记录，则其基础信用良好。当然，这仅是信用打分中的一个指标。声誉评估系统还会根据多资产信用风险预言机等多种手段来综合打分。

目前，利用 DeFi 信用来建立声誉的代表项目有 Spectral、ARCx 等。

（2）状态标签

状态标签指的是为钱包地址的活动状态（DeFi 除外）打上独特标签，比如某地址持有 Cryptopunks，则会为这个地址打上"Cryptopunks 持有者"标签；某地址持有的 NFT 市值超过 100 万美金，则会被打上"Whale（鲸鱼）"标签；某地址具有突出的盈利能力，则会被打上"Smart money（聪明钱）"等。这种方式类似于传统社交平台中的头衔。

通过状态标签建立声誉的典型项目有 Nansen、NFTGo 等链上数据分析平台。

（3）徽章证明

徽章证明是一种以 NFT 方式存在的不可转移的链上标识，比如 POAP、SBT 等。

POAP 是 Proof of Attendance Protocol 的缩写，意思是出席证明协议，它是一种能够证明用户出席某场活动或会议的 NFT。SBT 是 Soulbound NFT，中文意为灵魂绑定通证，可以帮助代表一个人在 Web 3 中的身份和成就。

用户参加线上或者线下活动时，扫描现场的二维码就可以获得独一无二的 POAP，从而记录他们在 Web 3 世界中的活动经历。用户做的某些事情，比如为 DeFi 协议提供过流动性、参加过社交平台的测试交互等行为，都可以记录成 SBT。

当前知名的徽章证明类项目有 POAP. xyz、Noox. world 等。

13.3　Web 3 社交代表应用

关于 Web 3 社交的数据层基础设施和中间件前文已经阐述，本节仅对 Web 3 社交应用进行介绍。值得注意的是，由于底层设施和中间件都为应用开发者服务，所以它们往往也在其上自行构建应用。这类似于大型商场为了招揽商家入驻，首先要在商场内自建一个直营样板店来做效果展示一样。

13.3.1　Lenster

Lenster 是在社交中间件 Lens Protocol 上构建的去中心化社交媒体应用程序，它的界面如图 13-8 所示。

图 13-8　Lenster 界面

　　Lenster 目前是测试版，支持文字、图片、声音、视频等内容贴发布。同时，内容阅读者可以进行评论、转发、点赞和收藏。在浏览页面，帖子可以按受欢迎、热门、有趣类别进行排序展示。单击用户头像，即可进入用户的个人主页，如图 13-9 所示。

图 13-9　Lenster 用户个人主页

　　在个人主页中，显示了简介、关注/粉丝数、Mirror、Twitter、个人网站等信息。与Web 2.0 社交平台的一个重要不同是 Lenster 需要用钱包登录，而不是用账户和密码。

　　值得一提的是，Lenster 上的身份和社交图谱完全可以移植到 Lens 生态的其他应用当中。以 Lenstube（Lens 上的视频平台）为例，同一用户在上面的粉丝数与 Lenster 完全相同，如图 13-10 所示。

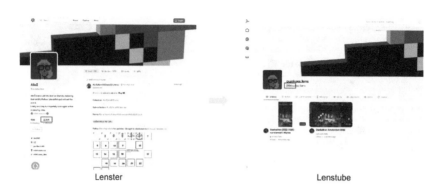

Lenster   Lenstube

图 13-10　Lens 生态中的社交图谱转移

13. 3. 2　Link3

Link3 是在社交中间件 CyberConnect 上建立的社交应用程序。Link3 像一个聚合器，把用户的链上资料和链下资料进行聚合，形成个人信息墙。从首页看，Link3 更侧重于活动事件（如 Twitter space）的预告发布，如图 13-11 所示。

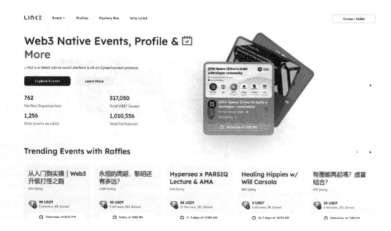

图 13-11　Link3 界面

Link3 展示的内容包括两部分：Web 2. 0 和 Web 3。Web 2. 0 的内容包括个人经历、教育工作经历、Twitter、Discord、Instagram、LinkedIn 等社交媒体链接，Web 3 的部分包括用户可以展示的加密资产证明、链上活动记录、所获 POAP 证明等。这两部分结合在一起，形成了一个更加全面的个人资料。

除了个人用户外，Link3 也适合企业用户使用，它可以很方便地对账号进行项目认证并在主页对项目进行全面展示。Link3 支持项目方突出显示重要的推文，以便用户可以接收已经过滤的高质量信息。另外，当用户在 Link3 上关注某账号时，可以直接统一接收到该账号在所有社交平台的信息，而无须每次都打开多种不同的社交应用来接收各种信息。

13.3.3　Mojor

Mojor 是一个用于构建 Web 3 原生社区的平台，用户可以通过铸造 NFT 的方式来创建一个 Web 3 社区。Mojor 上的社区界面如图 13-12 所示。

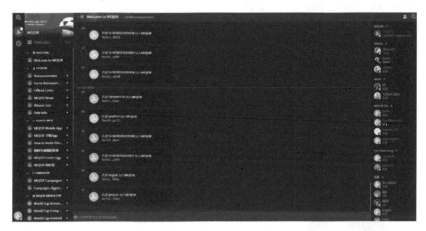

图 13-12　Mojor 社区界面

Mojor 的界面类似于 Discord，Mojor 在应用场景中增加了一系列服务于 Web 3 的 Bot（机器人），可以实现 NFT 交易、匿名聊天、治理投票等功能。以下列举 Mojor 中具有代表性的功能。

1. 自动验证身份

Mojor 可以在用户加入社区后根据钱包地址持有的 NFT 或 Token 直接分配身份组，而无须像 Discord 一样通过第三方服务进行验证。

2. 建立沟通渠道

Mojor 支持用户直接在 NFT 项目社区中搜索对应编号的用户并进行交流。如果某用户想购买 Cryptopunk8888，但是该 NFT 并未在交易市场列出，此时，用户可以进入 Mojor 中的 Cryptopunks 社区搜索编号（或对应的地址），找到所有者进行报价。这个方式解决了当前主流 NFT 市场（如 Opensea）无法与卖家直接沟通的问题。

3. 即时资产交易

如果买卖双方在 Mojor 中达成协议，他们可以直接通过 Mojor 中的机器人 NFTwap 进行交易，而无须使用其他 NFT 市场。同时，NFTswap 目前不收取交易手续费（用户只需支付 Gas 费）。

4. 优化治理方式

Mojor 提供了多种基于 Web 3 应用场景的 Bot 来提升社区治理效率。当社区需要发起提案时，可以使用 Mojor 投票机器人进行投票，大大提高效率。此外，社区创建者还可以选择 Token、NFT 等工具来管理和发展社区。

AKCB ▶

AKCB 是一个专注于艺术、音乐、时尚和文化的3D 数字收藏品项目。

AKCB #3200

#1226

#1295

#1316

#2257

#3436

#3481

#5983

#6614

#7631

#8258

#8881

#9467

第 14 章　Web 3 与游戏

从世界范围看，游戏行业是一个极为庞大的产业，拥有海量的用户。但是，随着时代进步，传统游戏的发展逐渐显露疲态。玩家对中心化的游戏模式已经开始厌倦，他们希望掌控自己的游戏资产，希望游戏资产能够跨平台通用，希望在去中心化的游戏模式下进行探索。而这些正是 Web 3 游戏所致力提供的。

本章阅读导图

本章阅读指引

Web 3 游戏和传统游戏有什么不同？Web 3 游戏需要哪些技术组件？目前具有代表性的 Web 3 游戏有哪些？

本章从 Web 3 游戏与传统游戏的对比、Web 3 游戏组成和 Web 3 游戏应用三个维度进行解答。

游戏是除社交之外另一个在传统互联网领域占据重要地位，且需要 Web 3 改造的领域。链游和 Gamefi 一直是业内广泛讨论的话题。

本章列举了 Web 3 游戏的优势，详细剖析了 Web 3 游戏的生态角色和技术组件，并深入讲解了具有代表性的 Web 3 游戏应用。

14.1　传统游戏与 Web 3 游戏对比

Web 3 游戏解决了传统游戏所面临的诸多问题，尽管目前仍受制于基础设施的性能问题，但是其优势已非常明显。未来，Web 3 游戏将面临很大的发展空间。

14.1.1　传统游戏的问题

传统游戏面临三大问题，如图 14-1 所示。

玩家所有权缺失　　资产通用性限制　　单点数据库风险

图 14-1　传统游戏的问题

1. 玩家所有权缺失

在传统游戏中，玩家并不真正拥有其账户内的资产。玩家资产存在于游戏开发商的服务器中，开发商在必要情况下可以对用户资产进行改动。尤其是当开发商关闭游戏服务器时，玩家的所有资产将化为乌有。简单而言，玩家在传统游戏平台中的资产就是游戏开发商在服务器上的一段数字而已，而且这些数据由开发商控制。

2. 资产通用性限制

在传统游戏中，游戏内的资产（比如道具等）无法跨平台使用。也就是说，玩家在 A 游戏中的道具无法在 B 游戏中使用。这一点大大降低了资产的通用性，也限制了资产的价值。

3. 单点数据库风险

传统游戏平台的所有数据都存放在中心化的数据库中，这引发了单点故障的风险。一旦服务器被攻击，玩家的数据以及游戏内容数据都将面临被篡改甚至消失的可能。

14. 1. 2 Web 3 游戏的优势

相对于传统游戏，Web 3 游戏具有六大优势，如图 14-2 所示。

图 14-2　Web 3 游戏的优势

1. 用户拥有资产

Web 3 游戏中的资产通过 NFT 的形式进行确权，由玩家自己的钱包私钥控制，玩家完全拥有资产的所有权。游戏开发者无权对用户的资产进行任何更改，而且，即使游戏开发商关闭游戏，游戏资产也仍然存在于区块链上，归用户所有。

2. 资产链上通用

链上资产在不同游戏中的通用性为 Web 3 游戏带来了更大的想象空间。玩家只需要一个游戏账号（钱包地址）就可以穿梭于不同游戏之间，玩家的链上年龄、资历只需要凝聚在一款游戏的 NFT 中，便可以在其他游戏中获得认可。

例如，A 游戏中的一个高段位玩家来到一个新的游戏 B 中，凭借 A 游戏中的"修炼"成果，他仍然是高段位玩家，而无须从新人开始"修炼"。

3. 玩家自我驱动

Web 3 游戏由玩家驱动，而不是由游戏开发商推动。玩家通过社区的力量推动游戏的发展方向，使游戏在可玩性等方面符合玩家的最大利益。在某些情况下，玩家甚至可以根据自己的喜好定制游戏生态系统。

4. 过程公开透明

Web 3 游戏托管在区块链或者分布式存储网络中，关于游戏的重大更新，甚至游戏过程都完全公开透明。对于游戏的修改，需要社区通过投票达成共识后方可执行。

5. 游戏数据安全

由于游戏数据存储在链上，克服了单点故障的问题，保障了安全性。

6. 引入激励经济

通过引入 X to Earn 的模式，激励用户参与游戏并为游戏做出贡献。这一点和传统游戏相比，极大地调动了玩家的参与积极性。同时，X to Earn 也是新游戏冷启动的有效方式。

14.2 Web 3 游戏组成

Web 3 游戏的生态角色和技术组件是其两大主要组成部分。

14.2.1 生态角色

在 Web 3 游戏生态中，主要有游戏开发者、玩家、游戏产品、社区/公会四种角色，它们之间的关系如图 14-3 所示。

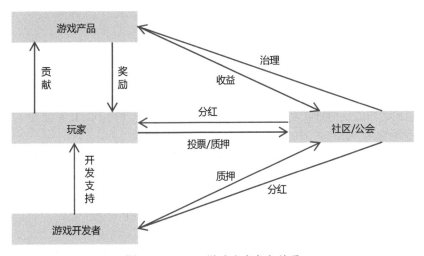

图 14-3 Web 3 游戏生态角色关系

1. 游戏开发者

游戏开发者即游戏的开发团队，他们为玩家提供技术支持。同时，他们所持有的资产也会质押在公会并获得利润。

2. 玩家

玩家为游戏做出贡献并获得游戏奖励。同时，很多玩家通过公会来参与游戏，从公会获取收益。作为公会的成员，他们也会参与公会 DAO 的投票决策。

3. 游戏产品

游戏产品通过社区来进行治理，并发放收益给公会。

4. 社区/公会

社区和公会具有类似的性质，但是一个游戏的社区可能包括多个公会。同时，未加入任何公会的游戏玩家也是游戏社区的一员。Web 3 游戏往往涉及购买 NFT 或质押 Token，因此很多玩家通过加入公会的形式低门槛参与游戏。公会负责提供质押所需的资产提供，玩家只需要玩游戏即可。获得收益后，公会按照一定的比例和玩家进行分成。

14.2.2 技术组件

Web 3 游戏的技术组件包括六大部分，如图 14-4 所示。

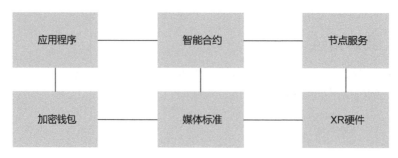

图 14-4 Web 3 游戏技术组件

1. 应用程序

应用程序指的是 DAPP 端，是面向用户的界面。玩家通过 DAPP 界面参与游戏。

2. 智能合约

智能合约用于定义游戏规则，它是 Web 3 游戏区别于 Web 2.0 游戏的核心所在。

3. 节点服务

节点服务商提供了从区块链上读取信息的服务。由于自建节点的成本高昂，一般情况下，都需要依赖节点服务商提供的 API 才能实现 DAPP 与智能合约的交互。

4. 加密钱包

加密钱包是构建 DAPP 的一个重要入口。用户使用钱包进行签名后，方可与智能合约进行交互。

5. 媒体标准

Web 3 游戏需要统一的游戏标准，尤其是 3D 场景。只有开放和可互操作的媒体设计标准，才能真正实现玩家驱动的游戏体验。

6. XR 硬件

沉浸式体验是游戏发展的终极目标，需要 XR 硬件的支持，比如 VR 眼镜、传感穿戴、飞行模拟器等。通过这些设备，玩家可以真正感受身临其境式的游戏体验。

14.3 Web 3 游戏应用

当前，较为知名的 Web 3 应用主要有 Play to Earn 和 Loot（范式）两种模式。Play to Earn 中的 Axie Infinity 和 StepN 已经具有一定的用户规模，**Loot 中的 Realms 虽然没有正式上线，但具有很大的发展潜力。**

14.3.1 Play to Earn 模式

Play to Earn（P2E）指的是玩即赚钱，即在玩游戏的同时可以获得经济收益。P2E

模式最早可以追溯到 2016 年在以太坊上发行的项目 Etherization cities，Axie Infinity 在 2021 年将该模式发扬光大并引爆了新的 Gamefi 概念。

1. Axie Infinity

Axie Infinity 由一家名为 Sky Mavis 的越南公司创建，是基于以太坊的 NFT 游戏生态系统，它借鉴了 Pokémon 中数字宠物的有趣玩法，并在游戏中增加了玩家的游戏资产所有权。基于 Axie Infinity 的经济体系，玩家可以赚取宠物 NFT、SLP 和 AXS 等加密资产，获得丰厚的收入。据官方宣称，疫情期间，在菲律宾和印度尼西亚等国家，人们能够通过玩 Axie Infinity 获得稳定收入。

简而言之，Axie Infinity 是区块链上的 Pokémon。该游戏的形式是三个卡通怪物组成团队进行回合制战斗，这种卡通怪物称为 Axies（阿蟹）。每个阿蟹都具有不同的外形，有昆虫、鸟类、植物、鱼类等，且不同的身体部位具有不同的能力。Axie Infinity 提供两种类型的对战模式：用户对环境（称为"冒险模式"）或用户对用户（称为"竞技场"）。赢得战斗之后，用户将获得 SLP 游戏通证。Axie Infinity 对战界面如图 14-5 所示。

图 14-5　Axie Infinity 对战界面

与 Pokémon 不同的是，阿蟹是存储在自建以太坊侧链上的 NFT。要创造新的阿蟹，玩家需要使用游戏中的通证对现有阿蟹进行培育繁殖。通过将培育出的阿蟹出售给其他玩家，阿蟹所有者可以获得游戏通证。通过对战和出售 NFT 得到通证之后，玩家可以在公开市场上出售它们，获得真正收入。除了对战和繁殖外，Axie Infinity 还推出了虚拟土地 Lunacia 供阿蟹居住。Lunacia 土地可分为 90601 个 NFT 化的地块（Plot），地块持有者可获得奖励，比如可以在土地上找到 AXS 通证或者其他物品，这些物品可以用于升级土地或阿蟹。此外，用户还可以在地块上开设自己的商店或进行一些其他开发活动。

2. StepN

StepN 是一款具有社交和游戏元素的 Web 3 生活方式应用程序，集 Socialfi 和 Gamefi 于一身。StepN 创造了一种 Move to Earn（M2E）模式，该模式由 Play to Earn 模式演化而来。M2E 模式可以看作 GameFi 的一个子集，将游戏、去中心化金融和健身结合在了一起。

用户携带安装 StepN APP 的手机，打开 APP 上的启动按钮，即可在走路时获得 Token 奖励。StepN 提供走路、慢跑等不同模式供用户选择。用户要参与移动赚钱，必须持有 NFT 虚拟鞋。虚拟鞋可以在 StepN 提供的市场中进行交易。

StepN 曾经风靡一时，是典型的 Web 3 出圈的应用程序。

3. X to Earn 的庞氏反思

Play to Earn、Move to Earn 等模式统称为 X to Earn 模式，这种模式成功帮助 Axie Infinity 和 StepN 成为广受欢迎的 Web 3 代表应用，但是也带来了负面效应。目前，Axie Infinity 和 StepN 生态中的 Token 相对于最高点有了大幅度降低，这使得在最高点进入的用户损失惨重。

X to Earn 与"庞氏骗局"非常相似，为了维持现有投资者的高收益，它需要不断有新投资者参与进来，为退出者提供流动性。一旦新进入的资金量不足以维持现有投资的收益，则会出现无法兑换的情况。此时，项目方不得已只能降低现有投资者的收益率、提高收益兑付门槛。而这种操作又会打击新投资者的积极性，使得新投资者进一步减少，整个生态进入死亡螺旋。

因此，这类游戏往往最终会面临一个进入死亡螺旋的临界点。Axie Infinity 和 StepN 都曾面临这种情况，随着它们生态 Token 价格的下跌，现有投资者无法维持高收益甚至出现负收益，新用户增长速度大幅度降低。

X to Earn 模式是把双刃剑，它可以在短期集聚大量的参与者，快速实现项目的冷启动。但同时，当不可持续的造富效应退却时，不得不面临进入死亡螺旋的风险。

所以，要想利用好 X to Earn 模式，必须控制好用户中投机者的比例。投机者只看重财富效应，而不会真正使用产品。他们会在财富效应消失的第一时间离开，引发恶性循环。X to Earn 需要的是真正的产品体验者，他们会享受产品带来的切实好处，而不在乎收益高低。

14.3.2　Loot 范式

Loot 范式是一种完全去中心化的游戏构建方式，是真正的 Web 3 范式。

1. Loot

Loot 是一种仅包含文本的 NFT，总共 8000 个。每个 Loot 由 8 行文字组成，如图 14-6 所示。

这 8 行文字代表 8 个游戏装备，分别是武器（Weapon）、胸甲（Chest Armor）、头甲（Head Armor）、腰甲（Waist Armor）、足甲（Foot Armor）、手甲（Hand Armor）、项

链（Necklace）、戒指（Ring）。这些装备具有稀
缺性，采用随机分配的形式组合在一起。

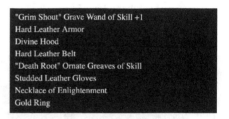

"Grim Shout" Grave Wand of Skill +1
Hard Leather Armor
Divine Hood
Hard Leather Belt
"Death Root" Ornate Greaves of Skill
Studded Leather Gloves
Necklace of Enlightenment
Gold Ring

　　在 Loot 官网（见图 14-7），只有简单的一句
话说明：Loot 是随机生成并存储在链上的冒险
者装备。统计数据、图像和其他功能被故意省
略，以供其他人解释。用户可以随意以任何想
要的方式使用 Loot。

图 14-6　Loot NFT

图 14-7　Loot 官网

　　Loot 创新性地提出了一种自下而上的游戏和元宇宙构建逻辑，这个逻辑也被称作
Loot 范式。Loot 范式真正具有 Web 3 精神，是一种真正的去中心化元宇宙构建方式。

（1）如何使用 Loot

　　这里用 Loot 生态的早期项目 Lootcharacter 进行说明。Lootcharacter 对 Loot 的文字内
容进行了像素图像展示，以 Dom 推文中展示的第一个 Loot（见图 14-6）为例进行说明。
Lootcharacter 对上述装备进行图形化后得到图 14-8 所示结果。

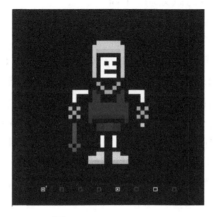

图 14-8　Lootcharacter

除了 Lootcharacter 之外，还有很多社区的衍生项目对 Loot 的文字有着独特的理解，比如 Loot Swag，它对 Loot 进行了更加逼真的图形化，如图 14-9 所示。

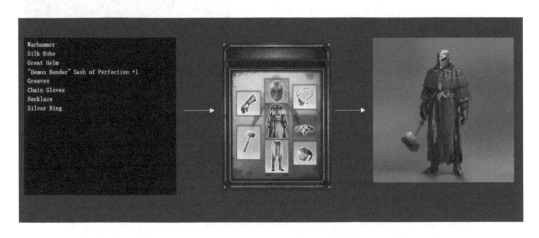

图 14-9　Loot Swag

HyperLoot 是 Loot 社区的另外一个衍生项目，它对 Loot 的图形化如图 14-10 所示。

由此可见，对于同一个 Loot NFT 中的 8 个词组，不同的人可以对其有不同的理解，不同的项目可以基于 Loot 构建不同的角色，甚至地图、音乐、房屋等其他各种元素。而这些元素，是未来开放游戏甚至元宇宙的组成部分。

（2）Loot 与其他 NFT 的不同

如果说 Cryptopunks 是 NFT 界的比特币，那么 Loot 就是 NFT 界的以太坊。Loot 和其他 NFT 项目相比，具有根本意义上的颠覆性，它为 NFT 带来了可扩展功能。拥

图 14-10　HyperLoot

有了可扩展功能，NFT 才能成为构建未来元宇宙的基石。以 CryptoPunks 为例，它在发行之初就事先设定好了 24×24 的像素图像，持有者或开发者无法对其进行任何更改。而 Loot 则不同，开发者可以定义任何自己想要的头像和其他任何东西。绝大多数 NFT 项目都是开发者建好"房子"，将"房子"卖给用户，而 Loot 是提供了一块"空地"，让开发者按照自己的想法自行建造"房子"。这正是 Loot 与其他项目的最大不同之处，也是 Loot 被称为"NFT 界的以太坊"的原因所在。

目前，Loot 社区的开发者们围绕 Loot 已经构建了很多生态应用，尽管都很初级，但是已经具有了星火燎原之势。

（3）Loot 是不同游戏的通用装备

如前文所述，本质来看，游戏由两大部分组成：场景和玩家。各个大公司或者社区所构建的元宇宙游戏平台属于场景部分，场景是固定不变的，包括其中固定不动的部分，比如土地、道路、房子、树木等，以及能够移动的部分，比如汽车、宠物等。这些游戏所建立的用户角色系统依赖平台而存在，也属于平台的场景部分。每个元宇宙游戏平台都具有自己独特的场景，比如卡通风格、像素风格等，不同平台之间的场景不同。对于某个固定的场景来讲，玩家是动态的，玩家随时可以进入游戏、离开游戏。

未来的元宇宙是多重宇宙，而一个玩家在同一时间只能体验一个元宇宙，如果需要体验多个元宇宙，就需要在不同元宇宙间进行切换。如果说每一个元宇宙只有一套自己的身份系统和装备系统，那么玩家每进入一个不同的元宇宙都要去领取一个身份或一套装备，然后从头开始修炼。玩家每进入一个新的元宇宙，都要重复这个过程。在这种情况下，即使玩家在元宇宙 A 里已经修炼到了很高的级别，他首次入元宇宙 B 的时候也是一个新手，需要重新开始。在前文中已经提到，未来会有很多元宇宙，这种频繁的从头再来的方式会让玩家体验变得很差，同时也会使新的元宇宙平台缺乏吸引力。所以，元宇宙游戏需要一套被所有元宇宙都公认的通用身份系统或者装备系统。当玩家持有这套装备的时候，他可以进入任意元宇宙当中。他的链上年龄和装备的稀有程度被大家所公认。而这个"公认"，某一家传统的中心化元宇宙公司是不可能做到的，必须依赖基于区块链的去中心化社区共识，Loot 即提供了这个共识的可能性。

任何以 Web 3 为底层或兼容 Web 3 的元宇宙游戏都可以适配 Loot，当持有 Loot 的钱包登录平台时，平台会自动匹配已经开发好的角色或装备，玩家即自动获得了平台角色。该角色具有 Loot 标识，可以被平台上的其他玩家所识别，玩家自我炫耀的需求得到满足。所以，Loot 是一套通用的装备。谁持有 Loot，谁就拥有了自由穿梭在各个元宇宙游戏之间的通行证，并且因为这套装备的稀有性被其他玩家所羡慕。而且，Loot 在不同的元宇宙当中会表现为不同的形态，自动适应所进入的场景。同时，在同一个场景当中，不同的 Loot 将表现出不同的外观形态或装备。

2. Realms

Realms 是建立在 Loot 上的地图 NFT 项目，由 8000 个黑白的 SVG（可缩放矢量图）文件组成，如图 14-11 所示。

每个图片都可以进行高保真 3D 渲染，示例如图 14-12 所示。

Realms 的目标不仅仅是地图，而是由地图衍生出的庞大游戏生态。 Realms 致力于成为一款具有激励经济和骑士精神的大型多人在线游戏。

（1）Realms 的特点

相比于 Sandbox、Otherside 等游戏平台，Realms 具有以下特点。

1）完全上链。在 Realms 中，所有的状态和逻辑都存在于区块链上，不依赖于链下服务器。因此，Realms 是一款永远不会消失的"永恒的游戏"。

图 14-11　Realms NFT（来源：Bibliotheca DAO 官网）

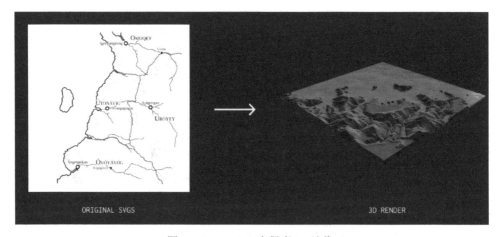

图 14-12　Realms 高保真 3D 渲染

2）开放协作。Realms 的开发团队 Bibliotheca DAO 除了直接在 Realms 生态系统中构建游戏之外，还支持和激励其他开发人员也在这个生态系统中构建自己的游戏。同时，Realms 还支持 Loot 生态中的其他项目在其中交互。

3）高吞吐量。为了实现高吞吐量，满足玩家的游戏体验，Realms 设计在 StarkNet 上运行，同时，所有状态更改也会发布到以太坊上。

（2）Realms 的玩法

在 Realms 中，每块土地的稀有度不同，包括地区、城市、河流和港口等，土地上的领主们通过链上袭击和掠夺游戏发起战争、结盟和资源获取。

每个 Realms 都初始配置有一定的基础资源，包括 Lords Token、食物、文化、工业、军队和人口等。每块土地每天还会生产 100 单位的资源，资源共有 22 种，各自的稀有度不同，有稀缺度比较低的木头，也有极度罕见的龙皮。每种资源都有其独特的用途，其中 75% 可以立即使用，25% 将被保存在金库中。

为了扩张自己的领域，Realms 领主可以集结军队对别的领土发起进攻，并进行资源掠夺，战胜方可获得战败方 50% 的金库。每个军队配有 25 名战士，他们拥有不同的技能值，如灵活度、攻击性、防御值、生命力、智力等，这些因素决定了两支对战队伍谁能胜出。

除了这些，Realms 还有非常多的其他玩法。同时，Realms 集成了 Crypts and Caverns、Gensis Adventure 等多个 Loot 范式的其他项目，组成了一个可组合、经济驱动、支持百万级别建设者和玩家的 Web 3 游戏大生态。

Terraforms ▶

TerraformsLevel 14 at {7, 20}
Holder：TokenBrother 通证一哥

Terraforms 是动态生成的 3D 世界的链上土地，每 个 Terraforms NFT 代表 20 层虚拟空间上的一块"土地"。Terraforms 可以看作是具有扩展空间的高级土地 NFT，而不仅仅是一个图片类型的艺术品。

Terraforms 持有者在欣赏艺术的同时，也可以成为一个 3D 虚拟世界的参与者和建设者。

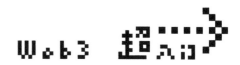

Baby Doge #4337

Baby Doge #8468

Maxwell's demon NFT

Pancake Squad#88

CyberKong VX #4118

第 15 章　Web 3 与 IP

以 PFP 为代表的 NFT 项目正试图打造一些超级 IP，通过 IP 建立社区、品牌、游戏，形成元宇宙，同时通过 IP 衍生品、线下乐园等向现实世界拓展。Web 3 IP 拥有不同于传统 IP 的运作方式，在 IP 建立和拓展方面具有更多的创新性和想象力。

本章阅读导图

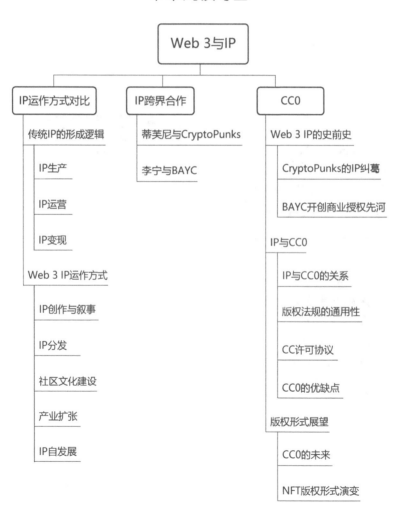

本章阅读指引

Web 3 对传统 IP 的运作方式有什么革新？Web 3 IP 与传统 IP 跨界合作有哪些案例？CC0 会成为未来的 Web 3 IP 主流方向吗？

本章从运作方式对比、跨界合作、CC0 三大维度进行讲解。

IP 是 NFT 领域极为重要的一个话题，几乎所有的 PFP 蓝筹项目都在围绕 IP 进行建设。通过类似迪士尼的模式来打造 IP，从而扩展商业版图，是当前 PFP NFT 项目较为清晰的发展路径。

本章详细分析了 Web 3 IP 的运作方式，并通过案例展示了 Web 3 IP 与传统品牌跨界合作的可能性。同时，对 CC0 这个备受行业关注的 IP 处理方式进行了深度解读。

15.1　IP 运作方式对比

Web 3 IP 借鉴了传统 IP 的运作方式，同时也具有优于传统 IP 的诸多特征。

15.1.1　传统 IP 的形成逻辑

本节以迪士尼为例，阐述传统 IP 的打造，探讨其如何建立风靡全球的 IP，并以此建立庞大的商业帝国。

迪士尼是世界级的大 IP 公司，拥有米老鼠、漫威等诸多我们耳熟能详的 IP 系列，如图 15-1 所示。

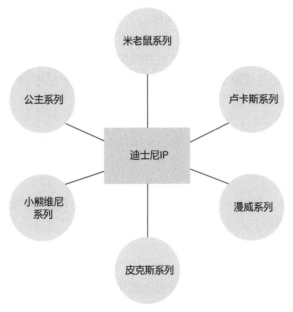

图 15-1　迪士尼 IP 系列

纵观迪士尼的发展史，每一个 IP 的扩张都分为三个主要阶段，如图 15-2 所示。

图 15-2　迪士尼 IP 扩张

迪士尼不仅生产 IP，而且能将 IP 进行多元化的运营和销售，从 IP 构想、制作、孵化、运营、销售到二次孵化一气呵成。简言之，**迪士尼打造的是一个围绕 IP 建立的庞大商业帝国**。

迪士尼 IP 运作主要分为三个步骤：IP 生产、IP 运营、IP 变现，如图 15-3 所示。

图 15-3　迪士尼 IP 运作步骤

1. IP 生产

迪士尼的 IP 生产方式主要有以下几种。

（1）自创 IP

1923 年，迪士尼创始人华特·迪士尼在自家车库创作出迪士尼家族第一个 IP——米老鼠，该 IP 至今仍然风靡全球。除了米老鼠之外，迪士尼还创作出了唐老鸭、小熊维尼等家喻户晓的卡通形象。

（2）衍生 IP

迪士尼擅长从神话传说、古典名著、童话故事中衍生出 IP，比如来自中国古典的花木兰、西方童话的白雪公主等。

（3）并购 IP

除了自创和衍生，迪士尼还通过大手笔收购其他公司的 IP 来扩充自己，比如漫威、皮克斯和卢卡斯等。

2. IP 运营

（1）故事讲述

IP 需要故事性的叙事。迪士尼凭借过人的讲故事的能力，制作了众多爆款，比如《玩具总动员》《狮子王》《疯狂动物城》等。这些电影开创了 CG 动画电影的先河，凭借吸引人的故事收获了超高的票房，获得了多次票房冠军。

目前，北美动画电影市场几乎被迪士尼所垄断，迪士尼的作品质量在动画电影领域一直处于标杆地位。

（2）场景延伸

通过电影票房取得收入后，迪士尼把故事延伸到实体场景，比如迪士尼乐园。与其他游乐园不同，迪士尼乐园具有极强的故事性，消费者不仅能游玩各种游乐设施，还可以体会到做迪士尼故事主角的乐趣。通过这种方式，迪士尼给游客带来了与电影故事无缝衔接的娱乐体验。

（3）快乐赋能

"快乐"始终贯穿于所有的迪士尼 IP 中。迪士尼创始人华特·迪士尼曾说过一句话："我希望迪士尼所带给你的回忆全部是快乐的，无论任何场合，任何时候。"在 IP 的创作和运营过程中，迪士尼始终坚持这一原则。

迪士尼的每个 IP 角色（包括收购的 IP）都经过了严格把关，确保看上去都是可爱的，即使是反面角色也是如此。迪士尼以创造快乐、传递快乐为宗旨，建立了一个以"提供快乐"为核心业务的服务生态。

3. IP 变现

总体而言，迪士尼 IP 的变现分为三步，充分实现了 IP 价值捕获。

（1）内容发行

迪士尼通过动画电影的发行赚取票房收入，这是内容 IP 的直接变现方式。

（2）主题乐园

迪士尼乐园、邮轮等线下主题活动场所是迪士尼的主要收入来源，其中包括场所内的酒店住宿、餐饮、礼品等配套服务的利润。

（3）品牌授权

迪士尼并不通过自营 IP 商品来盈利，而是通过授权的方式与第三方进行合作。迪士尼在全球有 3000 多家授权商，生产 10 万多种迪士尼卡通形象产品，包括玩具、食品、图书等实物商品，以及游戏、音乐剧等虚拟商品。迪士尼通过收取授权费和利润分成的方式与授权商合作。

以上为迪士尼 IP 运作的整体逻辑介绍。作为传统 IP 运作的成功代表，迪士尼也值得 Web 3 IP 的打造者们学习。

15.1.2　Web 3 IP 运作方式

总体而言，Web 3 IP 的打造逻辑和传统 IP 基本一样，都是通过内容 IP 传播形成文化，然后进行产业扩张。这一点可以从当前的 PFP 蓝筹 NFT 项目中窥知一二，BAYC、Azuki、Doodles 这些项目的 IP 打造基本上都采用这种模式，比如举办线下派对、音乐会，建立实体商店，甚至发行电影、建立游戏和元宇宙等。

但是，由于结合了 Web 3 的特性，Web 3 IP 在运作中有一些不同。

（1）形象数量不同

传统 IP 的呈现方式为单一形象，比如米老鼠，它只有一个形象（不同表情从同一个形象进行变化)。**Web 3 IP** 则是多个形象的集合，比如 CryptoPunks，它由一万个不同的形象组成，如图 15-4 所示。

图 15-4　CryptoPunks IP 总图

（2）IP 载体不同

传统 IP 以数字形式存在，通过政府颁发的证书或法律得到保护。**Web 3 IP** 也是数字形式，但它存储在区块链上，以 NFT 形式存在。

（3）权属不同

传统 IP 所有者为公司，比如米老鼠 IP 为迪士尼公司拥有。迪士尼公司拥有米老鼠 IP 的所有权利，比如版权、商标权、专利权等一切权利。但是，在 **Web 3 IP** 中，这些权利进行了拆分，并分别给予了不同的所有者。Web 3 IP 这样做的原因是它进行了初始发售。

Web 3 IP 在链上发行后，由第一批购买者进行铸造（Mint），这种做法是一种对所有权的分散。购买者付出了成本，不希望只得到一个链上数据的权限，也希望获得所有权的一部分。

以 BAYC 为例，它的母公司 Yuga Labs 拥有它的 IP 所有权，但是它把每个 NFT IP 的商业权利授予了对应的 NFT 持有者。尽管没有获得商标权以及版权，但是 NFT 持有者获得了其所持有的 NFT 图像版权使用权，有权进行 IP 授权，并获得授权收入。

还有一些项目直接放弃 IP 所有权，将其置于公共领域，任何人都可以随意使用。

（4）传播方式不同

传统 IP 的传播主要依靠公司的力量，用户口碑传播由于缺乏激励机制，发挥的作用不大。但是，Web 3 IP 则不同，由于 Web 3 IP 的所有者众多，他们同时也承担 IP 传播者的角色。Web 3 社区通过对 NFT 图像进行二次艺术创作、制作衍生商品等方式，对 Web 3 IP 起到了巨大的网络传播效应。

（5）二次创作门槛不同

传统 IP 的二次创作门槛很高。以米老鼠为例，如果创作者想用米老鼠头像，必须先与迪士尼法务部门商讨具体费用和细节，取得许可后方可进行创作，否则将会面临迪士尼的法律诉讼。而对于 Web 3 IP 而言，只需要征得 NFT 持有者同意即可进行创作。甚至对于 CC0 项目，任何人都可以随意使用。

（6）变现渠道不同

Web 3 IP 的第一个重要变现渠道是 NFT 的首次发行，即通过出售 NFT 来获得利润。NFT 发行数量一般为数千个或一万个，如果以合理的价格全部售罄也可以获得充裕的项目启动资金。因此，这也是一种通过出售 IP 来获得早期融资的一种方式。

Web 3 IP 的第二个重要变现渠道是 NFT 的交易版税，即交易手续费。当买卖双方在 NFT 市场达成一笔 NFT 交易时，项目方会自动获得一定比例的版税，一般为 5% 左右。如果 NFT 价格较高，且交易市场活跃，版税会为项目方带来可观的利润。以 Yuga Labs 为例，BAYC、MAYC 等系列 NFT 在过去为其带来的版税达上亿美金。

Web 3 IP 的第三个重要变现渠道是增发 NFT 和 Token。在社区建立起来之后，项目方可以增发更多的 NFT，以扩大社区成员，同时再次获得销售收入和版税收入。另外，项目方还可以发行新的 Token，打通整个项目的金融生态。

由此可见，Web 3 IP 把一部分变现的权力下放给了 NFT 持有者，比如 IP 授权，以及获得增发资产的权利等。

（7）治理方式不同

传统 IP 完全由公司进行中心化管理，而 Web 3 IP 通过 DAO 组织进行去中心化治理。社区成员可以对关于 IP 运作的重大决策进行投票表决。

如上所述，Web 3 IP 与传统 IP 有诸多不同，这也决定了 Web 3 IP 具有独特的运作方式。

对于项目方而言，Web 3 IP 的运作方式如图 15-5 所示。

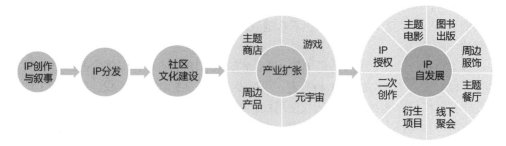

图 15-5　Web 3 IP 运作方式

（1）IP 创作与叙事

首先，项目方创作 IP 的同时要做好叙事规划，在 IP 创作完成后进行预热时，以讲故事的形式进行文化输出。通过故事建立代入感，创造最早期的种子用户共识。

（2）IP 分发

Web 3 IP 通过销售 NFT 的形式进行分发，购买者获得一定的 IP 权利。这种方式本质上是一种 IP 所有权的去中心化。

（3）社区文化建设

Web 3 IP 通过 NFT 图像来呈现，相对于同质化的 Token 而言，拥有可辨识的图像，更加具象化。因此，Web 3 IP 往往以艺术的形式呈现，社区成员通过对艺术的热爱走到了一起，从而形成独特的社区文化。Azuki、Doodles 等 NFT 蓝筹都是典型的以艺术形成文化、以文化凝聚社区的成功案例。

（4）产业扩张

当社区达到一定规模后，项目方可对 IP 进行产业扩张，比如建立线下主题商店或乐园、发布周边商品（如 Azuki 的滑板）并打造元宇宙等。Azuki 在其官网宣称，Web 3 是去中心化的，但是 Web 3 的发展需要领袖。领袖的角色由项目团队扮演，其使命是利用中心化的方式快速建立其 IP 自发展的机制并推动该机制进入运行。

（5）IP 自发展

IP 是属于社区的，真正能够发展到超级规模的 IP 需要社区的广泛支持，仅靠项目团队的一己之力是不可能做到的。项目团队将项目 IP 冷启动之后，就应该将 IP 逐步交由社区运营，实现项目 IP 的自生长和自发展。去中心化的 IP 发展方式才是最稳定、最具价值的。

15.2　Web 3 IP 的跨界合作

Web 3 IP 在加密领域发展如火如荼的同时，也在向传统领域拓展。同时，传统时尚界也在积极拥抱 Web 3 IP。一些传统领域的知名品牌和一些顶流的 Web 3 IP 已经进行了合作，并取得了不错的效果。

15.2.1　蒂芙尼与 CryptoPunks

2022 年 8 月，知名奢侈品珠宝商蒂芙尼（Tiffany）推出了 NFT 项目"NFTiffs"，如图 15-6 所示。

图 15-6　NFTiffs

NFTiffs 的 NFT 总量为 250 个，购买者除了获得 NFT 艺术品之外，还可以兑换与之匹配的 CryptoPunks 吊坠，如图 15-7 所示。

图 15-7　NFTiffs 实物吊坠

对于每个 NFTiffs 吊坠，蒂芙尼的设计师会根据持有者的 CryptoPunks 形象进行专门定制。而且每个吊坠至少镶嵌 30 颗宝石，并挂在一条 18K 金链上。

NFTiffs NFT 每个售价 30ETH（折合 5 万美元），仅限拥有 CryptoPunks 的人购买。

值得注意的是，NFTiffs 并不是蒂芙尼与 CryptoPunks 官方的 IP 合作，而是与 CryptoPunks 持有人的合作。在 NFTiffs 的服务条款中，对 CryptoPunks IP 的使用进行了约定：如果用户购买 NFTiffs NFT，并将其链接到持有的 CryptoPunks，则自动授予蒂芙尼及相关公司该 CryptoPunks 的 IP 使用权。

NFTiffs 是 CryptoPunks 在开放 IP 许可之后的首个衍生品系列。最初，CryptoPunks 持有者并不拥有 IP。Yuga Labs 收购 CryptoPunks IP 之后，参照对 BAYC 的做法，也对 CryptoPunks IP 进行了开放处理，授予了 CryptoPunks 的持有者对其 NFT IP 的商业权利。

因此，蒂芙尼与 CryptoPunks 的 IP 合作是与 CryptoPunks 持有者进行的。这种授权方式与传统的 IP 授权方式完全不同，开创了 Web 3 IP 商业授权的先河。

15.2.2 李宁与 BAYC

2022 年 4 月，中国李宁宣布了与 BAYC（无聊猿）#4102 的联名活动，发售"中国李宁无聊猿潮流运动俱乐部"系列产品，并在其北京三里屯店举办了"无聊不无聊"为主题的快闪活动。同时，李宁还在活动现场设立了 BAYC#4102 的巨型雕塑，并赋予其本次活动的代理主理人身份。

李宁与 BAYC 合作将 Web 3 IP 在线下实体化，赋予了虚拟 IP 在现实世界中的价值。李宁把 BAYC 的 IP 和运动设计元素相结合，用品牌的方式进行呈现，并出售印有 IP 形象的服装、鞋子等商品，让 IP 的商业价值得到实现。

李宁的这次 IP 跨界合作无疑是成功的。从营销层面看，其事件话题热度和产品销量都超出预期。同时，这在 NFT 圈子中也刷新了大家对李宁形象的认知。总体来看，这次合作对李宁的品牌形象起到了积极正向的作用。

值得注意的是，与传统 IP 授权不同，如果品牌方想使用 BAYC 的 IP，无须去和 BAYC 发行方进行烦琐的合作谈判，只要它购买了相关 NFT（或者获得了该 NFT 持有者的授权），就可以自行安排各种产品设计、宣传及商业活动，因为在 BAYC NFT 交易条款中，IP 持有方 Yuga Labs 已经注明授予 NFT 持有者完全的商业权利。

除了李宁之外，阿迪达斯也曾买下 BAYC#8774，并将该形象作为主要形象用在自己的 NFT 项目中。由此可见，传统品牌都在积极拥抱 Web 3 IP。

15.3 Web 3 IP 与 CC0

说到 Web 3 IP，不得不提到 CC0（Creative Commons Zero，无版权）。Web 3 IP 的发展历经曲折，人们一直在不断尝试，寻找最佳的 IP 处理方案。CC0 是一种完全公开版权的方式，符合 Web 3 开放精神，受到了业界的广泛关注。

15.3.1 Web 3 IP 的史前史

1. CryptoPunks 的 IP 纠葛

在被 Yuga Labs 收购 IP 之前，CryptoPunks 一直存在较大的 IP 争议。在发行 CryptoPunks 之后，开发团队 Larva Labs 一直没有发布正式的关于 IP 的开放声明。这意味着，CryptoPunks 的 IP 处于未开放状态。

（1）Larva Labs 为何不开放 IP

Larva Labs 始终认为 CryptoPunks 是一种艺术，所以承袭了艺术品的 IP 规则。当时，CryptoPunks 作为一个完全创新的链上艺术品，没有现成的 IP 方案参考，只能沿袭传统艺术品的 IP 规则。

传统艺术品的 IP 处理规则是，艺术家拥有完全的 IP。艺术家的作品可以被购买并收藏，但是收藏者拥有的是艺术品，而不拥有版权，版权仍然属于艺术家。包括艺术品的收藏者在内的其他人，如果要使用艺术品进行二次创作或商业活动等，必须征得艺术家本人的同意。

这种规则的设置逻辑是将 IP 所有权作为艺术家获得持续收入的方式，艺术家可以通过授权的方式获得授权费。传统艺术品在首次出售之后，即使后续发生多次转手，都与艺术家无关，不会给其带来任何收入。所以，这种 IP 规则是对艺术家的保护。

CryptoPunks 诞生时，Larva Labs 采用了传统艺术品的规则，即设置零手续费的交易市场，但是保留了 IP 所有权。因此，在 CryptoPunks 社区一部分成员呼吁 IP 开放的同时，还有一部分成员支持 Larva Labs 的做法。支持者们认为 IP 所有权是 Larva Labs 作为艺术家本该拥有的权利，因为建立了零版税的市场，无法从二级市场交易中获得收益，保留 IP 是对艺术家创作过程的尊重。

（2）Larva Labs 关于 CryptoPunks IP 的非正式说明

关于 CryptoPunks 的 IP，Larva Labs 创始人之一 Matt Hall 早期曾在 Discord 里进行过非正式的说明。Matt Hall 参考了 CryptoKitties（加密猫）项目的 IP 条款，他说 CryptoPunks 也遵守该条款。在该条款中，NFT 持有者可以将图片用作头像和服饰周边等，同时可以进行商业使用，但是如果利润超过 10 万美金，就需要和 Larva Labs 进行协商。

长期以来，CryptoPunks 社区对于 IP 的使用一直依照这个非正式说明进行。

（3）Yuga Labs 开放 CryptoPunks 商业权利

Yuga Labs 收购 CryptoPunks 后不久，即宣布授予持有者完全的商业权利。需要注意的是，CryptoPunks IP 的所有权仍然归 Yuga Labs 所有，NFT 持有的只是被 Yuga Labs 授予的商业权利。

2. BAYC 开创商业授权先河

对 NFT 持有者开放商业授权是 BAYC 在 NFT 领域的一项重大创新，同时也对整个 NFT 领域的 IP 解放运动起到了推动作用。在 BAYC 官方网站，Yuga Labs 写明了关于授予 BAYC 持有者完全商业权利的相关条款，以官方形式正式表达了对 IP 的处理方式。这一点相对于 CryptoPunks 当时对 IP 的非正式态度而言，在 IP 开放的路上更进了一步。

但是，这种方式仍然具有一定的弊端。对于 IP 授权的内容，官网仅有简单的文字表达，没有严谨的法律文件。同时，Yuga Labs 仍然是 IP 的所有者，如果发生自己持有的 NFT IP 被侵犯的情况，无法自行起诉对方，需要 Yuga Labs 公司出面。另外，Yuga Labs 作为 IP 的持有者，原则上可以随时收回任何授权，这使得 IP 仍然具有中心化的风险。

15.3.2 IP 与 CC0

1. IP 与 CC0 的关系

（1）知识产权的范围

IP 指的是知识产权，包括所有用人类智力所创造的无形资产，比如版权、商标、专利、工业设计权、植物品种等，如图 15-8 所示。

图 15-8 知识产权范围

在日常使用当中，最常见的知识产权有三种：版权、商标、专利。在 Web 3 IP 领域，一般只涉及版权和商标两种。

（2）CC0 的适用范围

CC0 只适用于版权，以及与版权相近的一些权利，而不适用于商标、专利及其他权利，如图 15-9 所示。

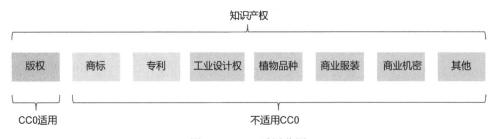

图 15-9 CC0 适用范围

在这种情况下，涉及某个 NFT 的商标权或者专利权时要特别小心，CC0 不涉及这两个权利。

版权也叫著作权，它赋予创作者对自己作品进行改编、复制、展示等的一系列权利。这个创意作品可以是文学、艺术、教育或音乐等形式。对于 NFT 项目来讲，因为图片本身是一种艺术创作，所以基本上都归于版权这一类。也就是说，平常所说的 NFT 项目的 IP，基本上都是默认指 NFT 这个图片艺术品的版权。

2. 版权法律法规的通用性

关于版权的法律法规在不同的国家的和地区有所不同，但基本上是大同小异的。

世界上绝大多数的国家都遵守一个国际版权公约——《伯尔尼公约》。这个公约成立于 1886 年，后面纳入到了世界贸易组织的世界知识产权协议当中。也就是说，关于版权的法律法规，世界各国基本上都是有共识的，都共同遵守一套标准。

这里要注意一点，根据《伯尔尼公约》，版权在创作者创作出自己的作品那一刻起就生效了，而不需要去做声明、走申请，就可以在基本所有国家具有法律效用。

当然，如果艺术家为它的雇主创作作品并且收取了报酬，这个版权是属于雇主的。

3. CC 许可协议

CC0 是 CC 许可协议的其中一种。

当创作者根据法律法规拥有他所创作作品的版权之后，就会面临一个新的问题，那就是如何使用它。如果创作者因为害怕侵权，而导致其他人不敢使用这个作品的话，那么这种状况对艺术家非常不利，尤其是对于那些不太知名的艺术家来讲，他创作的东西传播不出去，也产生不了价值。

所以，对于自己作品的版权使用方式，不同的艺术家有不同的意见。有的艺术家愿意让别人传播他的作品，前提是署名。他们认为，只要使用者加上创作者的名字，就可以到处去展示，因为这样可以增加艺术家的知名度，对艺术家有益。有的艺术家希望别人可以随意展示他的作品，但是不能更改作品内容，因为一旦被不良人士利用，就可能会对自己带来负面影响。

因此，在这个需求之下，CC 许可协议诞生了。CC 许可协议的全称是知识共享许可（Creative Commons License）协议，其目的是让用户在遵守某些条件的前提下使用他人创作的作品，而不用担心侵犯版权的问题。

CC 许可协议的 1.0 版本诞生于 2002 年，现在已经迭代到了 4.0 版本。这个版本适用于各个国家，是一个全球通用的许可协议。CC 许可协议包括四项基本权利：署名、相同方式共享、非商业性使用、禁止衍生品，见表 15-1。

表 15-1　CC 许可协议的基本权利

权 利 内 容	缩　　写	图　　标
署名	BY（Attribution）	
相同方式共享	SA（Share-alike）	
非商业性使用	NC（Non-commercial）	
禁止衍生品	ND（No derivative works）	

"署名"指的是使用者必须在使用作品时写明创作者的名字，并标注"BY"标识。"相同方式共享"指的是使用者在使用作品二次创作时须遵守与原作品相同的许可条

款。"非商业使用"指的是作品不能用于商业目的，即不能用来盈利。"禁止衍生品"指的是不能对原作品进行二次创作，不能制作衍生品。

这四项权利进行排列组合之后会形成七种有效的组合，分别是署名-非商业性使用-禁止衍生品、署名-禁止衍生品、署名-非商业性使用-相同方式共享、署名-非商业性使用、署名-相同方式共享、署名、不保留任何权利。它们对应的图标见表 15-2。

表 15-2 CC 许可证缩写与图标

许 可 证	缩 写	图 标
署名	BY	
署名-相同方式共享	BY-SA	
署名-非商业性使用	BY-NC	
署名-非商业性使用-相同方式共享	BY-NC-SA	
署名-禁止衍生品	BY-ND	
署名-非商业性使用-禁止衍生品	BY-NC-ND	
不保留任何权利	CC0	

其中，不保留任何权利即为 CC0。换句话说，CC0 意味着版权进入公共领域，可供任何人以任何方式随意使用。

4. CC0 的优缺点

（1）CC0 的优势

CC0 的优势非常明显，它完全解放了 NFT 的版权，使其完全不受版权的约束。任何人都可以任何方式使用 NFT，这一点降低了 IP 传播过程中的摩擦，从而对 NFT 的传播带来了极大的好处。当 NFT 广为人知的时候，它的共识就会得到提升，它的价值也会得到提升，最终造福于每一个 NFT 持有者。

（2）CC0 的缺点

1）版权被恶意利用。CC0 的 NFT 版权可能会被不当利用。因为 NFT 没有版权限制的同时也失去了版权的保护，一旦不法分子或者邪恶组织把作品用在了一些违法领域，就会对作品带来负面影响。同时，NFT 的持有者以及项目方都无法用法律武器来保护自己。

2）团队不做事的借口。CC0 有时会成为项目方不做事的借口，尤其是对那些中途又改成 CC0 的项目而言，有很大的嫌疑。对于这种项目来说，版权已经完全开放，任何人都可以参与进来，大家共同为项目做贡献。但是，从另一个角度讲，项目发起团队也可以以此为借口，撇清自己的运营责任，甚至退出项目。所以，从这个意义上讲，中途发布 CC0，尤其是未经社区同意把项目发布为 CC0，很可能是项目方的一种消极态度。

3）项目发展难度大。有的 NFT 项目一开始就是 CC0，而且没有路线图。项目团队只需要把项目发行出来，便不再参与任何事务。这种情况下，尽管有一些模因项目可能做起来，但是没有团队在前期强力推动的项目做起来的难度是比较大的。

15.3.3　版权形式展望

1. CC0 的未来

长期来看，CC0 一定是未来 NFT 项目的主要版权处理方式。具体实现时，要么项目方开始就宣布 CC0，要么是由 NFT 持有者投票决定，或者是把版权给予持有者让持有者自己决定。

CC0 的版权处理方式才是符合 Web 3 精神的，Web 3 世界的知识产权问题应该由 Web 3 自己来解决，而不是依赖中心化的版权法规。对于一些有历史价值的 NFT 来讲，CC0 是好事，因为它本身就不需要项目方太多的运营。但是对于现代 NFT 项目来讲，一定要警惕项目方把 CC0 作为不做事的借口。也就是说，项目可以使用 CC0，但是最好收取交易版税，同时项目方一定要继续做事。当然，对于一些模因类的项目，也有爆发的可能，比如 Mfer 或者黑猫，但是这种项目可遇不可求。

2. NFT 版权形式演变

主流的 NFT 项目对版权的处理方式主要有五种，见表 15-3。

表 15-3　主流 NFT 项目的版权处理方式

序号	项目方是否拥有版权	项目方是否授予 NFT 持有者版权	NFT 持有者是否拥有版权
1	是	否	/
2	是	是（部分）	/
3	是	是（全部）	/
4	否	/	否
5	否	/	是

1）项目方拥有版权，也不开放任何权利。

一些艺术家（尤其是传统艺术家）创作的作品往往采用这种形式，此举沿袭了传统艺术品的版权处理方式。在这种方式下，购买者买入 NFT 后，拥有的只是链上作品的所有权，而作品的版权仍然在艺术家手上。

2）项目方拥有版权，但是向持有者开放部分权利。

采用这种版权处理方式的项目有加密猫，以及之前的 CryptoPunks。它们的做法是图片可以当作头像使用，可以印在持有者自己的 T 恤上，也可以用于商业目的，但是如果利润超过一定限额就需要和版权持有方重新协商。

3）项目方拥有版权，但是向持有者开放全部权利。

采用这种版权处理方式的典型代表是 BAYC。在这种模式下，项目方持有版权，但是授予 NFT 持有者对自己所持有 NFT 的所有权利。比如，BAYC 的持有者可以用自己的 NFT 头像做任何事情。

这种模式曾经在 BAYC 兴起之后比较火热。但是，它也有一些缺陷。具体到 BAYC 来说，它关于版权的描述太过简单，对于持有者能不能二次创作自己的 NFT 并没有明确说明，所以在权利细节方面是有些模糊不清的。

最重要的是，这种模式还有一些根本性的缺陷，即项目方仍然是版权的持有者，NFT 持有者只是被授权，这个授权是可以随时被收回的。如果你的 NFT 被其他人滥用，你是无法起诉的，而必须让持有版权的公司来做这件事情，因为它才是版权所有者。

另外，这个授权只针对 NFT 持有者，非持有者是不能用的，这在赋予持有者权利的同时，也限制了它的传播。

4）项目方不拥有任何版权。

这种方式即前文所述的 CC0 模式。在这种模式下，任何人都可以任何形式随意使用 NFT 作品。这种模式的代表项目有 Moonbirds 和 Mfer。

5）项目方把版权转移给 NFT 持有者。

把版权转移给 NFT 持有者的同时，也把 NFT 的版权处理权交给了对应的 NFT 持有者。这种方式克服了 CC0 模式带来的版权滥用问题，更加具有 Web 3 精神，有望在未来得到广泛使用。

但是，这种方式目前实现起来有所困难。当 NFT 第一次销售（也就是铸造）的时候，买卖双方可以签订一个版权转让协议，从法律上进行版权的转移。但是，当持有者进行二次销售的时候，仍然需要一个法律程序，否则版权并没有随着 NFT 的转移而转移。这一点需要交易市场的配合，也就是在交易的时候双方签署一个电子协议，从而保证版权也随着交易的完成而转移。

目前，已经有 NFT 进行了这方面的尝试，比如采用公司信托的方式，在 NFT 转移的时候自动将版权转让给新的 NFT 持有者。虽然这种方式现在应用不多，但是仍然值得我们去探讨，它可能是优于 CC0 的一种更好的 NFT 版权处理方式。

后　记

　　本书完稿之时，加密市场正处于漫漫熊市当中。LUNA 崩盘、三箭资本破产、FTX 暴雷，一个又一个看似不可能发生的"黑天鹅"事件频频来袭，让人们猝不及防。在这个过程中，有些人蒙受了损失，有些人的信念轰然崩塌，有些人更是匆匆逃离了这个市场。但是，更多的人仍然坚守在这个领域，他们心无旁骛，埋头建设，他们最终会成为下一轮牛市的佼佼者！

　　虽然加密市场严重缩水，但是 Web 3 的协议和应用仍然在蓬勃发展，Web 3 的总用户量仍然在持续增长。离开加密行业的多是那些妄图一夜暴富的投机者，真正的 Web 3 投资者、建设者和爱好者们从未放弃过这个领域。因为他们坚信，Web 3 必将改变世界！

　　历经无数个日夜兼程，无数次批阅增删，本书终于完稿。但是，我的内心却愈发惶恐。本书能否真正帮助读者？读者能从本书得到什么？每次想到这些问题，笔者顿感才疏学浅。面对浩瀚的 Web 3 世界，本书区区几十万字，只能描述其中一小部分，横向无法完全涵盖 Web 3 的浃浃全貌，纵向难以精准触达 Web 3 的深邃内核。因此，请读者朋友勿要对本书抱有太大期望。

　　尽管如此，本书力求精益求精，以最接地气的语言讲述清楚 Web 3 的趋势、概念、内核、技术和应用。虽然不可能面面俱到，满足所有对 Web 3 不同认知程度的读者需求，但是一定会给大家带来其他 Web 3 相关资料所没有的独特价值。

　　笔者多年来身处 Web 3 投研一线，经历了数轮牛熊转换。尽管市场多变幻，但是 Web 3 的趋势从未改变，Web 3 的滚滚浪潮从未停歇。正如你我所看见的，Web 3 的星星之火已呈燎原之势。

　　时代的车轮一旦开始转动，便不会再停歇。让我们一起，携手共建，砥砺向前。

　　尽管目前熊市的阴云仍然密布，但是笔者坚信，在不远的未来，一定会有一个阳光灿烂的日子，与大家一起见证这个属于我们的 Web 3 时代！

参 考 文 献

［1］何帅，黄襄念，陈晓亮．区块链跨链技术发展及应用研究综述［J］．西华大学学报（自然科学版），2021，40（3）：1-14.

［2］王东辉．网络与新媒体概论［M］．沈阳：辽宁美术出版社，2020.

［3］龚炎，李磊，于洪钧．公司制的黄昏：区块链思维和数字化激励［M］．北京：机械工业出版社，2019.

［4］赵甲，等．通证设计［M］．厦门：厦门大学出版社，2020.

［5］通证一哥．NFT：从虚拟头像到元宇宙内核［M］．北京：电子工业出版社，2022.

［6］通证一哥．元宇宙时代［M］．北京：人民邮电出版社，2022.

行业专家推荐

Web 3 的浪潮已经来临，你我都将身临其中，希望《Web 3 超入门》能够让大家在早期更好地了解 Web 3，能够更好地抓住行业发展机遇，享受行业发展红利！

——纳斯达克上市公司 Nano Labs 创始人　孔剑平

Web 3 从概念到落地，绝不仅限于金融领域，而是带给区块链技术更广泛的实践可能。

通证一哥的《Web 3 超入门》就是一本很好的 Web 3 落地指导读物，是每一位 Web 3 从业者的必读佳作！

——蓝港互动创始人　王　峰

历史的车轮一旦开始运转，便不再停止，Web 3 正是如此。Web 3 不是对 Web 2.0 的延伸，而是从协议层对互联网形态的颠覆性重构。Web 3 开启了一个新的时代，它不仅仅是技术革新，更是对人类社会协作方式的全面迭代。通证一哥在区块链、Web 3 领域深耕多年，具有丰富的行业经验，这本《Web 3 超入门》是其对 Web 3 认知的全面沉淀和总结，值得大家一读。

——百姓 AI CEO　王建硕

Web 3 是下一代互联网的基础设施，同时也是下一代互联网的应用范式，必须由开发者以及用户共同来定义。去中心化的实质内涵就是用户自主，唯有用户真正自主了，新一代文明的自由与信任才能真正成熟实现。通证一哥的新作清楚明确地阐述了 Web 3 的原理与应用，是一本值得阅读的科普读物。

——德鼎创新基金合伙人　王岳华

Web 3 时代已经拉开了序幕，互联网开始迈进新的历史阶段，这是一场前所未有的技术革命，更是人类文明的全新叙事。在这个过程中，一批又一批有志之士正在热情澎湃地参与其中，推动历史车轮滚滚向前。通证一哥是早期的区块链、NFT 及 Web 3 布道者，他的观点独到且睿智，相信他的这本新书《Web 3 超入门》一定会让大家耳目一新、受益匪浅！

——中国通信工业协会区块链专委会共同主席、香港区块链协会荣誉主席　于佳宁博士

很高兴获悉通证一哥新书即将出版。和一哥共同发起华语加密朋克社区一年有余，至今已有 240 多位全球华人持有人验证加入，俨然已是华语持有人质量最高的 NFT 社区之一。

当前，NFT 的发展已碰到阶段性瓶颈，技术和赛道选择的腾挪空间较为有限。我本人曾辅导大量国内项目方进入全球市场，亲历各项目为了得到顶级收藏者而费尽脑筋。国内 NFT 从业者若要打入国际市场，除了在营销上下苦工，还须充分研究和了解头部藏家的思考逻辑和活跃形式。通证一哥的著作通俗易通，以顶级藏家的视角系统地介绍了 Web 3 及 NFT 领域的方方面面，实属难得，强烈推荐大

家品读。

——华语 CryptoPunks 社区发起人、华语 Nouns 社区发起人　梁友琛

《Web 3 超入门》非常全面地介绍了 Web 3 的概念和应用，包括 NFT、DAO、去中心化社交、IP 与游戏创作等领域的内容。作者用简洁明了的语言和丰富的实例来解释这些复杂的概念，让读者能够深入了解 Web 3 的本质和应用场景。本书还提供了很多实用的技巧和建议，帮助读者更好地了解如何在区块链领域中入门和发展自己的职业生涯。

总之，本书对于想要深入了解 Web 3 和区块链技术的读者来说是一本非常有价值的读物。它不仅提供了丰富的知识和技巧，还让读者了解了 Web 3 的前景和潜力。无论您是初学者还是对其有一定了解的人，都可以从中获得很多有用的信息和思路。

——MetaScan VP　逍　客

我与通证一哥在华人加密朋克群相识，他在 NFT、数字艺术品和元宇宙领域都有自己独特的认识。早期为中文加密朋克社区的发展做了极大贡献。这本书是一站式了解 NFT、Web 3 和元宇宙的科普读物，是不同领域新手全方面了解 Web 3 世界的一个起点。读完这本书你将会对 Web 3 有一个全新的认知。

——知名 Web 3 YouTube 博主　李哈利

当重大变化发生的时候，人们往往一无所知。十四年前比特币白皮书问世，区块链宇宙开启奇点大爆炸，数十年间，从比特币的财产私有，到 Web 3 概念的人类社会生产关系发生全面变革，无数开发者和资金涌入行业，各类金融、游戏、NFT 生态迅猛爆发。通证一哥的新作通俗易懂，即使从未接触过 Web 3 的人也能从容阅读，是时候拥抱新浪潮了！

——Web 3 研究员、YUdao 社区主理人　BTCdayu

在传统 Web 2 已经发展到尽头，在大家都感叹 Web 2 已经做无可做之时，Web 3 的出现燃起了全球年轻人的热情。Web 3 的魅力在于它是集密码学、计算机科学、经济学、社会学、博弈学等众多学科为一体的复杂系统，Web 3 绝不仅仅只是一个行业，也不仅仅只是弥补传统 Web 2 不足那么简单，它的出现将会影响全球文化、经济与政治，它是一次改造旧世界的机会，也是时代赋予我们这一代人的结构性的机会。

《Web 3 超入门》是中文领域少有的成体系对 Web 3 从理论到技术，再到应用进行全面介绍的科普书籍，是一本很不错的让大众快速了解 Web 3 的读物。

——BuidlerDAO 联合发起人　Jason

我经常把社交媒体中的个人资料介绍写成："左手 NFT，右手 DAO，Web 3 在心中，奔向元宇宙"，这是我目前生活工作的全部轨迹。因为世界正在奖励 Web 3 世界的早期参与者，如果你因为某种好奇心翻开了本书，那么你已经推开了一扇通往异次元的大门。如果你不想在这种不可逆的科技金融历史潮流中落伍，就一定要弄懂什么是 NFT、DeFi、DAO、元宇宙。通证一哥的书深入浅出，是初学者的必读书目。

——Cointime 联合创始人 &COO　老雅痞